Micro Service by Metrics Driven Development

# 微服务之道
# 度量驱动开发

**范亚敏 傅健** 编著

图书在版编目（CIP）数据

微服务之道：度量驱动开发 / 范亚敏，傅健编著 . —北京：机械工业出版社，2020.5
（云计算与虚拟化技术丛书）

ISBN 978-7-111-65361-5

I. 微… II. ①范… ②傅… III. 互联网络 – 网络服务器 IV. TP368.5

中国版本图书馆 CIP 数据核字（2020）第 062643 号

微服务之道：度量驱动开发

出版发行：机械工业出版社（北京市西城区百万庄大街 22 号 邮政编码：100037）
责任编辑：赵亮宇 责任校对：李秋荣
印 刷：北京市荣盛彩色印刷有限公司 版 次：2020 年 5 月第 1 版第 1 次印刷
开 本：186mm×240mm 1/16 印 张：19.25
书 号：ISBN 978-7-111-65361-5 定 价：89.00 元

客服电话：（010）88361066 88379833 68326294 投稿热线：（010）88379604
华章网站：www.hzbook.com 读者信箱：hzit@hzbook.com

## *Praise* 本书赞誉

我与作者相识多年，一直钦佩他“手不释卷，永远学习”的精神。我有幸提前阅读了他们的作品，通读后深感震惊：要具备怎样的技术深度和广度才能写出这样的作品！

在微服务时代，作者根据其近20年的工作经验，在国内很少提及的微服务的度量领域构筑了一本近乎百科全书的工具书，覆盖了几乎所有度量需求，提供了很多技术方案，记录了大量最佳实践。

实际上，书中贯穿的度量思想和技术路线也不仅仅适用于微服务架构，多数和软件产品度量、运维相关的需求，都能在本书中找到解决方案。因此这本书完全有资格成为开发和运维人员书桌案头的必备书籍！

——凌浩，科大国创软件股份有限公司，行业BG研发中心技术总监

在由创新驱动的今天，开发速度越来越快，而度量驱动开发将近十年沉淀的互联网产品迭代经验，通过数据化、模型化以及各类开源工具固定了下来。这本书结合微服务介绍了度量驱动开发的全部流程，充分结合实践环境，配以GitHub上的可运行源码帮助读者理解，足见两位作者的良苦用心，非常推荐大家阅读。

——陶辉，《深入理解Nginx》作者，极客时间讲师，杭州智链达数据有限公司CTO

我与范兄共事多年，得益于范兄卓越的技术领导力，团队的微服务项目从无到有，从小到大。度量在其中起到了关键作用，微服务在产线上的运行对开发人员来说不再是个黑盒。通过各种报表和监控告警的分析，开发人员可以持续不断地对项目进行各种优化。范兄多年从事微服务度量的开发，不断地努力实践，总结经验，著成此书。这本书内容翔实，易于理解，理论结合实际，涵盖了度量在微服务全生命周期的方方面面，相信可以为正在进行微服务开发的小伙伴提供一定的帮助。

——马刚，思科系统（中国）研发有限公司开发经理

这本书是我读过的关于微服务和度量驱动开发方面的最接地气的一本书了，作者具有丰富的实时服务平台开发经验，是把企业私有云里的服务搬到公有云上的探路者，也是把有状态服务改造成无状态微服务并应用度量驱动开发的带路人。这本书倾注了作者多年的经验和心血，巧妙地将理论融入一个微服务实例中，手把手带你体会从微服务的设计、实现到运维的全过程。更有价值的是，作者在这个微服务实例实践中，充分应用和实践了度量驱动开发理论，涵盖了微服务度量的概念、设计、实现、聚合分析、展示和报警，展示了如何通过度量来推动服务的改进和完善，确实是一本值得研读和借鉴的良心作品。

——张颐武，思科系统（中国）研发有限公司技术主管

本书结合实践详细介绍了如何通过度量驱动开发来构建、监控以及维护微服务系统。阅读这本书不仅可以熟悉度量驱动开发的基本概念和常用工具，而且通过学习贯穿全书的一个真实案例，可以了解打造微服务系统的全过程。

——许彬，思科系统（中国）研发有限公司开发经理

# *Preface* 前　言

在程序员的世界里，新概念、新技术层出不穷，诚如庄子所言："吾生也有涯，而知也无涯，以有涯随无涯，殆已！"把学习新技术当作一种乐趣，掌握其精髓，并应用到日常的开发工作中，提高开发效率，构建出更酷、更符合用户需求的产品，是一件很快乐的事。

我们所在的团队是公司的后台服务器开发部门，一直以来我们所做的系统多是传统的、基于 C++ 的单体后台服务系统。大约在 2015 年，我们又承接了几个微服务系统的开发，并引入了 Java 和 Python 技术栈来提高开发效率。随着对微服务了解的深入，我们发现微服务有其适用的场景和优缺点，实践越多，越感觉到度量（metric）对于微服务的重要性。传统的单体服务当然也少不了监控与度量，然而对于微服务，度量不但是部署上线之后的必要手段，而且是整个微服务开发生命周期中不可或缺的充分必要条件。随着度量在日常工作中所占的比重越来越大，我们逐渐从实践中形成了度量驱动开发的方法。

想必大家都知道著名诗人顾城的名句："黑夜给了我黑色的眼睛，我却用它寻找光明。"对于微服务开发者来说，度量给我们的眼睛加上了智能的"探照灯"，它在汪洋大海中照亮我们前行的路线，没有度量，就像黑夜行驶在大海中的船没有罗盘和星辰，就会迷失方向，无法到达彼岸。

我在公司内部做了几次关于度量驱动开发的分享，也在博客上记录了一些度量驱动开发的心得体会。与机械工业出版社吴怡编辑的几次讨论，使我萌生了写一本书的想法，讲一讲关于微服务与度量驱动开发的那些事儿，并邀请和我在一个团队的傅健同学加入，一起将我们积累的微服务度量驱动开发的经验和教训分享给大家。

本书共 8 章，基本按照我们自己的经历（从一开始接触微服务到熟练应用度量驱动开发方法），由浅入深，按照微服务开发的全过程逐步展开。

在本书主线上，我们从微服务的特点入手，引出了度量驱动开发的基本概念、内容、方法与策略，然后从度量的设计和实现开始详细讲述如何设计与实现微服务的度量，并介绍如何用度量驱动的方法和技术来改进微服务。接下来，详细阐述了度量数据的聚合与展示、分析与报警的各种方案，最后结合实例介绍了度量驱动运维和微服务的全程度量。下面简要介绍一下本书各章节的主要内容。

第 1 章为微服务入门，对比了单体服务与微服务的特点，讲解了我们心中的微服务之道，并介绍了一个贯穿始终的微服务实例——土豆微服务，将我们熟悉的待办事项 Todo List 应用拆分为土豆管理微服务、土豆提醒微服务和土豆网页微服务，并分别简述了它们的功能与设计。在技术实现上，使用 Java 语言基于 Spring Boot 进行开发，这个案例为后续的度量做了最基本的铺垫。

第 2 章为微服务度量的基本概念，从微服务的局限引出了度量驱动开发的基本概念，详细阐述了度量的内容、层次、方法与策略，以及度量常用的术语和指标。

第 3 章为微服务度量的设计，首先从微服务的协议入手，介绍了如何选用和分析微服务的协议，并对 HTTP、SIP 和 RTP 这三个微服务中常用协议的度量进行详细讲解。之后介绍了如何基于度量选用合适的存储系统，如何基于度量来提高微服务的可靠性，最后结合实例讲述了微服务度量驱动的设计。

第 4 章是度量驱动的微服务实现，介绍在实际的微服务过程中如何度量代码质量、开发进度、微服务的性能，并详细讲解了 Java 技术栈中常用的度量技术和类库，最后结合实例讲述了如何给我们的土豆微服务实现度量驱动。

第 5 章是度量数据的聚合与展示，首先讲述了如何聚合和存储度量数据，如何进行必要的清洗和处理。然后重点讲解了度量的可视化技术，如何选择和绘制各种图表。在具体的技术栈中，介绍了常用的 TIG（Telegraf/InfluxDB/Grafana）、ELKK（Elasticsearch/LogStash/Kibana/Kafka）和 Prometheus 技术栈，并结合实例演示了如何有效地聚合与展示度量数据。

第 6 章是度量数据的分析与报警，讲解了如何分析度量数据，如何揭示隐藏在图表背后的意义，哪些需要改变配置，哪些需要调整设计，哪些需要触发报警并立刻采取行动。最后利用 ELKK 技术栈，从零开始用 Python 打造了一款实用的度量报警系统。

第 7 章是度量驱动的运维，讲解了如何通过度量来驱动我们进行高质量的运维，将度量驱动的方法贯穿于微服务的部署升级、配置调整与日常的运维工作，并介绍了常用的 Redis、Kafka 等开源组件的运维度量要点，最后结合实例讲述了土豆微服务的运维。

第 8 章是全链路度量，首先讨论了微服务的调用链路跟踪与度量，然后讲述了客户端应用或 App 端的度量数据采集与度量要点，最后对于微服务的度量驱动开发做了一个回顾与展望。

从实践中来，到实践中去。本书源自我们在工作中的心得与总结，以一个土豆微服务的实例贯穿全书，讲述从微服务开发的设计、实现到运维的全过程。书中大多数素材来自我们的工作笔记和工作实践，将其总结成一套度量驱动开发的方法。也许我们并不是度量驱动开发的首倡者，却是自觉自发、身体力行的践行者。本书偏重实战和方法，在理论方面则点到为止，有经验的开发者可以不拘于顺序，根据自己的知识背景选取感兴趣的章节阅读。对于初学者，还是建议按章节顺序循序渐进地阅读，先理解概念和方法，再实际运行和阅读示例代码。

我们公司所用的主要语言有 C++、Java、Python 和 Go。本书仅以 Python 和 Java 语言举例，所有源代码、脚本和一些说明文档均放在网址 https://github.com/walterfan/mdd 中，大家可以下载参考。

如果你正在学习或实现微服务，抑或正在从传统的单体服务向微服务转型，这本书应该非常适合你。通过应用书中所介绍的度量驱动开发的概念和方法，相信你一定能构建出令自己和客户都满意的微服务，为你的团队和公司创造更多的价值。

本书面向微服务开发人员、运维和测试工程师，对于项目和技术经理亦有帮助。我们坚信，度量驱动开发（Metrics Driven Development，MDD）是微服务成功的必由之路，也相信你读过本书后，再将其应用于实践，会和我们一样深有同感。

写作这本书开始于两年前，没想到会写这么久。日常繁忙的工作、出差使得写作进度缓慢。在写作期间我还生了一场大病。病愈之后，我决心珍惜大好的时光，抓紧时间完成写作，并请傅健同学帮我一起充实和打磨书稿。通过互相的督促和鼓励，我们一起在 2020 年合作完成了全书。尽管如此，我们仍感时间仓促，有许多未尽之言，限于篇幅，有些框架和工具的详细用法以及大数据和机器学习的实践没有提及，希望以后能有机会与读者分享和交流。作为一线的开发者，写作时间有限，写作水平不高，难免会有偏颇和不足之处，敬请各位读者不吝赐教，多多指正。

## 致谢

感谢我生命中最重要的三位女性——我的母亲、妻子和女儿，你们是我最爱的人，谢谢你们对我的支持和爱。感谢机械工业出版社的吴怡老师给我鼓励，以及对我的拖延症的忍耐；感谢傅健同学的帮助与合作；感谢我的老弟张鹏和老同学陈略涛的支持与意见；还要谢谢和我们一起工作的小伙伴，在同你们一起工作的过程中我学到了很多。

——范亚敏

首先感谢范兄的邀请，我才有机会参与这本书的编写，也感谢吴怡老师的悉心指导。“罗马不是一天建成的”，写书更是一个不断打磨、完善的过程，所以非常感谢两位不遗余力地一路陪伴。最后也感谢我的家人，可以容忍我将家庭生活的部分时间抽出来投入书籍编写中。

——傅健

Contents 目　录

本书赞誉

前言

第1章　微服务入门 ……… 1

1.1　单体服务的特点 ……… 1

1.2　拆分服务 ……… 2

1.2.1　分而治之以降低复杂性 ……… 2

1.2.2　分而用之以提高可重用性 ……… 4

1.2.3　分而做之以提高开发效率 ……… 5

1.3　微服务的特点 ……… 5

1.3.1　微服务架构的特点 ……… 6

1.3.2　微服务架构的特征 ……… 7

1.3.3　微服务架构的风格 ……… 7

1.3.4　微服务的分类 ……… 7

1.3.5　多小的服务才是微服务 ……… 8

1.4　微服务之道 ……… 8

1.4.1　软件之道 ……… 8

1.4.2　关于微服务的思考 ……… 10

1.5　土豆微服务案例快速上手 ……… 11

1.5.1　土豆微服务构建计划 ……… 11

1.5.2　微服务构建一：土豆管理微服务 ……… 13

1.5.3　微服务构建二：土豆提醒微服务 ……… 24

1.5.4　微服务构建三：土豆网页微服务 ……… 30

1.5.5　部署土豆微服务 ……… 35

1.6　本章小结 ……… 38

第2章　微服务度量的基本概念 ……… 39

2.1　微服务的局限及其解决方案 ……… 39

2.1.1　微服务的局限 ……… 39

2.1.2　解决方案 ……… 40

2.2　微服务中度量的重要性 ……… 41

2.3　微服务度量的内容 ……… 42

2.3.1　按度量的目标划分 ……… 43

2.3.2　按度量的层次划分 ……… 44

2.4　微服务度量指标与术语 ……… 49

2.4.1　统计学指标 ……… 49

2.4.2　度量指标相关术语 ……… 53

2.4.3　度量处理相关术语 ……… 55

2.5　微服务度量策略选择 ……… 58

2.5.1　如何做度量 ……… 58

2.5.2　如何选择度量方案 ……… 60

2.6 本章小结 ………………………… 63

第3章 微服务度量的设计 …………… 64

3.1 微服务协议的选择与度量 ……… 64

3.1.1 协议概述 …………………… 64

3.1.2 协议分类 …………………… 65

3.1.3 协议分析 …………………… 67

3.2 HTTP 及其度量 ………………… 71

3.2.1 HTTP 简介 ………………… 71

3.2.2 REST 协议的度量要点 ……… 71

3.3 SIP 及其度量 …………………… 72

3.3.1 SIP 简介 …………………… 72

3.3.2 SIP 的度量要点 …………… 73

3.4 RTP 及其度量 …………………… 73

3.4.1 RTP 简介 …………………… 73

3.4.2 RTP 的度量要点 …………… 74

3.5 数据存储系统的选型 …………… 76

3.5.1 理论回顾 …………………… 76

3.5.2 数据存储系统选型 ………… 78

3.5.3 数据存储系统特性 ………… 79

3.6 基于度量实现高可用性 ………… 80

3.6.1 分流——负载均衡 ………… 81

3.6.2 限流——速率控制 ………… 83

3.6.3 断流——熔断隔离 ………… 91

3.7 土豆微服务度量驱动的设计 …… 95

3.7.1 为如何度量而设计 ………… 96

3.7.2 通过度量改进设计 ………… 101

3.8 本章小结 ………………………… 102

第4章 度量驱动的微服务实现 …… 103

4.1 度量代码 ………………………… 103

4.1.1 代码度量标准 ……………… 103

4.1.2 代码度量关键指标 ………… 105

4.1.3 小结 ………………………… 107

4.2 度量进度 ………………………… 108

4.3 度量性能 ………………………… 110

4.4 度量微服务的常用技术 ………… 123

4.4.1 利用切面记录度量日志 …… 123

4.4.2 利用线程局部变量记录度量信息 ………………… 124

4.4.3 利用过滤器找准度量点 …… 126

4.4.4 提供 JMX 暴露内部度量指标 ……………………… 127

4.4.5 提供 API 或命令行接口暴露内部度量指标 ……… 131

4.4.6 阈值和采样率控制度量数据量 ……………………… 132

4.4.7 利用简单网络管理协议提供度量查询和报警支持 …… 135

4.4.8 综合利用以上技术 ………… 135

4.5 度量常用类库 …………………… 138

4.5.1 Dropwizard 的 Metrics-core ………………… 138

4.5.2 Pivotal 的 Micrometer ……… 140

4.5.3 Spring Boot Actuator ……… 142

4.6 土豆微服务度量实现 …………… 147

4.6.1 为土豆微服务提供代码度量 ……………………… 147

4.6.2 为土豆微服务添加健康检查 API …………………… 152

4.6.3 为土豆微服务提供资源使用率度量 ……………………… 156

4.6.4 为土豆微服务提供使用量的度量 …… 157
4.6.5 为土豆微服务提供性能度量 …… 159
4.6.6 为土豆微服务提供错误度量 …… 160
4.6.7 为土豆微服务提供业务KPI 度量 …… 160
4.7 本章小结 …… 163

**第5章 度量数据的聚合与展示 …… 164**

5.1 度量数据的聚合和存储 …… 164
5.2 度量数据的清洗和处理 …… 166
5.2.1 数据清洗的方法 …… 166
5.2.2 数据清洗的案例 …… 166
5.3 度量数据的可视化 …… 170
5.3.1 图表的结构 …… 170
5.3.2 图表的类型 …… 170
5.3.3 如何选择图表 …… 179
5.4 常用度量聚合与展示方案 …… 181
5.4.1 TIG 方案 …… 181
5.4.2 ELKK 方案 …… 188
5.4.3 Collectd 方案 …… 193
5.4.4 Prometheus 方案 …… 198
5.5 土豆微服务的度量聚合与展示 …… 200
5.5.1 土豆微服务支持多种度量聚合与展示系统的设计 …… 200
5.5.2 基于 TIG 的土豆微服务度量聚合与展示 …… 202
5.5.3 基于 ELKK 的土豆微服务度量聚合与展示 …… 207
5.6 本章小结 …… 214

**第6章 度量数据的分析与报警 …… 215**

6.1 度量数据的分析 …… 215
6.1.1 确定数据分析的目标 …… 215
6.1.2 数据分析常见问题 …… 218
6.2 实现报警常用的技术 …… 222
6.2.1 Python 数据分析技术栈 …… 223
6.2.2 YAML 配置文件 …… 223
6.2.3 Elasticsearch API …… 224
6.2.4 Pandas DataFrame …… 226
6.2.5 Matplotlib …… 228
6.3 土豆微服务的报警实现 …… 230
6.3.1 报警系统的设计 …… 230
6.3.2 报警系统的实现 …… 232
6.3.3 报警系统的优化 …… 242
6.4 本章小结 …… 244

**第7章 度量驱动的运维 …… 245**

7.1 部署升级 …… 245
7.1.1 何时能部署到产品线上 …… 246
7.1.2 如何发布新功能 …… 247
7.2 数据的运维 …… 251
7.2.1 健康检查 …… 251
7.2.2 度量报告 …… 251
7.2.3 度量警告 …… 252
7.2.4 故障处理 …… 252
7.2.5 基于度量来发现和解决问题 …… 255

7.3 配置调整……258
7.3.1 关于配置的思考……259
7.3.2 配置的版本管理……259
7.3.3 配置的载体……260
7.3.4 环境管理……262
7.3.5 配置微服务……262
7.3.6 配置管理实例……263
7.4 开源组件的度量……267
7.4.1 对 Redis 的度量……267
7.4.2 对 Kafka 的度量……270
7.4.3 对 Cassandra 的度量……273
7.5 土豆微服务的运维示例……276
7.6 本章小结……280

**第8章 全链路度量……281**

8.1 微服务的调用链路度量……281
8.1.1 3 个关键信息……282
8.1.2 5 个要点……283
8.1.3 3 种标识……283
8.1.4 开源调用链分析方案……284
8.1.5 构建土豆微服务调用链的度量……285
8.2 客户端度量数据的采集……289
8.3 度量驱动开发的回顾与展望……291
8.4 本章小结……293

**附录 常用的度量相关工具与软件库……294**

第 1 章 Chapter 1

# 微服务入门

本章首先介绍微服务的基本概念、特点以及微服务设计的特点与方法，然后通过“土豆微服务”案例展示如何从零开始构建微服务。在之后的章节中，我们会详细介绍如何通过度量驱动开发的方法来改进这个微服务。

## 1.1 单体服务的特点

当今世界，人们很难脱离他人的服务而完全自给自足地生活。回想一下，我们在超市购物，在餐饮店吃饭，都是在接受别人的服务，在公司解决客户的问题，则是在为别人提供服务。

那么服务是什么？简单来说，服务就是为满足他人需求所做的事情。一项服务就是一个独立的功能单元，比如上菜服务、结账服务、泊车服务等。

从软件开发的角度来看，服务就是进程外的组件，与其他组件以明确的接口进行交互，类似于进程内的函数调用。从可读性、可理解性、可维护性的角度出发，我们倾向于写小函数，避免写过于复杂的大函数，因为大函数容易出错，难于维护和修改。若干功能明确、职责单一的小函数有利于重用，提高开发效率。

同理，服务也一样。比如，我们起初开一个小饭馆，老板除了兼任厨师和服务员之外，可能还负责采购、收银以及打扫店面卫生，这是一个典型的单体服务。单体服务并非不好，店小利薄，提供的菜品较为简单，一个人也应付得来。然而生意兴隆、规模扩大之后问题就来了，老板分身乏术，就需要雇用厨师、服务员、收银员、采购员、保洁员等来共同做好饭馆服务，于是一个单体服务便拆分为多个微服务。

软件服务与此类似，当服务单一、规模小、逻辑简单时，用一个单体服务就挺好。在服务多样化、规模增大、逻辑变复杂之后，单体服务就不再适合了，缺点一一呈现。

- ❑ 复杂程度高。维护成本越来越高，各个模块之间边界模糊，一个模块的改动可能导致整个服务出现问题，一点内存泄漏、一处指针错误就会让整个服务停机，牵一发而动全身，更不要说共用的底层模块改动可能导致上层的异常，出现一点改动就需要做全面的回归测试，不敢漏过一个测试用例。维护成本的剧增也导致交付速度越来越慢。
- ❑ 水平扩展困难。单机的容量有限，而且缺乏弹性，一荣俱荣，一损俱损。垂直扩展受到硬件约束，水平扩展也比较困难，因为单体服务内部多半都维护着多个状态，从一台扩展到多台，状态迁移就是一个麻烦事，要做诸多改动，要么都从网络同步，要么放到共享存储中，无法做到有的放矢的局部扩展，比如，一个聊天服务器可提供语音和文字聊天服务，但无法只扩展语音服务来提供更好的语音体验。
- ❑ 性能优化困难。单体服务支持着多个业务，多种逻辑可以交织在一起，互相影响，互相争用系统资源，在服务性能调优时很难取舍，要做出令人满意的平衡很难。就如上述的聊天服务器，进行文字聊天时 CPU 占用率低，对及时性要求高，不可以丢包；而语音聊天由于需要编解码和混音，CPU 占用率高，但允许少量丢包，在做优化时二者需要区别对待。
- ❑ 可测试性变差。复杂性变高、模块众多、耦合在一起的代码必然造成测试困难。如果只针对所改动的模块做出测试，则无法预知其他模块是否受到影响，所以在产品发布前有成百上千条用例（case）需要测试，往往也难以覆盖各种路径。如果这些用例不是自动化的，就更让人束手无策了。

所以，我们要提倡微服务，就是一种微小的服务，崇尚小而美，避免大而全。

## 1.2 拆分服务

微服务是在单体服务发展壮大后提出来的，要提供微服务，遇到的首要问题便是如何拆分服务。

### 1.2.1 分而治之以降低复杂性

软件行业一直致力于降低复杂性。人们想出来的方法大致都是分而治之，分的方法要么纵向切（分层），要么横向切（分块）。

#### 1. 分层

分层方法最有名的例子就是 OSI 的网络协议，它有效地分离了复杂性，下层为上层服务，上层调用下层的接口，开发者只需关注所在层的细节。应用程序中最典型的分层如表 1-1 所示。

表 1-1　应用程序分层

| 层　次 | 职　责 |
|---|---|
| UI/API 层 | 负责与用户或外界的交互 |
| 业务逻辑层 | 负责业务逻辑的处理 |
| 数据访问层 | 负责数据的存取 |

微服务在整个应用中可能位于不同层次，但它自己是自成一体的，其内部会有一些层次划分。

### 2. 分块

分层的好处显而易见，坏处则在于随着层次的增多，层次之间的通信成本也会加大，复杂性贯穿于各层之间，依赖性层层传递，有一层出了问题，整个服务就会受到影响。因此出现了分块的方法。

在现实生活中，有的公司在做大做强之后，原有的组织架构不堪重负，纷纷建立了相对独立的事业部或分公司，彼此之间通过简单的契约或合同进行协作，层的概念依然存在，只是范围更小，层次也更少。例如，一家贸易公司从事服装生意，刚开始有 4 个职能部门，足以应付日常工作，如图 1-1 所示。

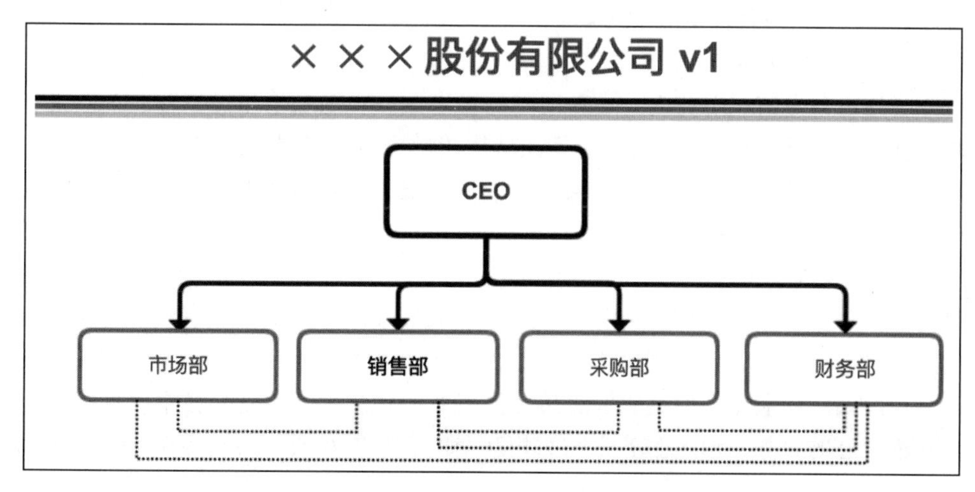


图 1-1　服装贸易公司分块前的组织架构

在公司生意做大（例如服务范围扩展到销售箱包和体育用品）之后，有必要进行组织架构升级，保留财务部，再划分 3 个事业部，对 3 块业务分别进行相对独立的管理，如图 1-2 所示。

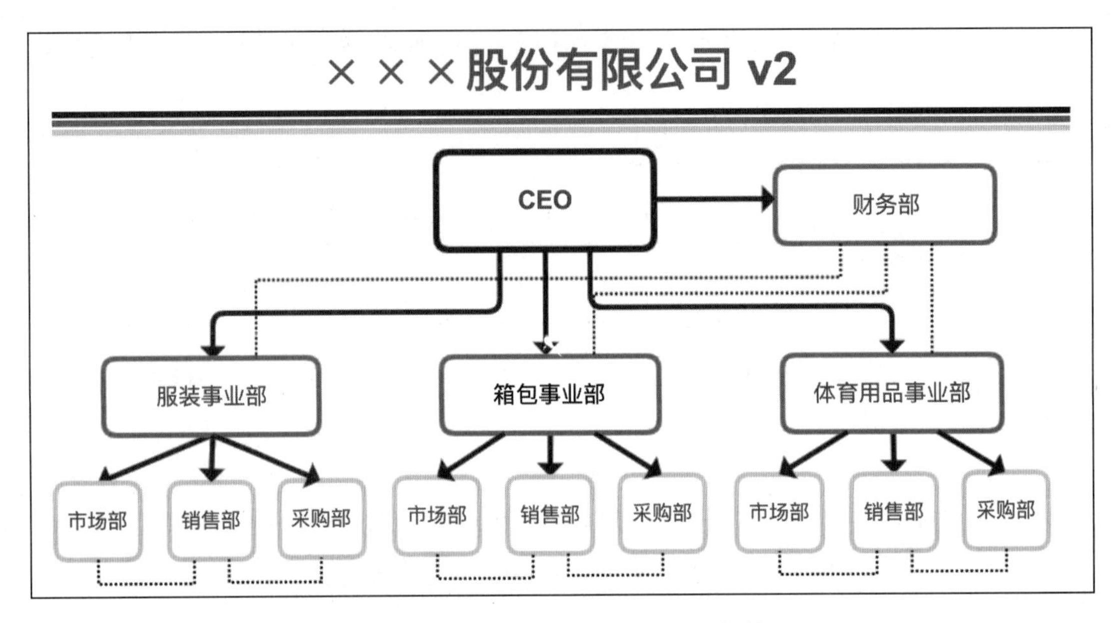


图 1-2　服装贸易公司分块后的组织架构

分块的好处显然易见，每一块只聚焦于自己的业务，分散了风险，提高了效率。可是各个事业部之间的沟通以及各职能部门之间的协作渠道增多，沟通成本增加，可能会出现问题，所以要建立明确、简单的沟通渠道。

软件服务在分块时要注重以下两点。

（1）划分好服务边界

一个服务本身应该相对独立，具有一定的自治性，实现一个相对完整的功能或者提供独特的数据，尽量避免对于其他服务的强依赖。例如，订单服务与库存服务，它们都可独立地提供服务，但是彼此也存在着联系：对于订单服务，必须考虑是否有足够的库存；对于库存服务，要根据订单的增减调整库存量。

（2）定义好服务接口

我们要定义好服务的接口。SOA（Service Oriented Architecture，面向服务的架构）的理念已经提出好多年了，一直不温不火，原因就在于其接口通信的 SOAP、ESB 等技术太复杂，并未得到广泛应用。但是它的思想和微服务一脉相承，那就是各个服务提供统一的接口，开放自己的服务，通过服务之间的相互调用、互连互通、共同协作，一起实现相应的业务功能。

### 1.2.2　分而用之以提高可重用性

共享和重用是软件行业得以壮大的秘诀之一，“罗马不是一天建成的”，今天的软件也不是每一行代码都是由一个开发者写的。

提高软件的可重用性需要适当地抽象、封装，提供简单的接口供多方调用。调用的方法无非是进程内调用和进程间调用，其中进程内的调用可以是函数调用或事件传递，进程间的调用取决于进程间的通信方式，如管道、信号、共享存储消息等。

微服务有利于可重用，它属于进程间的重用方式，与调用方既可以位于同一台服务器上，也可以位于不同地域。因其粒度微小，故可重用度高。它对外提供统一的API接口给调用方，相比单体系统中提供一个统一的接口和函数，重用的粒度更大，也更便于调用者使用自己喜欢的方式重用，这样更加灵活。

Web Service用得最多的是HTTP RESTful消息，消息格式多为JSON或XML。其他类型的微服务也以其他方式提供不同类型的服务，比如，基于TCP或UDP的SIP消息、XMPP消息，以及二进制的PDU（Protocol Data Unit，协议数据单元）。

### 1.2.3　分而做之以提高开发效率

现代的软件项目通常要由多人或多个团队协作完成，如果彼此之间互相依赖，联系过于紧密，牵一发而动全身，那么团队之间花在沟通、讨论和集成测试上的时间将难以估量。就如康威定律中提到的：**"设计系统的架构受制于产生这些设计的组织的沟通结构"**。如果把一个产品交由几个团队来做，那么应该把功能相对完整和独立的一个或一组服务交由一个团队来开发，团队之间定义好清晰的服务接口，然后各自进行开发和部署。只要服务的接口不改变，就完全可以做到独立实现、部署和升级。

所以我们强调服务要微小，并且相对独立自治，是一个比较完整的功能单元，服务内部高内聚，服务之间低耦合。

## 1.3　微服务的特点

简单地说，微服务架构是一种以一些微服务来替代开发单个的大而全的应用的方法，每一个小服务都运行在自己的进程里，并以轻量级的机制（通常是HTTP RESTful API）来通信。微服务强调"小快灵"，任何一个相对独立的功能服务不再是一个模块，而是一个独立的服务。

举个例子，就是将以前的大兵团全功能的部队拆分成一个个专业化的小分队，各司其职，各自为战，彼此之间用清晰的接口通信。

类似于真实世界，以前推崇金字塔结构：从上到下，分层管理，都在一个大的系统（进程）里以内部事件或函数调用的方法进行分工协作。而当前更倾向于扁平化管理，分成若干个独立运作的事业部或小组，各自为战，却又以API/RPC的方式紧密合作，为一个或一些用户提供所需的产品和服务。

有一利就有一弊，以往一个程序有几十个组件，现在可能就变成了几十个微服务。那么这么多微服务该如何管理呢？

类似于真实世界，若干个小分队联合作战得由总参谋部协调，彼此之间职责明确、分工协作。在软件世界中就可以前端应用及 API gateway 来调用和协调所依赖的微服务，再加上服务注册（service registry）、服务发现（service discovery）等服务治理功能，依靠强大的度量和监控将多个微服务整合在一起。

就如《人月神话》的作者布鲁克斯所提到的“没有银弹[⊖]”，从来就没有包治百病的灵丹妙药，如果有人声称有，那他一定是个骗子。微服务的问题也不少，小分队多了，沟通成本就增加了，性能也可能会有所下降。

### 1.3.1 微服务架构的特点

Martin Fowler 在他的文章中总结了微服务的特点。

（1）围绕业务功能进行组织（organized around business capability）

不再是以前的纵向切分，而改为按业务功能横向划分，一个微服务最好由一个小团队针对一个业务单元来构建。

（2）做产品而非做项目（product not project）

不再是做完一个个项目，交付后就完工了，而是做产品，从设计编码到产品运维，做到全过程掌控和负责，即自己构建，自己运维（you build it，you run it）。

（3）智能终端加简单通道（smart endpoints and dumb pipe）

使用基于资源的 API，将大量逻辑放在客户端，而服务器端则着重于提供资源，推荐基于 Web 而不是在 Web 之后做复杂逻辑（be of the Web，not behind the Web）。

（4）去中心化管理（decentralized governance）

自行其是，自我管理，不必在局限在一个系统里，不必围绕着一个中心。

（5）去中心化数据管理（decentralized data management）

只管理和维护自己的数据，相互之间互不直接访问彼此的数据，只通过 API 来存取数据。

（6）基础设施自动化（infrastructure automation）

每个微服务应该关注于自己的业务功能实现，基础设施应该尽量自动化——构建自动化、测试自动化、部署自动化、监控自动化。

（7）为应对失败而设计（design for failure）

设计之初就要考虑高可靠性（high reliability）和灾难恢复（disaster recover），并考虑如何着手进行错误监测和错误诊断。

（8）演进式设计（evolutionary design）

没有完美的架构，唯一不变的是变化。要善于应对变化，容易改变其设计和实现，因

⊖ 西方传说中可怕的狼人可以用银弹一枪毙命。IBM 大型计算机之父佛瑞德·布鲁克斯以“没有银弹”比喻不会有任何单一的软件工程上的突破，能够让软件开发的生产力得到一个数量级的提升。

为其小，故而易变。

以上即为微服务的主要特点，除此之外，其他的一些非特征化的特点不再赘述。

### 1.3.2 微服务架构的特征

一个微服务的架构应该具有以下特征：

- 容易被替换和升级。比如以前用 Ruby 快速开发的原型可以由用 Java 实现的微服务代替，因为服务接口没变，所以也没有什么影响。
- 职责独立完整。按功能单元组织服务，职责最好相对独立和完整，以避免对其他服务有过多的依赖和交互。
- 可选择最适合自己的技术方案。服务性质不同会影响技术选型，比如账户的注册和登录完全可以由 Ruby on Rails、Python Django 这些脚本框架来实现。但是，对于音 / 视频流的编解码和处理，最好用 C/C++ 甚至汇编语言来写。其他的诸如数据库的选型、ORM 或 MVC 框架的选择，都可以随机应变，按照业务和技术的具体需求，根据团队的技术栈和人员现状选择最适合的方案。
- 架构由层次化转向扁平化。服务内部可以进行适当的分层，服务之间尽量扁平化，不要引入过多的层次。

### 1.3.3 微服务架构的风格

微服务可以采用多种风格，但是一个“生态系统”内存最好遵从统一的风格和要求。微服务基本上都具有以下风格：

- 短小精悍、独立自治：只做一个业务并专注地做好它。
- 自动化部署和测试：相比大而全的单个服务，微服务会有更多的进程，更多的服务接口，更多不同的配置，如果不能将部署和测试自动化，微服务所带来的好处将会大大逊色。
- 尽量减少运维的负担：微服务的增多可能会导致运维成本增加，监控和诊断故障也可能更困难，所以要未雨绸缪，在一开始的设计阶段，就要充分考虑如何及时地发现问题和解决问题。
- 拥抱失效与故障：微服务的高可靠性设计和防错性设计是与生俱来的，分布在不同的机器、地域上的服务所用到的硬件和网络等随时可能出问题，而这些问题要对服务质量没有任何影响。
- 每个服务都是灵活易变、可伸缩、可扩展、可组合的：微服务为应对变化提供了更多的可能，就像乐高积木，可以随意增减组合，拼出不同的产品。

### 1.3.4 微服务的分类

微服务的分类方法有很多，可以参考表 1-2 进行多个维度的划分。

表 1-2　微服务分类

| 分类原则 | 分类 | 说明 |
|---|---|---|
| 实时性 | 实时服务 | 实时性要求比较高，需要快速响应客户端的请求 |
| | 非实时服务 | 没有实时性要求，指批处理和长时间运行的任务或处理的服务 |
| 媒体服务协议 | 信令服务 | 对媒体进行控制的服务 |
| | 媒体服务 | 媒体传输、处理和渲染的服务 |
| 服务模型 | 任务服务 | 执行某个业务逻辑和流程 |
| | 实体服务 | 针对某个业务实体和处理 |
| | 实用服务 | 完成某个实用功能 |
| 业务功能 | 业务功能服务 | 完成某个业务功能的服务 |
| | 业务支持服务 | 为业务功能提供支持的周边服务 |
| | 通用基础服务 | 为业务提供基础的底层服务 |

### 1.3.5　多小的服务才是微服务

微服务是比较小的服务，到底可以有多小，我们团队的前 CTO Jonathan Rosenberg 就曾经提出过一个“两周原则”：一个新的服务如果可以在两周内上线，那么就可称它是一个微服务。这个要求有点高，需要满足 3 个前提：

- 有一套完整的微服务框架。
- 有一套成熟的构建与部署流水线。
- 有一个稳定的 PaaS 云平台。

## 1.4　微服务之道

“道”原本起源于中国，而在编程世界中，我发现一本“坐而论道”的书是外国人写的《编程之道》(*The Tao of Programming*)。其实，“道”已经扎根于每个中国人的内心世界，道是真理，是过程，是事物的本质，是自然的规律。

### 1.4.1　软件之道

早期提到软件，都是相对于硬件设备来说的，一般分为系统软件和应用软件。软件一般是装在磁盘和光盘里的，用一个漂亮的盒子包装，买回家在计算机上安装好后就可以运行了。

SaaS（Software as a Service，软件即服务）是互联网发展的产物，它是对传统软件的一场革命。从此，软件开发不再是第二产业，而是第三产业了。软件可以不再是卖的，而是租的，或者是免费使用的（条件是用户对广告的容忍）。SaaS 凭借易用性和经济性，在互联网上牢牢地占据了市场，“你能为我做多少，我就付给你多少”的商业模式颇受欢迎。SaaS 也为程序员带来了机会，中国的程序员创业不再困难重重，只要提供的服务好，需要花费的成本够低，就一定会有用户愿意为你提供的优良服务买单。

SaaS 生存之道的关键就是服务质量和成本控制。

- 服务质量：简单地说就是满足用户的需求，有七大要点——功能性、稳定性、可靠性、高性能、可维护性、可移植性、灵活性。
- 成本控制：成本控制的关键因素在于人，由于软件本身的硬件成本所占比重越来越低，运行软件的服务器、处理器、存储器的价格越来越低，而最重要的软件开发成本是人力，时间成本多取决于软件开发人员。

所以，软件开发一定要以人为本，发挥人的主观能动性，才能提高软件开发的速度和质量，从而满足开发者自身和客户的需求。然而面对纷繁复杂的用户需求，各种新技术和理念层出不穷，如何优雅地应对变化，让工作和生活变得更简单、更从容呢？

首先，我们介绍几个软件开发的普适原则。

#### 1. KISS

- Keep It Simple and Straight（保持简单和直接），适当隐藏复杂性。
- Keep It Simple and Stupid（保持简单，像傻瓜一样），不要让别人多加思考。

软件接口或 API 的设计要让人一看就明白，就能知道作者的意图和想法，以及如何使用、有什么结果、可能产生的异常及副作用。

#### 2. DOTADIW

DOTADIW（Do One Thing and Do It Well），意思是只做一件事并做好它。

#### 3. UNIX 的哲学

Mike Gancarz（X Window 的设计者之一）总结了关于 UNIX 的九大格言：

> 小就是美。
> 让一个程序只做一件事。
> 尽可能快地做一个原型。
> 选择可移植性胜过效率。
> 在纯文本文件中保存数据。
> 使用软件来增加你的优势。
> 用 shell 脚本来增进。
> 避免交互式的用户界面。
> 使每个程序成为过滤器。

#### 4. Python 之禅

Python 所倡导的“禅”其实适用于多数编程语言，可参见 *The Zen of Python*[⊖]。具体原则如下：

> 美比丑好，

⊖ https://www.python.org/dev/peps/pep-0020

明显比隐晦好，
简单比复杂好，
复杂比难懂好，
扁平比嵌套好，
稀疏比稠密好，
可读性很重要，
在特例中也不要打破这个原则，
尽管实践会破坏纯洁性，
还是不能让错误悄然滑过，
除非你明确声明不用理会它。
别让人来猜测不确定的可能性。
应该有一个且只有一个比较好的明显的方法来做事，
尽管那个方法可能并非一开始就显而易见。
现在就做比永远不做好，
尽管永远不做经常比马上就动手做好。
如果实现很难解释清楚，那它就不是一个好主意。
如果实现很容易说清楚，那它就是个好主意。
命名空间是个绝妙点子，让我们能做得更多。

### 1.4.2 关于微服务的思考

从上面诸多软件开发的原则和哲学思想来看，庞大而复杂的系统是使众多开发人员陷入软件泥潭而不能自拔的主要原因。

老子云："图难于其易，为大于其细。天下难事必作于易，天下大事必作于细。是以圣人终不为大，故能成其大。"圣人之言不谬矣，任何一个复杂庞大的系统莫不是由一个个简单而微小的模块逐渐构建起来的，正所谓万丈高楼平地起。为了不在复杂的大系统中迷失，我们不如不做单个的大系统，只做简单的微服务，然后由这些微服务共同协作，满足用户不同的需求。所以我们所做的软件系统应该使用微服务，而我们所认为的微服务之道如下：

- 不要大，要小。
- 不要复杂，要简单。
- 不要松散，要紧凑。
- 不要过于依赖别人，要独立自主。
- 不要只为自己着想，要为他人服务。

下面我们先给出一个关于 Todo List（待办清单）的微服务的实例，为简单起见，这个微服务初始并没有度量和测试的相关代码，仅作为一个原始的示例，等读者了解了更多度量的概念和方法之后，再想想如何通过度量驱动的方法来提高和改进这个微服务。

# 1.5 土豆微服务案例快速上手

Todo List 是使用得最多的一种时间管理方法，即把要做的事情写下来，标注上优先级、计划开始时间、估计完成时间、地点，如表 1-3 所示。

表 1-3 Todo List

| 序号 | 任务 | 优先级[①] | 计划开始时间 | 估计完成时间 | 地点 |
|---|---|---|---|---|---|
| 1 | 为新功能写设计方案及代码 | A | 2019-3-2 10:00 | 2h | 公司 |
| 2 | 增加相应单元及 API 测试 | B+ | 2019-3-3 14:00 | 3h | 公司 |
| 3 | 看一章《失控》 | D | 2019-3-4 15:00 | 1h | 家 |

①优先级可分为四级：A—重要并紧急，B—重要不紧急，C—紧急不重要，D—不紧急不重要

“拖延症”患者最大的问题在于 Todo List 越来越长，想做的事情越来越多，可是没有几件大事是能够坚持完成的，小事也丢三落四，延误了很多。很多事情计划了，可并没有及时完成，有的压根儿没能开始，就已经超过了截止时间，久而久之，这些事的进展仍然只是停留在计划阶段。

Todo List 的关键在于提醒我们专注和坚持。在此我们就来构建一个“土豆”（Todo 的中文谐音）服务来维护我们的待办事项，提醒我们坚持完成任务。接下来就从如何构建和部署两个方面介绍，让大家能快速上手微服务开发。

## 1.5.1 土豆微服务构建计划

按照以上需求，可以大体设计一下土豆微服务的架构，绘制用例图，如图 1-3 所示。

对于待办事项，有 6 个基本用例：

1）Create Potato（创建待办事项）：其扩展用例包括创建提醒器 Create Reminder（提醒用户及时开始和完成任务）。

2）Retrieve Potato（获取待办事项）：根据事项的唯一标识符来获取其详细信息。

3）Update Potato（更新待办事项）：其扩展用例有修改提醒器 Update Reminder（不用提醒开始，只要提醒按时完成任务）。

4）Start Potato（启动待办事项）。其扩展用例也是修改提醒器 Update Reminder（不用提醒开始，只要提醒按时完成任务）。

5）Stop Potato（停止待办事项）：停止正在进行的事项，或者是完成事项，或者是中止事项。

6）Delete Potato（删除待办事项）。其扩展用例有删除提醒器 Remove Reminder。

在初始版本中，可以先创建如下 3 个微服务。

- Potato-Web：提供一个前端服务，主要功能是渲染前端页面，并为前端页面的 Ajax 调用提供 API。
- Potato-Service：核心服务，主要功能是对待办事项（Potato）进行增删改查，以

及开始和结束待办事项。

❑ Potato-Reminder：提醒功能，主要用来在待办事项（Potato）预定开始时间及截止时间之前发送提醒邮件、即时消息或播放音乐。

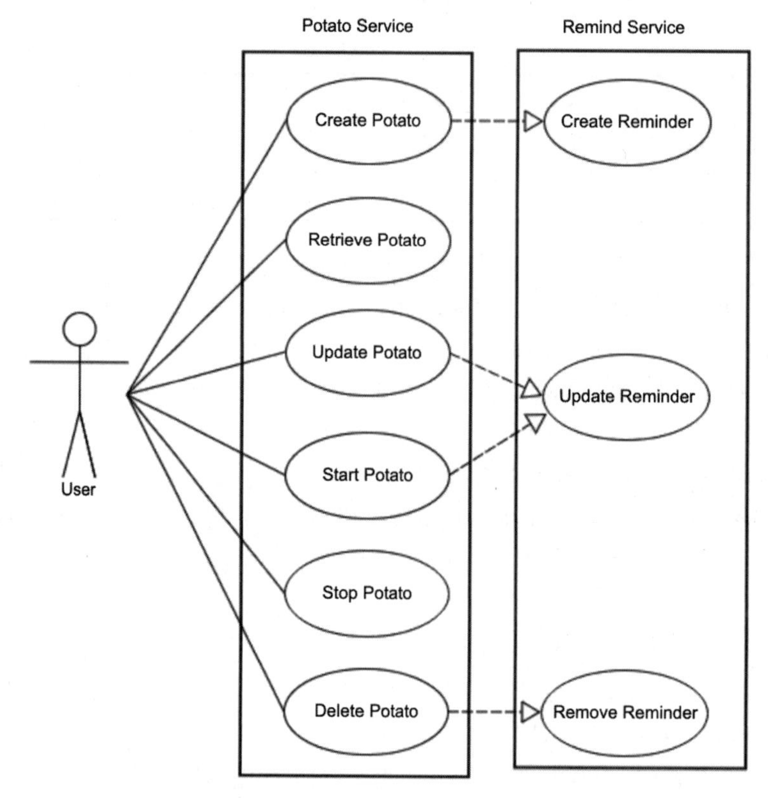


图 1-3 “土豆”微服务用例图

3 个微服之间的关系如图 1-4 所示。

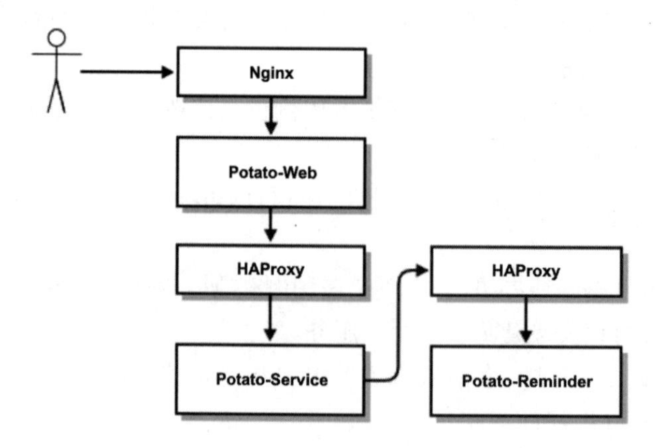


图 1-4 “土豆”系列微服务之间的关系

微服务可以用任何一种语言实现，笔者比较喜欢用 Java 和 Python。这里用 Java 实现，后端基于 Spring Boot 框架，前端使用 Vue 框架。

下面我们一一介绍这 3 个微服务。先从核心的 Potato-Service 说起。

### 1.5.2　微服务构建一：土豆管理微服务

土豆管理微服务 Potato-Service 的内部结构采用标准的 3 层架构，如图 1-5 所示。

- Controller 模块：用户界面层，也就是 API 交互层。
- Service 模块：逻辑应用层。
- Repository 模块：数据访问层。

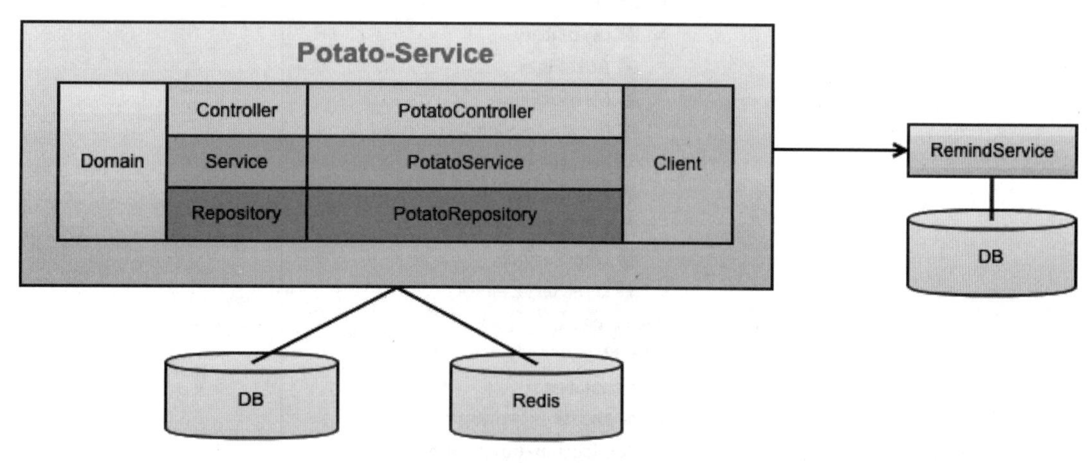


图 1-5　土豆管理微服务内部结构

#### 1. 具体构建与结构

我们采用 Spring Boot 来实现这个微服务。Spring Boot 有一个用来快速生成应用骨架的页面 https://start.spring.io，选中所需的依赖库，会生成一个压缩文件，解压缩后就生成一个简单的 Spring Boot 项目。也可以用命令行工具来生成。例如，在 Macbook 上可以用 brew 来安装 springboot 命令行工具。

```
brew tap pivotal/tap
brew install springboot
```

在其他 Linux 系统上可通过 sdkman 来安装，在 Windows 上建议通过 vagrant 安装一个 ubuntu 虚拟机。

构建工具可以选择 Gradle 或传统的 Maven，也可以使用 https://start.spring.io，从中选取所需要的子模块，生成一个项目骨架。假设项目命名为 potato（“土豆”），保存后即为 potato.zip。这里用 Spring Cli 命令工具来生成项目骨架。

```
    spring init --java-version=1.8 --dependencies=web, actuator, cloud-eureka,
devtools -packaging=jar --groupId=com.github.walterfan.potato --artifactId=server
```

```
unzip server.zip -d potato-server
```

使用上面生成的“骨架”文件完成业务功能的编写。最终生成的代码结构如图 1-6 所示。

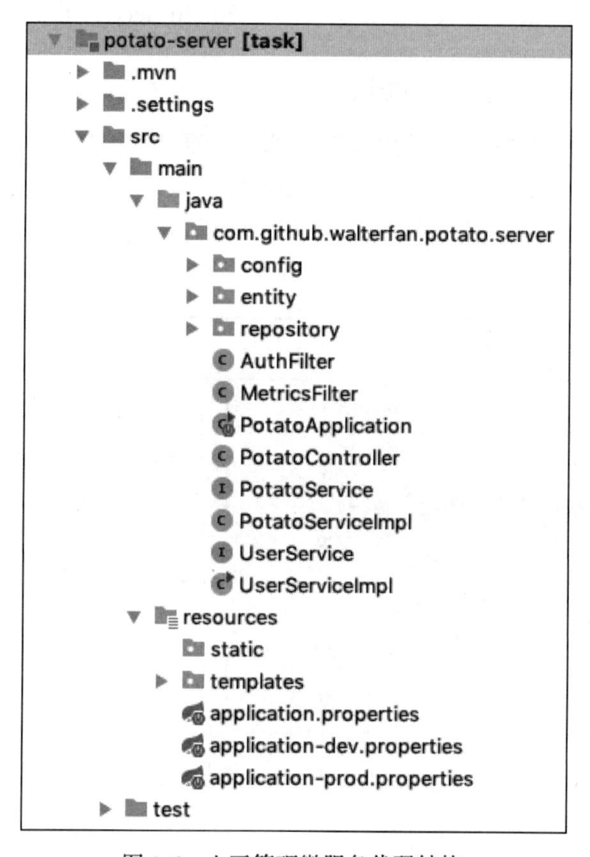


图 1-6 土豆管理微服务代码结构

### 2. 主要代码类

构建标准的 Java 微服务，首先要创建一个 POM 文件，这里不列举其内容，请参考前言中提到的网站所附实例中的源码。其核心要点是设置 spring-boot-starter-parent，并添加相关依赖。

```
<parent>
    <groupId>org.springframework.boot</groupId>
    <artifactId>spring-boot-starter-parent</artifactId>
    <version>2.1.5.RELEASE</version>
    <relativePath/> <!-- lookup parent from repository -->
</parent>

<dependency>
<!-- 省略大部分内容 -->
<dependencies>
```

```
        <groupId>org.springframework.boot</groupId>
        <artifactId>spring-boot-starter-data-jpa</artifactId>
    </dependency>
    <dependency>
        <groupId>org.springframework.boot</groupId>
        <artifactId>spring-boot-starter-web</artifactId>
    </dependency>

    </dependencies>
```

主要的数据传输对象如图 1-7 所示。

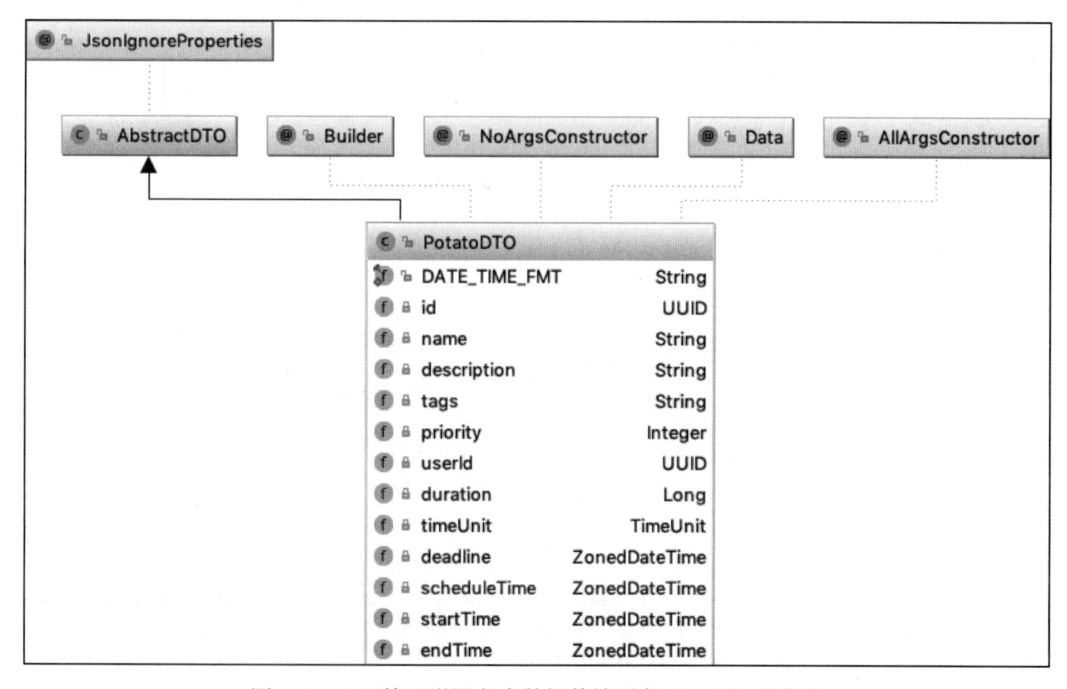


图 1-7　土豆管理微服务中数据传输对象“土豆”的定义

主要的启动类 PotatoApplication 用于启动这个微服务，代码如下：

```
package com.github.walterfan.potato.server;
// 省略 import 语句

@EnableEurekaClient
@SpringBootApplication
public class PotatoApplication {

    public static void main(String[] args) {
        SpringApplication.run(PotatoApplication.class, args);
    }

}
```

控制类 PotatoController 用于指定 API 的 URL 映射，并调用下层的服务：

```
package com.github.walterfan.potato.server;


// 省略 import 语句

@RestController
@RequestMapping("/potato/api/v1")
@Slf4j
public class PotatoController {

    @Value("${spring.application.name}")
    private String serviceName;

    @Value("${server.port}")
    private Integer serverPort;

    @Autowired
    private PotatoService potatoService;


    @RequestMapping(value = "/potatoes", method = RequestMethod.POST)
    @ApiCallMetricAnnotation(name = "CreatePotato")
    public PotatoDTO create(@RequestBody PotatoDTO potatoRequest) {
        log.info("create {}", potatoRequest);
        return potatoService.create(potatoRequest);
    }


    @LogDetail
    @RequestMapping(value = "/potatoes/{id}/start", method = RequestMethod.POST)
    @ApiCallMetricAnnotation(name = "StartPotato")
    public void start(@PathVariable UUID id) {
        potatoService.startPotato(id);
    }

    @LogDetail
    @RequestMapping(value = "/potatoes/{id}/stop", method = RequestMethod.POST)
    @ApiCallMetricAnnotation(name = "StopPotato")
    public void stop(@PathVariable UUID id) {
        potatoService.stopPotato(id);
    }

    @LogDetail
    @RequestMapping(value = "/potatoes/{id}", method = RequestMethod.DELETE)
    @ApiCallMetricAnnotation(name = "DeletePotato")
    public void delete(@PathVariable UUID id) {
        potatoService.delete(id);
    }
```

```
// 省略其他管理操作，如删除、查询等
```

服务类 PotatoService 用来处理核心的业务逻辑，调用下层的数据存取方法来访问数据库：

```
package com.github.walterfan.potato.server;

// 省略 import 语句

@Service
@Slf4j
public class PotatoServiceImpl implements PotatoService {

  // 省略属性代码

    @Override
    public PotatoDTO create(PotatoDTO potatoRequest) {
        PotatoEntity potato = potatoDto2Entity(potatoRequest, null);
        PotatoEntity savedPotato = potatoRepository.save(potato);
        scheduleRemindEmails(potatoRequest);

        return this.potatoEntity2Dto(savedPotato);
    }

    private void scheduleRemindEmails(PotatoDTO potatoRequest) {
        String emailContent = potatoRequest.getDescription();
        //schedule remind
        RemindEmailRequest remindEmailRequest = RemindEmailRequest.builder()
                .email(this.remindEmail)
                .subject("To start: " + potatoRequest.getName())
                .body(emailContent)
                .dateTime(potatoRequest.getScheduleTime())
                .build();
        ResponseEntity<RemindEmailResponse> respEntity1 = potatoSchedulerClient.
scheduleRemindEmail(remindEmailRequest);
        log.info("respEntity1: {}", respEntity1.getStatusCode());

        RemindEmailRequest remindEmailRequest2 = RemindEmailRequest.builder()
                .email(this.remindEmail)
                .subject("To finish: " + potatoRequest.getName())
                .body(emailContent)
                .dateTime(potatoRequest.getDeadline())
                .build();
        ResponseEntity<RemindEmailResponse>  respEntity2 = potatoSchedulerClient.
scheduleRemindEmail(remindEmailRequest2);
        log.info("respEntity2: {}", respEntity2.getStatusCode());
    }

 // 省略其他维护“土豆”的操作
```

数据仓库类 PotatoRespository 用来读写数据库：

```java
package com.github.walterfan.potato.server.repository;

//省略 import 语句
@Repository
public interface PotatoRepository extends PagingAndSortingRepository<PotatoEntity,
UUID>, JpaSpecificationExecutor<PotatoEntity> {
    Page<PotatoEntity> findByUserId(UUID userId, Pageable pageable);

    Page<PotatoEntity> findByUserId(UUID userId, Specification<PotatoEntity>
spec, Pageable pageable);

    PotatoEntity findByUserIdAndName(UUID userId, String name);
}
```

### 3. 配置文件

配置文件 application.properties 中指定了 profiles 为 dev，如下所示：

```
spring.profiles.active=dev

# ===============================================================
# app
# ===============================================================
potato.remind.email=fanyamin@hotmail.com
potato.guest.userId=53a3093e-6436-4663-9125-ac93d2af91f9
```

配置文件 application-dev.properties 用来设置所需的若干属性：

```
# ===============================
# = General
# ===============================
app.id=potato
debug=false

server.port=9003

spring.autoconfigure.exclude=org.springframework.boot.autoconfigure.web.servlet.
error.ErrorMvcAutoConfiguration

spring.application.name=potato-service
spring.application.version=1.0
spring.application.component=potato-app
spring.application.env=production

spring.messages.encoding=UTF-8
server.tomcat.uri-encoding=UTF-8

logging.level.root=INFO
logging.level.org.hibernate=DEBUG
logging.level.org.springframework.web.servlet.DispatcherServlet=DEBUG
# ===============================
```

```
# = DATA SOURCE
# ===============================
spring.datasource.url=jdbc: sqlite: /var/lib/sqlite/potato.db
spring.datasource.username=walter
spring.datasource.password=pass1234
spring.datasource.testWhileIdle=true
spring.datasource.validationQuery=SELECT 1
spring.datasource.driver-class-name=org.sqlite.JDBC
spring.datasource.sql-script-encoding=UTF-8

# ===============================
# = JPA / HIBERNATE
# ===============================
spring.jpa.show-sql=true
spring.jpa.hibernate.ddl-auto=update
spring.jpa.hibernate.naming-strategy=org.hibernate.cfg.ImprovedNamingStrategy
spring.jpa.database-platform=org.hibernate.dialect.SQLiteDialect
# ==============================================================
# = Initialize the database using data.sql script
# ==============================================================
spring.datasource.initialization-mode=always
# ===============================
# = Thymeleaf configurations
# ===============================
#spring.thymeleaf.mode=LEGACYHTML5
spring.thymeleaf.cache=false
# ==============================================================
# InfluxDB
# ==============================================================

spring.influxdb.url=${INFLUXDB_URL}
spring.influxdb.username=admin
spring.influxdb.password=admin
spring.influxdb.database=potato

# ==============================================================
# = Actuator
# ==============================================================
spring.jmx.default-domain=potato
management_endpoints_jmx.exposure.include=*
management.endpoint.shutdown.enabled=true
management.endpoints.web.exposure.include=*

management.endpont.shutdown.enabled=true
management.endpont.health.show-details=when_authorized

info.app.name=Potato Task Application
info.app.description=This is Potato Application based on spring boot
info.app.version=1.0.0
# ==============================================================
```

```
# spring cloud
# =================================================================
spring.cloud.bus.enabled: false
spring.cloud.bootstrap.enabled: false
spring.cloud.discovery.enabled: false
spring.cloud.consul.enabled: false
spring.cloud.consul.config.enabled: false
spring.cloud.config.discovery.enabled: false

eureka.client.register-with-eureka=true
eureka.client.fetch-registry=true
eureka.serviceUrl.defaultZone: http: //registry: 8761/eureka

#http: //zipkin: 9411
spring.zipkin.url=${ZIPKIN_URL}
spring.sleuth.sampler.percentage=1.0
```

### 4. 数据库表结构

由上面的配置可知，我们使用了 sqlite 这个迷你的文件型数据库。可以安装 sqlite3 这个命令行工具查看由 spring-data-jpa 自动生成的表结构，其 ORM 对象关系映射如图 1-8 和图 1-9 所示。

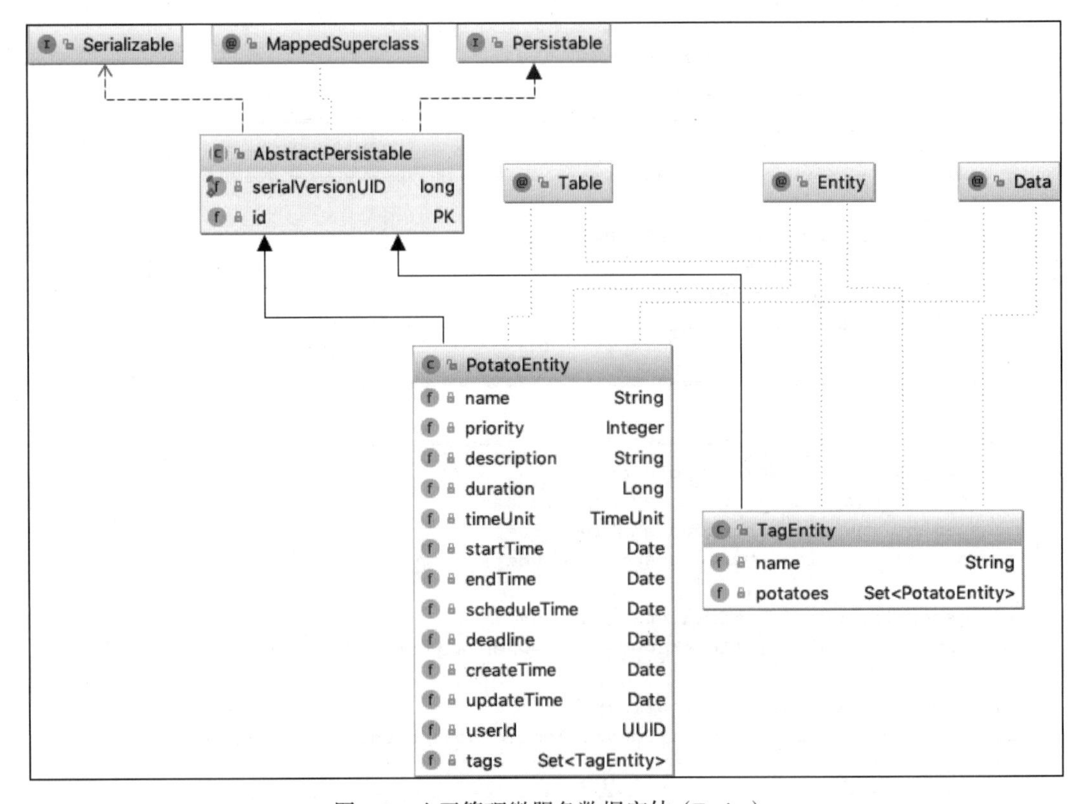


图 1-8 土豆管理微服务数据实体（Entity）

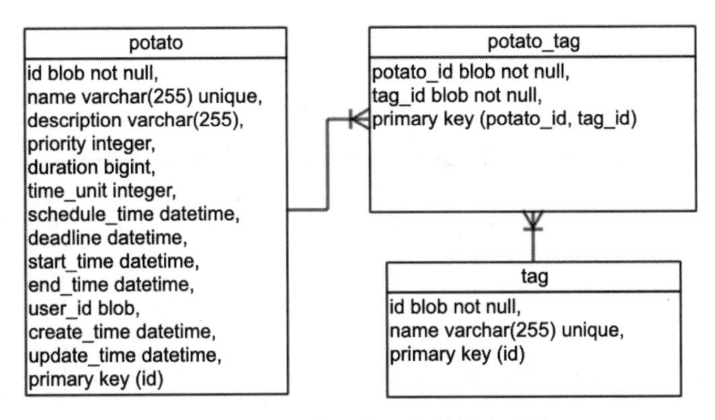


图 1-9　土豆管理微服务数据表设计

### 5. 测试

我们在 pom 文件中加入了 springfox-swagger-ui 的支持，并且加入了相关的配置，这样可以生成一份 API 文档，并可以用它做一些简单的测试。示例如下：

```
package com.github.walterfan.potato.server.config;

// 省略 import


@Configuration
@EnableAutoConfiguration
@EnableSwagger2
@EnableJpaRepositories(basePackages = {"com.github.walterfan.potato.server"})
@ComponentScan(basePackages = {"com.github.walterfan.potato.server"})
@PropertySource("classpath: application.properties")
public class WebConfig {

    private boolean enableSwagger = true;
    @Bean
    public Docket api() {
        return new Docket(DocumentationType.SWAGGER_2)
                .forCodeGeneration(Boolean.TRUE)
                .select()
                .apis(RequestHandlerSelectors.basePackage("com.github.walterfan.
potato.server"))
                //.paths(regex("/potato/api/v1/*"))
                .paths(PathSelectors.any())
                .paths(Predicates.and(PathSelectors.regex("/potato/api.*")))
                .build()
                .enable(enableSwagger)
                .apiInfo(apiInfo());
    }

    private ApiInfo apiInfo() {
        return new ApiInfo(
```

```
                    "REST API",
                    "REST description of API.",
                    "API TOS",
                    "Terms of service",
                    new Contact("Walter Fan", "http: //www.fanyamin.com", "walter.
fan@gmail.com"),
                    "License of API", "API license URL", Collections.emptyList());
        }

    }
```

这样就得到了一个开箱即用的 API 文档和测试工具。运行如下命令：

```
cd potato-server
java -jar target/task-0.0.1-SNAPSHOT.jar
```

打开 http://localhost:9005/v2/api-docs，可以看到详细的 API 文档说明，如图 1-10 所示。

```
{
    swagger: "2.0",
  - info: {
        description: "REST description of API.",
        version: "API TOS",
        title: "REST API",
        termsOfService: "Terms of service",
      - contact: {
            name: "Walter Fan",
            url: "http://www.fanyamin.com",
            email: "walter.fan@gmail.com"
        },
      - license: {
            name: "License of API",
            url: "API license URL"
        }
    },
    host: "localhost:9005",
    basePath: "/",
  - tags: [
      - {
            name: "potato-controller",
            description: "Potato Controller"
        }
    ],
  - paths: {
      + /potato/api/v1/ping: {…},
      + /potato/api/v1/potatoes: {…},
      + /potato/api/v1/potatoes/search: {…},
      + /potato/api/v1/potatoes/{id}: {…},
      + /potato/api/v1/potatoes/{id}/start: {…},
      + /potato/api/v1/potatoes/{id}/stop: {…}
    },
  - definitions: {
      + PotatoDTO: {…},
      + ServiceHealth: {…}
    }
}
```

图 1-10 API 文档说明

打开 http://localhost:9005/swagger-ui.html，可以看到各个 API 端点，如图 1-11 所示。

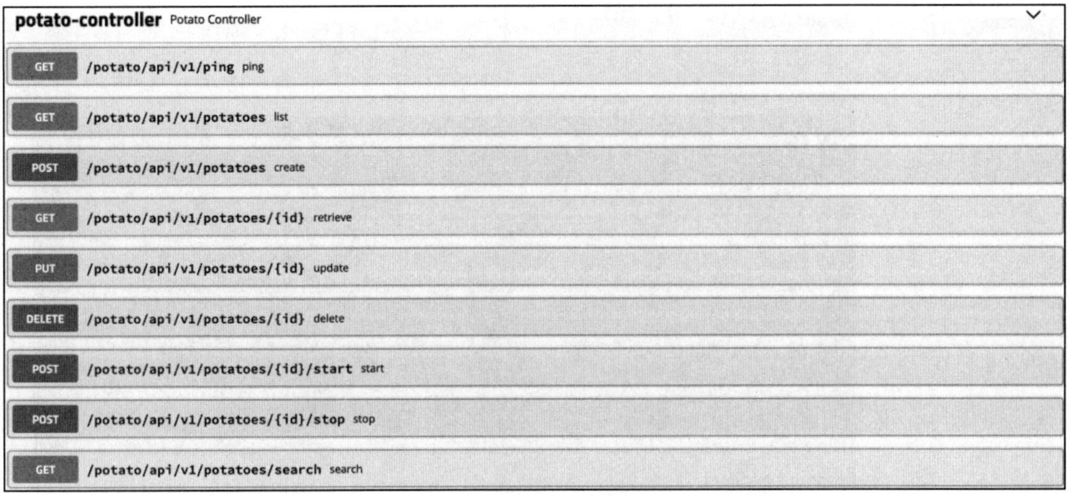

potato-controller Potato Controller
GET /potato/api/v1/ping ping
GET /potato/api/v1/potatoes list
POST /potato/api/v1/potatoes create
GET /potato/api/v1/potatoes/{id} retrieve
PUT /potato/api/v1/potatoes/{id} update
DELETE /potato/api/v1/potatoes/{id} delete
POST /potato/api/v1/potatoes/{id}/start start
POST /potato/api/v1/potatoes/{id}/stop stop
GET /potato/api/v1/potatoes/search search

图 1-11　土豆管理微服务 API

直接单击一个 API 端点，可以在 Example Value 输入框中直接输入 json 格式的请求内容，提交一个请求，如图 1-12 所示。

POST /potato/api/v1/potatoes create
Parameters
Cancel
Name
Description
potatoRequest * required
(body)
potatoRequest
Example Value | Model
{
"name": "read book of kafka",
"description": "read book of Kafka Streams",
"tags": "book",
"priority": 1,
"userId": "d5493d96-5cc6-4c9a-9f26-407bffcf4932",
"duration": 5,
"timeUnit": "HOURS",
"deadline": "2019-08-15T09:00:00Z",
"scheduleTime": "2019-08-15T09:50:00Z"
}

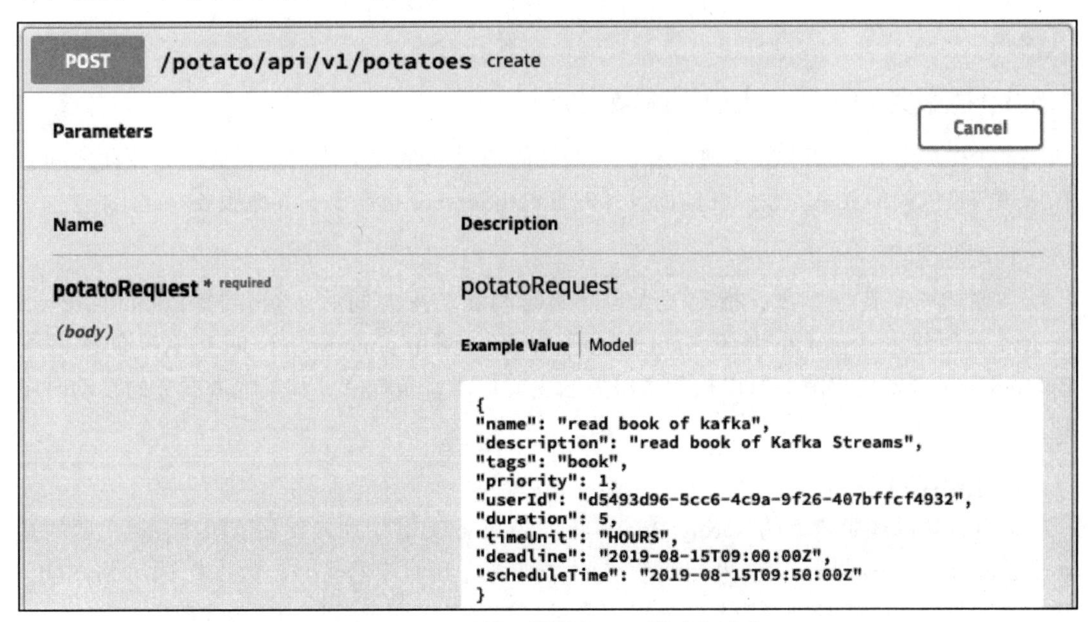

图 1-12　土豆管理微服务 API 测试之请求

得到的响应如图 1-13 所示。

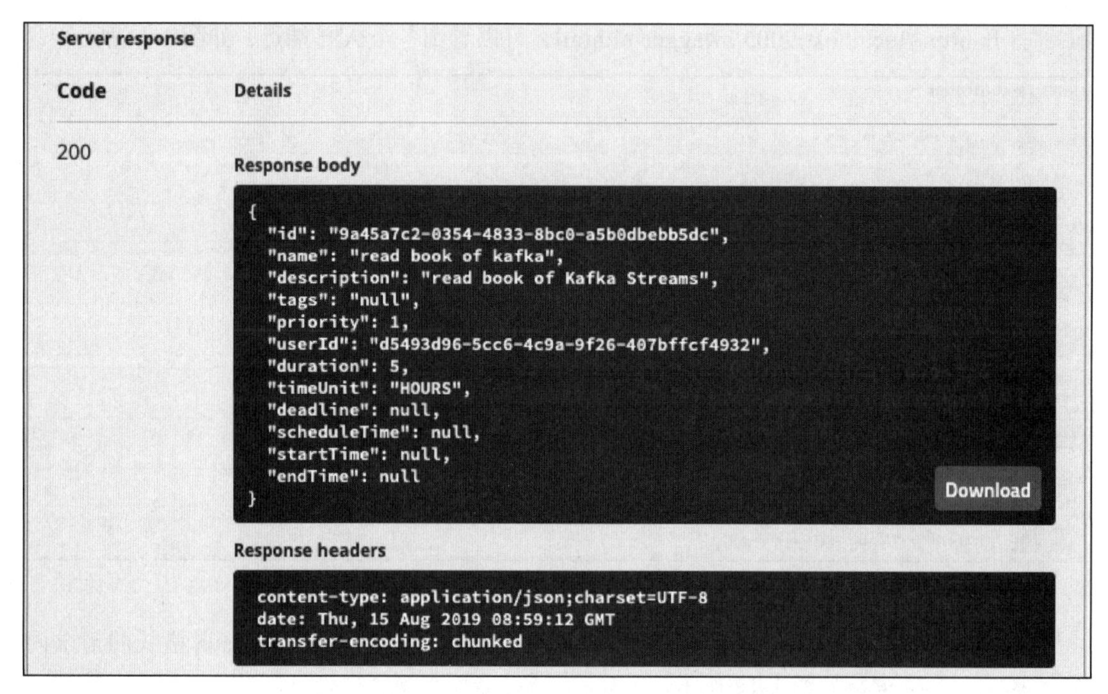


图 1-13　土豆管理微服务 API 测试之响应

### 1.5.3　微服务构建二：土豆提醒微服务

多个微服务需要共享并交换信息，它们之间通过网络通信协议进行通信，彼此之间存在依赖与被依赖的关系。我们在前面设计的 PotatoService 也需要和其他服务一起工作。

#### 1. 功能说明

当创建一个待办事项，指定了预定开始时间和结束时间后，就会调用 potato-service 的 API 来创建一个 potato 对象，potato-service 又会调用 potato-reminder 的 API 创建两个 RemindTask 来发送提醒。所以提醒微服务的主要功能就是提醒，和其他微服务的互动时序图如图 1-14 所示。

#### 2. 主要代码

此处创建的还是典型的 Spring Boot 项目，在 pom.xml 中加入相关依赖项，最主要的是 spring-boot-starter-quartz。这里使用著名的作业安排开源库 Quartz，数据库选用 MySQL。代码结构类似于土豆管理微服务，所以不做过多解释。下面展示核心实现代码。

数据传输对象为 RemindEmailRequest。

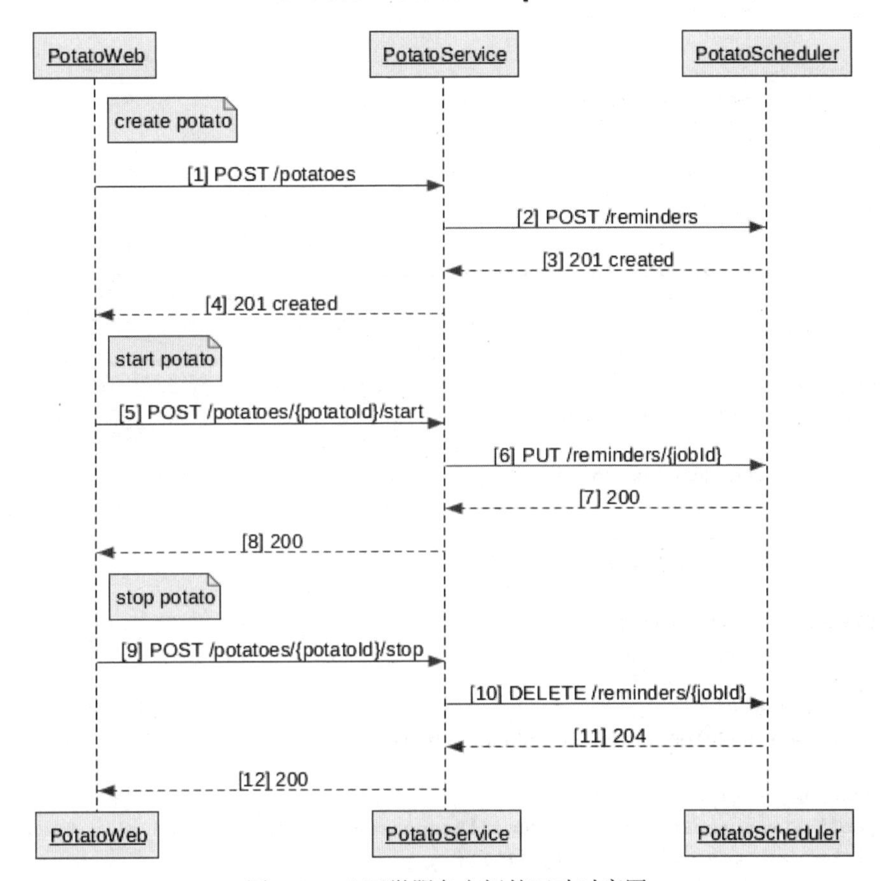


图 1-14 土豆微服务之间的互动时序图

```
package com.github.walterfan.potato.common.dto;

// 省略若干 import 语句

@Data
@NoArgsConstructor
@AllArgsConstructor
@Builder
public class RemindEmailRequest extends AbstractDTO {
    @Email
    @NotEmpty
    private String email;

    @NotEmpty
    private String subject;

    @NotEmpty
    private String body;
```

```
    @NotNull
    private Instant dateTime;

    @NotNull
    private ZoneId timeZone;

}
```

Controller 层实现如下：

```
package com.github.walterfan.potato.scheduler;

// 省略 import

@RestController
@RequestMapping("/scheduler/api/v1")
@Slf4j
public class ScheduleController {

    @Value("${spring.application.name}")
    private String serviceName;

    @Value("${server.port}")
    private Integer serverPort;

    @Autowired
    private ScheduleService scheduleService;

    @PostMapping("/reminders")
    public ResponseEntity<RemindEmailResponse> scheduleEmail(@Valid @RequestBody
RemindEmailRequest scheduleEmailRequest) {
        log.info("Receive {}", scheduleEmailRequest);
        return ResponseEntity.of(Optional.ofNullable(scheduleService.scheduleEmail
(scheduleEmailRequest)));
    }

  // 省略其他类型提醒
```

Service 层实现如下：

```
@Service
@Slf4j
public class ScheduleServiceImpl implements ScheduleService {
    public static final String EMAIL_JOB_GROUP = "emailReminder";
    @Autowired
    private Scheduler scheduler;

    @Override
    public RemindEmailResponse scheduleEmail(RemindEmailRequest
scheduleEmailRequest) {
        log.info("schedule {}", scheduleEmailRequest);
```

```
            try {
                ZonedDateTime dateTime = getZonedDateTime(scheduleEmailRequest.
getDateTime(), scheduleEmailRequest.getTimeZone());

                JobDetail jobDetail = buildJobDetail(scheduleEmailRequest);
                Trigger trigger = buildJobTrigger(jobDetail.getKey(), dateTime);

                Date scheduledDate = scheduler.scheduleJob(jobDetail, trigger);

                RemindEmailResponse scheduleEmailResponse = new
RemindEmailResponse(true,
                        jobDetail.getKey().getName(), jobDetail.getKey().getGroup(),
"Email Scheduled Successfully at " + scheduledDate);
                log.info("Send {}", scheduleEmailResponse);
                return scheduleEmailResponse;
            } catch (SchedulerException ex) {
                log.error("Error scheduling email", ex);

                throw new ResponseStatusException(
                        HttpStatus.INTERNAL_SERVER_ERROR, "dateTime must be after
current time");
            }
        }

        //省略其他类型提醒

        private JobDetail buildJobDetail(RemindEmailRequest scheduleEmailRequest) {
            JobDataMap jobDataMap = new JobDataMap();

            jobDataMap.put("email", scheduleEmailRequest.getEmail());
            jobDataMap.put("subject", scheduleEmailRequest.getSubject());
            jobDataMap.put("body", scheduleEmailRequest.getBody());

            return JobBuilder.newJob(EmailJob.class)
                    .withIdentity(UUID.randomUUID().toString(), EMAIL_JOB_GROUP)
                    .withDescription("Send Email Job")
                    .usingJobData(jobDataMap)
                    .storeDurably()
                    .build();
        }

        private Trigger buildJobTrigger(JobKey jobKey, ZonedDateTime startAt) {
            return TriggerBuilder.newTrigger()
                    .withIdentity(jobKey.getName(), jobKey.getGroup())
                    .withDescription("Send Email Trigger")
                    .startAt(Date.from(startAt.toInstant()))
                    .withSchedule(SimpleScheduleBuilder.simpleSchedule().withMisfire-
HandlingInstructionFireNow())
                    .build();
        }
    }
```

最后，启动土豆提醒微服务：

```
package com.github.walterfan.potato.scheduler;

import org.springframework.boot.SpringApplication;
import org.springframework.boot.autoconfigure.SpringBootApplication;
import org.springframework.cloud.netflix.eureka.EnableEurekaClient;

@EnableEurekaClient
@SpringBootApplication
public class SchedulerApplication {

    public static void main(String[] args) {
        SpringApplication.run(SchedulerApplication.class, args);
    }
}
```

### 3. 配置文件

配置文件中的相关属性可参考 src/main/resources/application-dev.properties。

```
spring.application.name=potato-scheduler

server.port=9002


# ================================================================
# Eureka client
# ================================================================
eureka.client.register-with-eureka=true
eureka.client.fetch-registry=true
eureka.serviceUrl.defaultZone: http: //localhost: 8761/eureka/


# ================================================================
# data source
# ================================================================
## Spring DATASOURCE (DataSourceAutoConfiguration & DataSourceProperties)
spring.datasource.url=jdbc: mysql: //mysqldb/scheduler ? useUnicode=true&character-
Encoding=utf8
spring.datasource.username=${MYSQL_USER}
spring.datasource.password=${MYSQL_PWD}

# ================================================================
## QuartzProperties
# ================================================================

spring.quartz.job-store-type=jdbc
spring.quartz.properties.org.quartz.threadPool.threadCount=5

# ================================================================
## MailProperties
```

```
# ==============================================================
spring.mail.host=${EMAIL_SMTP_SERVER}
spring.mail.port=587
spring.mail.username=${EMAIL_USER}
spring.mail.password=${EMAIL_PWD}
spring.mail.properties.mail.smtp.auth=true
spring.mail.properties.mail.smtp.starttls.enable=true
## https: //github.com/spring-projects/spring-boot/wiki/Spring-Boot-2.0-
Migration-Guide#spring-boot-actuator

# ==============================================================
# = Actuator
# ==============================================================
spring.jmx.default-domain=potato
management_endpoints_jmx.exposure.include=*
management.endpoint.shutdown.enabled=true
management.endpoints.web.exposure.include=*

management.endpont.shutdown.enabled=true
management.endpont.health.show-details=when_authorized
management.endpoints.web.base-path=/

management.endpoints.enabled-by-default=true
management.endpoint.info.enabled=true
management.endpoint.info.sensitive=false

# actuator info

info.app.name=Potato Schedule Application
info.app.description=This is Potato Scheduler Application based on spring boot
info.app.version=1.0.0
```

### 4. 数据库表结构

这里选用 Quartz 的 MySQL 实现数据库表结构，直接用 SQL 脚本来创建数据库表，脚本参见源码。其中共有 11 张数据库表，如图 1-15 所示。

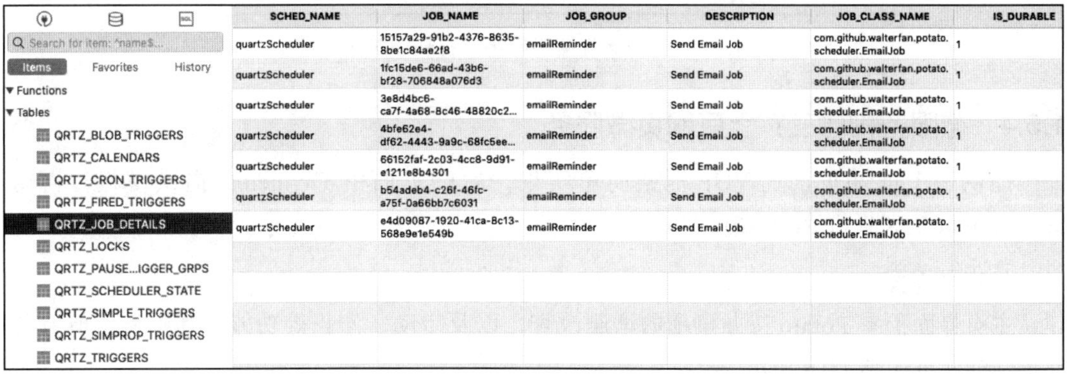

Search for item: ^name$...
Items　Favorites　History
▼ Functions
▼ Tables
QRTZ_BLOB_TRIGGERS
QRTZ_CALENDARS
QRTZ_CRON_TRIGGERS
QRTZ_FIRED_TRIGGERS
QRTZ_JOB_DETAILS
QRTZ_LOCKS
QRTZ_PAUSE...IGGER_GRPS
QRTZ_SCHEDULER_STATE
QRTZ_SIMPLE_TRIGGERS
QRTZ_SIMPROP_TRIGGERS
QRTZ_TRIGGERS

| SCHED_NAME | JOB_NAME | JOB_GROUP | DESCRIPTION | JOB_CLASS_NAME | IS_DURABLE |
|---|---|---|---|---|---|
| quartzScheduler | 15157a29-91b2-4376-8635-8be1c84ae2f8 | emailReminder | Send Email Job | com.github.walterfan.potato.scheduler.EmailJob | 1 |
| quartzScheduler | 1fc15de6-66ad-43b6-bf28-706848a076d3 | emailReminder | Send Email Job | com.github.walterfan.potato.scheduler.EmailJob | 1 |
| quartzScheduler | 3e8d4bc6-ca7f-4a68-8c46-48820c2... | emailReminder | Send Email Job | com.github.walterfan.potato.scheduler.EmailJob | 1 |
| quartzScheduler | 4bfe62e4-df62-4443-9a9c-68fc5ee... | emailReminder | Send Email Job | com.github.walterfan.potato.scheduler.EmailJob | 1 |
| quartzScheduler | 66152faf-2c03-4cc8-9d91-e1211e8b4301 | emailReminder | Send Email Job | com.github.walterfan.potato.scheduler.EmailJob | 1 |
| quartzScheduler | b54adeb4-c26f-46fc-a75f-0a66bb7c6031 | emailReminder | Send Email Job | com.github.walterfan.potato.scheduler.EmailJob | 1 |
| quartzScheduler | e4d09087-1920-41ca-8c13-568e9e1e549b | emailReminder | Send Email Job | com.github.walterfan.potato.scheduler.EmailJob | 1 |

图 1-15　土豆提醒微服务数据库设计

### 5. 测试

打开 http://localhost:9002/swagger-ui.html，可以看到我们提供的 API，如图 1-16 所示。

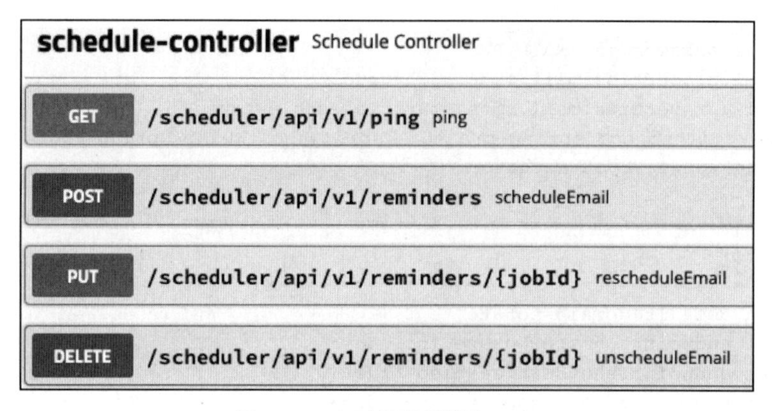


图 1-16　土豆提醒微服务 API

可以通过 swagger 的测试界面来发起一个请求，在规定时间到达时，用户就会收到提醒的邮件，如图 1-17 所示。

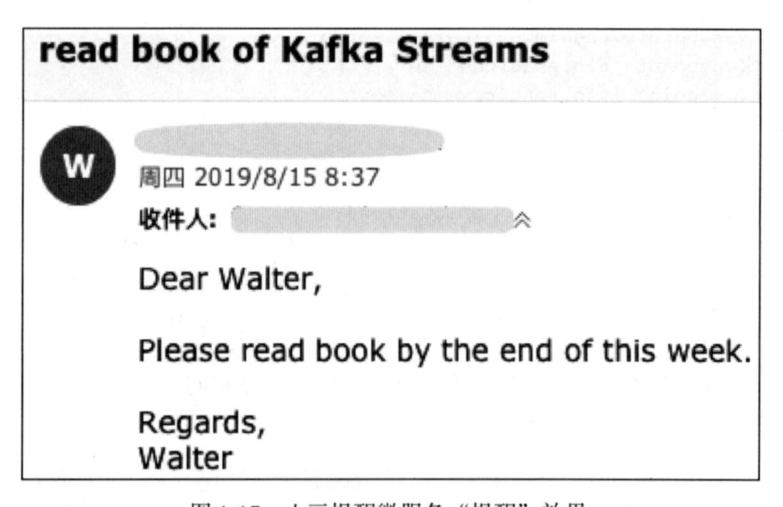


图 1-17　土豆提醒微服务“提醒”效果

## 1.5.4　微服务构建三：土豆网页微服务

提供一个前端页面由 VUE 框架简单实现，后端页面由 Thymeleaf 提供模板，再由 Spring Boot 框架提供 Rest API。

### 1. 主页界面

主页界面上有 Potato 待办事项的增删改查，以及启动、停止等功能。其中显示所有待办事项的网页如图 1-18 所示。

name, tags　Search　Add

| # | Name | Priority | Tags | Duration | ScheduleTime | Deadline | Actions |
|---|---|---|---|---|---|---|---|
| 1 | read redis cookbook | 1 | book | 1 hour | 2019-08-19T10:30:59Z | 2019-09-29T04:43:58Z | Edit Delete Start Stop |

图 1-18　土豆网页微服务之待办事项

创建 Potato 的界面如图 1-19 所示。

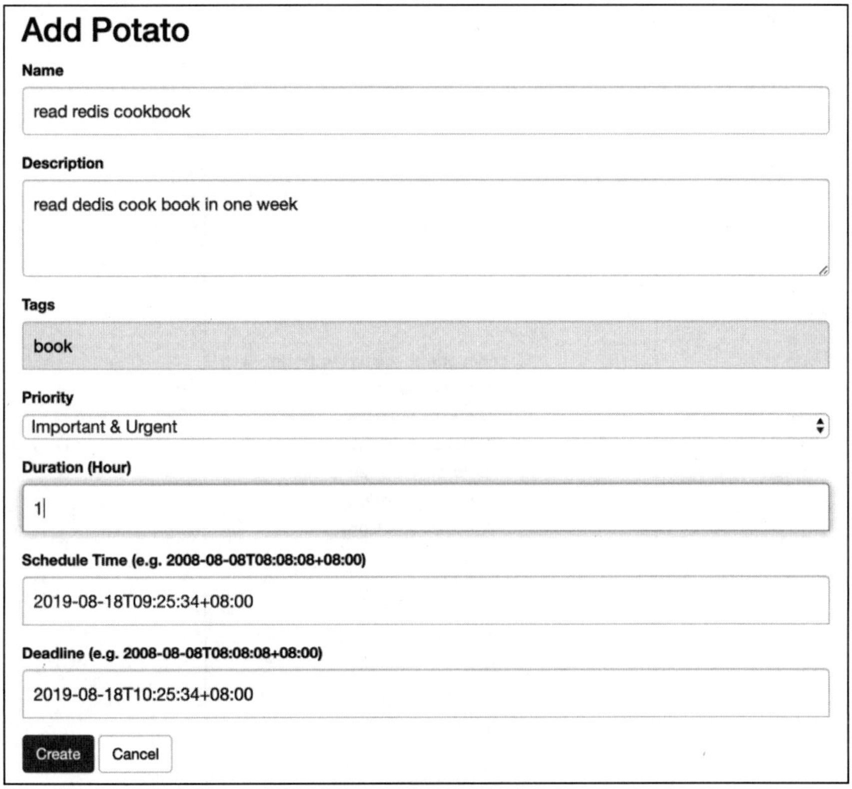

Add Potato

Name

read redis cookbook

Description

read dedis cook book in one week

Tags

book

Priority

Important & Urgent

Duration (Hour)

1

Schedule Time (e.g. 2008-08-08T08:08:08+08:00)

2019-08-18T09:25:34+08:00

Deadline (e.g. 2008-08-08T08:08:08+08:00)

2019-08-18T10:25:34+08:00

Create　Cancel

图 1-19　土豆网页微服务之 Potato 创建界面

### 2. 代码结构

这里创建的还是标准的 Spring Boot Web 应用程序，增加了 thymeleaf 模板文件（potato.html）和 JavaScript 代码（potato.js），代码结构如图 1-20 所示。

### 3. 主要代码

主要的 Java 代码就是两个 Controller。

1）PotatoWebController 将 URL 指向 potatoes.html。

```
@Controller
public class PotatoWebController {
```

```
    @RequestMapping(path = {"/potatoes"})
    public String potatoes(Model model) {

        return "potatoes";
    }


    @RequestMapping(path = {"/admin"})
    public String admin(Model model) {
        return "welcome";
    }


}
```

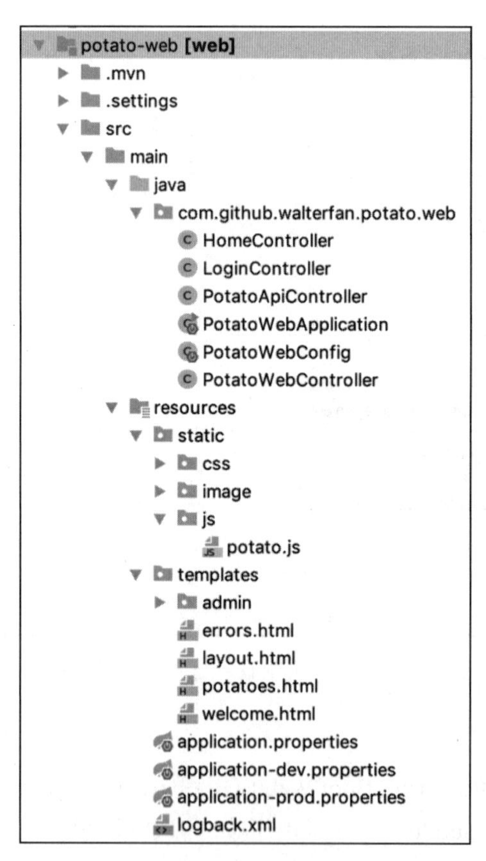


图 1-20　土豆网页微服务之代码结构

2）PotatoApiController 提供待办事项的增删改查功能，以及启动和停止的 API 供前端调用。

```
@RestController
@RequestMapping("/api/v1")
```

```
@Slf4j
public class PotatoApiController {

    @Value("${spring.application.name}")
    private String serviceName;

    @Value("${server.port}")
    private Integer serverPort;

    @Value("${potato.guest.userId}")
    private String guestUserId;

    @Autowired
    private PotatoClient potatoClient;

    @RequestMapping(value = "/potatoes", method = RequestMethod.POST)
    @ApiCallMetricAnnotation(name = "CreatePotato")
    public PotatoDTO create(@RequestBody PotatoDTO potatoRequest) {
        log.info("create {}", potatoRequest);
        return potatoClient.createPotato(potatoRequest);
    }

    @LogDetail
    @RequestMapping(value = "/potatoes/{id}", method = RequestMethod.GET)
    @ApiCallMetricAnnotation(name = "RetrievePotato")
    public PotatoDTO retrieve(@PathVariable UUID id) {
        return potatoClient.retrievePotato(id);
    }

    // 省略其他维护操作
```

HTML 模板文件不在此详述，请参见源代码。potato.js 文件提供模板内容的填充和与后台 REST API 的交互，使用了 VUE 框架。这里给出部分源码，仅供演示。

```
<!--  potato list -->


function pad(number, length) {
    var str = "" + number
    while (str.length < length) {
        str = '0' + str
    }
    return str
}

Date.prototype.plusHours = function (hours) {
    var mm = this.getMonth() + 1; // getMonth() is zero-based
    var dd = this.getDate();
    var hh = this.getHours() + hours;
    var mi = this.getMinutes();
```

```
        var ss = this.getSeconds();

        var offset = this.getTimezoneOffset();
        offset = (offset < 0 ?  '+' : '-') + pad(parseInt(Math.abs(offset / 60)), 2)
+ ": " + pad(Math.abs(offset % 60), 2);

        return [this.getFullYear(), "-",
            (mm > 9 ?  '' : '0') + mm, "-",
            (dd > 9 ?  '' : '0') + dd, "T",
            (hh > 9 ?  '' : '0') + hh, ": ",
            (mi > 9 ?  '' : '0') + mi, ": ",
            (ss > 9 ?  '' : '0') + ss, offset
        ].join('');
    };



    var Potato = Vue.extend({
        template: '#potato',
        data: function () {
            return {
                'potato': {}
            };
        },
        mounted() {
            axios
                .get('/api/v1/potatoes/' + this.$route.params.potato_id)
                .then(response => {
                this.potato = response.data;
        })
        .
            catch(e => {
                this.errors.push(e);
        })
            ;
        }
    });


    var AddPotato = Vue.extend({
        template: '#add-potato',
        data: function () {

            var rightNow = new Date();
            var later1 = rightNow.plusHours(1);
            var later2 = rightNow.plusHours(2);
            return {
                potato: {
                    name: '',
                    description: '',
                    tags: '',
```

```
                    priority: 1,
                    duration: 1,
                    timeUnit: "HOURS",
                    scheduleTime: later1,
                    deadline: later2
                },
                errors: []
            }
        },
        methods: {
            createPotato: function () {
                console.log("--- createPotato: " + this.potato.name + "," + this.
potato.scheduleTime + "," + this.potato.deadline);
                axios.post('/api/v1/potatoes',this.potato)
                    .then(response => {}
            )
            .
                catch(e => {
                    this.errors.push(e)
            })
                router.push('/');
            }
        }
    });

    //省略其他土豆维护操作

    var router = new VueRouter({
        routes: [
            {path: '/', component: PotatoList},
            {path: '/potatoes/: potato_id', component: Potato, title: 'Toast Potato'},
            {path: '/add-potato', component: AddPotato},

        ]
    });

    var app = new Vue({
        router: router
    }).$mount('#app')
```

### 1.5.5 部署土豆微服务

通过前面 3 节，我们完成了 3 个微服务的构建。接下来用 Docker 把每个微服务构建为一个 docker image，其中 potato-web 的 Docker 文件如下，其他两个类似，请参见源码。

```
FROM java: 8

MAINTAINER Walter Fan

VOLUME /tmp
```

```
RUN mkdir -p /opt

ADD ./target/web-0.0.1-SNAPSHOT.jar /opt/potato-web.jar

EXPOSE 9005

ENTRYPOINT ["java", "-jar", "/opt/potato-web.jar"]
```

用 docker compose 将这 3 个微服务部署在一台计算机上启动。docker-compose.yml 的内容如下：

```
version: '2'
services:
    mysqldb:
        image: mysql
        container_name: local-mysql
        environment:
            - MYSQL_DATABASE=test
            - MYSQL_ROOT_PASSWORD=pass1234
            - MYSQL_USER=walter
            - MYSQL_PASSWORD=pass1234
        ports:
            - 3306: 3306
        volumes:
            - ./data/db/mysql: /var/lib/mysql

    scheduler:
        image: walterfan/potato-scheduler
        container_name: potato-scheduler
        ports:
            - 9002: 9002
        environment:
            - MYSQL_URL=jdbc: mysql: //mysqldb/scheduler? useUnicode=true&charac-
terEncoding=utf8
            - MYSQL_USER=${MYSQL_USER}
            - MYSQL_PWD=${MYSQL_PWD}
            - EMAIL_SMTP_SERVER=${EMAIL_SMTP_SERVER}
            - EMAIL_USER=${EMAIL_USER}
            - EMAIL_PWD=${EMAIL_PWD}
            - INFLUXDB_URL=http: //graflux: 8086
            - ZIPKIN_URL=http: //zipkin: 9411
        volumes:
            - ./data/db/sqlite: /var/lib/sqlite
            - ./data/logs: /opt/logs
        depends_on:
            - "mysqldb"
            - "graflux"
        links:
            - "mysqldb"
            - "graflux"
```

```
            - "zipkin"

    potato:
        image: walterfan/potato-app
        container_name: potato-app
        ports:
            - 9003: 9003
        environment:
            - INFLUXDB_URL=http: //graflux: 8086
            - ZIPKIN_URL=http: //zipkin: 9411
            - potato_scheduler_url=http: //scheduler: 9002/scheduler/api/v1
        volumes:
            - ./data/db/sqlite: /var/lib/sqlite
            - ./data/logs: /opt/logs
        depends_on:
            - "mysqldb"

        links:
            - "graflux"
            - "mysqldb"
            - "scheduler"
            - "zipkin"
    web:
        image: walterfan/potato-web
        container_name: potato-web
        ports:
            - 9005: 9005
        environment:
            - INFLUXDB_URL=http: //graflux: 8086
            - ZIPKIN_URL=http: //zipkin: 9411
            - potato_server_url=http: //potato: 9003/potato/api/v1
        volumes:
             - ./data/logs: /opt/logs
        depends_on:
            - "potato"

        links:
            - "graflux"
            - "potato"
            - "zipkin"
```

这样，通过如下命令就可以启动并运行这 3 个微服务和依赖的数据库了。

```
docker-compose up -d
```

当添加了一个待办事项时，在它计划的开始和截止时间之前我们可以收到提醒邮件。在之后的运行过程中，或许会遇到一些问题，例如收不到提醒邮件，我们不知道是什么原因，同时这 3 个微服务的运行状况、资源使用情况、用量、性能我们都不清楚。在后续章节中，将通过度量驱动的方法来逐一解决这些问题。

## 1.6 本章小结

本章主要介绍了微服务的概念、特点和设计原则，并基于 Spring Boot 开发了一个简单的土豆微服务。大家可以从本书的 GitHub 项目站点 https://github.com/walterfan/mdd 下载源代码并运行，做一些测试，感受一下这个微服务。它并没有考虑度量问题，功能应该没问题，可是我们并不知道它到底运行得怎么样，出了问题怎么排查。在后续章节中我们会用度量驱动开发的方法为它保驾护航，添砖加瓦。

**延伸阅读**

- 面向服务的架构模式，网址为 http://serviceorientation.com/。
- 面向服务架构宣言，网址为 http://soa-manifesto.org/。
- 微服务与面向服务架构，网址为 https://www.infoq.com/news/2014/03/microservices-soa/。
- SOA 原则海报，网址为 https://patterns.arcitura.com/wp-content/uploads/2019/03/SOA_Principles_Poster.pdf。
- 马丁福勒的微服务文章，网址为 https://martinfowler.com/articles/microservices.html。
- 微服务与 Spring，网址为 https://spring.io/blog/2015/07/14/microservices-with-spring。
- 比尔伍德的云架构模式分享，网址为 https://www.slideshare.net/codingoutloud/vermont-code-camp-iii-cloud-architecture-patterns-for-mere-mortals-bill-wilder-10sept2011。

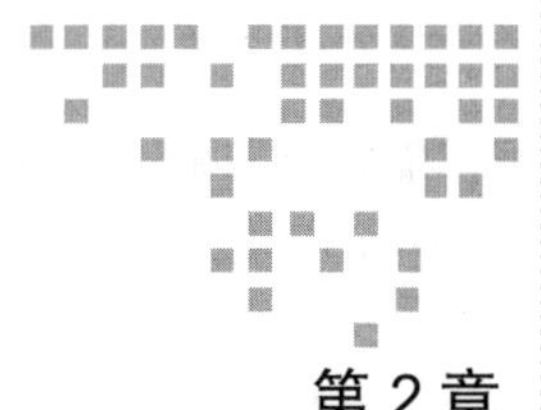

第 2 章 Chapter 2

# 微服务度量的基本概念

微服务有很多优点，但是其缺点也很明显。本章简要介绍微服务有哪些局限性，并揭示度量为什么对微服务如此重要。然后系统、全面地从术语、内容、层次、方法选择等角度剖析度量是什么，以及如何做。这样不仅可以帮助读者了解微服务的一些基本概念，也可以帮助读者了解做度量的一般流程和方法，为后续构建微服务度量提供理论方面的基础支撑。

## 2.1 微服务的局限及其解决方案

### 2.1.1 微服务的局限

微服务不是灵丹妙药，有利就有弊。同样的事情，交给一个人做（单体服务）与交给一群人（多个微服务）做，差别巨大。

一个人做的好处是无沟通、协调的成本，出了问题只需要找一个人，多半就能解决。而坏处是没有备份，容易过载和出现瓶颈，只能串行，无法并行，能做多快、做多好，得看个人的能力、态度，甚至心情。

一群人做的好处是可以群策群力，发挥集体的力量与智慧，齐头并进，一两人请假或者状态不好，其他人可以顶上。但其坏处也不言而喻，一颗“老鼠屎”可以坏了一锅汤，沟通协作成本直线上升，出了问题搞不清谁该负责，诊断一个问题得找多个人，工作上形成的依赖关系也会造成瓶颈和串行等待的情况。

微服务的主要优点如下：

- 微服务架构可以由一个相当小的团队开发，开发者有一定的自由度来自主开发和部署。
- 更好的故障隔离。如果一个微服务出现故障，另一个仍可以继续工作。
- 不同服务的代码可以用不同的语言编写，没有长期的技术栈要求和限制，易于集成和自动部署。

但微服务的局限也很明显：

- 不断增长的微服务数量会导致信息屏障，可能没人能明确所有微服务都是干什么的。
- 必须应对分布式系统固有的各种常见故障，处理各种网络延迟、抖动、丢包、分流、重试、超时等问题，需要采取很多措施（如容错、分流、限流）来保证高可用性。
- 对问题的发现与诊断更加困难，需要多个微服务及对应团队共同协作解决。

## 2.1.2 解决方案

针对 2.1.1 节提及的微服务的局限性问题，大体可以从以下几个方面来改善。

### 1. 化繁为简

大的单体服务拆分为多个微服务，仍然不能改变软件固有的复杂性，最好是各司其职，尽量简化对外的接口，简化彼此间的交互，把复杂性封装在内部。

### 2. 快速迭代

“天下武功，唯快不破”，微服务就要快速迭代。出现问题并不可怕，只要能够做到如下 3 点即可：

- 快速演变。
- 快速伸缩。
- 快速上线。

### 3. 自动化

自动化是提高效率的不二法宝，众多的微服务必须全程自动化。

- 自动化集成：构建部署流水线，从嵌入代码到打包部署全部自动处理。
- 自动化测试：单元测试、API 测试、消费者契约测试全部自动化。只有通过了测试，才能在部署流水线进行余下的部署发布。
- 自动化运维：以度量驱动运维，并将运维日常的部署、扩容、磁盘清理等工作全部自动化。

### 4. 容错设计

分布式系统中任一节点都有可能出问题，备份冗余、分流、限流、断流等手段一个都不能少。

- 分流：当服务请求到来时，根据负载均衡策略，将流量合理地分派给健康的服务器节点。

- 限流：当大量服务请求到来时，根据设定的阈值，对特定客户端、用户或组织在限定时间内只提供有限的服务，拒绝过多的请求。
- 断流：当下游服务出现问题时，为避免出现“雪崩”问题，采用断路器，智能断开或恢复与下游的连接等，同时对请求可进行降级处理。

**5. 度量**

及时地发现问题、修复问题并避免再出现类似问题是微服务高可用性的保证，度量可以让你“见微知著”，不放过产品线上任何一个问题，让你在审慎分析之后了解产品运行的真实情况，并视问题的严重程度做出快速反应。例如，我们可以针对微服务做每5分钟定时的查询，如果有 fatal/error/warning log 超过设定阈值，能够立刻自动向值班人员报警。

针对不同程度、类别的问题制定相应预案也是很有必要的。服务健康水平可以有绿色、蓝色、黄色、橙色、红色5种级别，后面3种会触发警报，并有相应预案。

针对产品线问题，首要原则是排除故障，第一时间恢复服务。恢复方法主要包括：

- 修改配置。
- 主从切换。
- 消除外因。
- 升级或回滚。

通过以上5方面的完善，可以在一定程度上突破微服务的局限。除此之外，业界也有很多流行的设计原则，遵循这些普适的原则，同样有利于微服务的使用。例如，应用程序的十二要点，它是 Heroku 提出的一种用于构建软件即服务应用程序的方法学（参见 https://12factor.net），它从代码库、依赖、管理、环境等诸多方面提出了更加细致的、有针对性的原则。

## 2.2 微服务中度量的重要性

笔者所在的公司曾经搞过一项活动，其口号令笔者印象深刻：“Own your codes on production”，也就是掌控你在产品线上的代码。

作为一个软件工程师，不能仅仅交付产品给运维人员就完事了，你必须深刻了解你的代码在产品线上是怎么运行的，是和你想的一样，还是大相径庭。

常言道：

- 不能度量就不能管理。
- 不能度量就不能证明。
- 不能度量就不能提高。

尤其是对于微服务来说，度量更是必不可少的一环。微服务数量这么多，更新如此频繁，发生故障的可能性随时都存在，必须做好监控和度量工作。同时，做好度量对于解决微服务的一些局限有着不可替代的作用。

1）微服务中发现与诊断问题更加困难，需要多个微服务和相关团队共同协作解决，而度量的数据能跟踪定位一个请求的数据流向，从而节约诊断成本。

2）微服务中的一个服务宕机可能引发“雪崩效应”，为避免“雪崩”，需要做好限流、分流等措施。但是区分是普通偶发错误还是崩溃，需要足够的度量数据来支持，例如单位时间内，错误率达到多少应该熔断，而流量回落到多少应该自动恢复服务。这些决策问题都可以通过度量系统来提供数据支持。

3）必须应对分布式系统固有的各种常见故障（如网络抖动、延迟等），大多数时候这些问题出现的概率不高，如何找出这些小概率问题并验证解决方案，可以由度量数据来提供有效支撑。

4）微服务的无状态架构可能会导致由网络和存储读取变多而引起的性能损耗，而度量数据可以有效评估性能损耗的程度及优化是否有效等问题。

5）不断增长的微服务数量会导致信息屏障，度量数据，特别是业务层的度量数据可以关联在一起，展示出数据流动和调用关系，对于了解系统有很大作用。

除此之外，度量还有很多功效，相比于传统软件“一个服务统天下”的局面，零散交错的微服务更需要度量的加入，才能让服务更加健壮、稳定地运行，同时也会使系统服务对程序员更加透明、可控，而不是把一个个微服务变成一座座孤岛。

## 2.3 微服务度量的内容

既然度量很重要，那么当我们掌握度量的基本技术并生成原始数据后，首先要面对的问题是我们要度量什么。

实际上，现在已经有一些度量方案，我们也不必重复地“制造轮子”。例如，在 Metricbeat 的方案中，导出数据到 Elasticsearch 后，所有的度量指标及相关度量图表可以一次性执行一个命令（./metricbeat setup --dashboards）来完成绘制，度量内容中不仅包含系统资源的指标，也包含常见的、流行的开源组件（Redis、Apache、Nginx 等）指标，如图 2-1 所示。

通用的组件大多数已经有成熟的度量方案，而对于我们自己的微服务，则需要根据微服务度量的目标、层次和策略做出仔细考量。

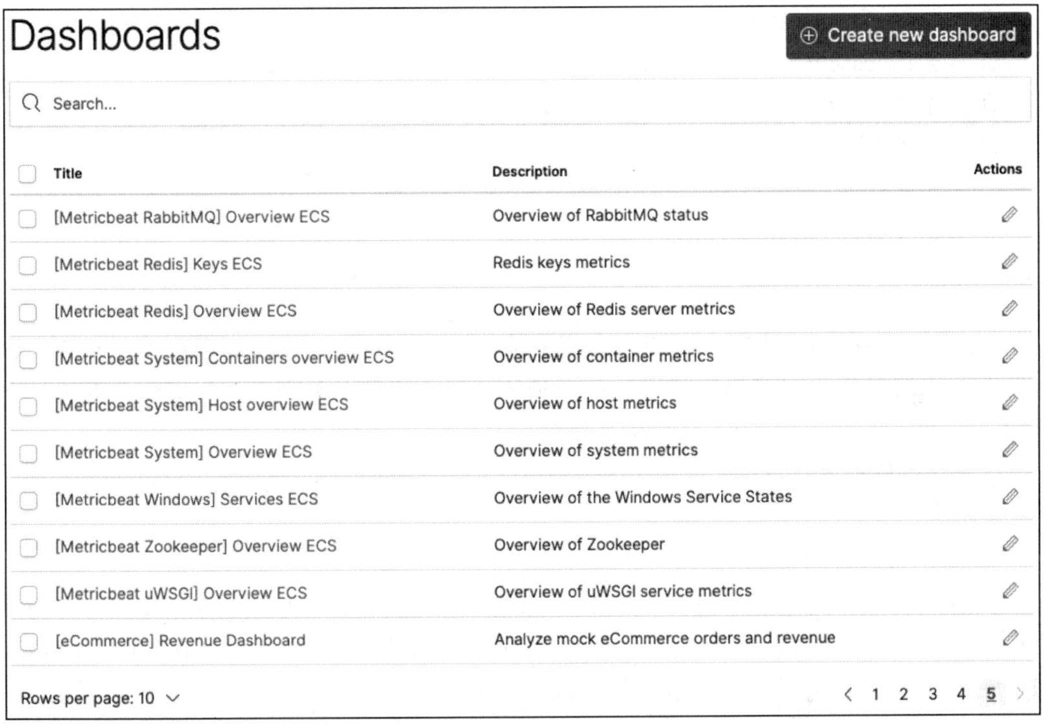

Dashboards　⊕ Create new dashboard

Search...

| Title | Description | Actions |
| --- | --- | --- |
| [Metricbeat RabbitMQ] Overview ECS | Overview of RabbitMQ status | |
| [Metricbeat Redis] Keys ECS | Redis keys metrics | |
| [Metricbeat Redis] Overview ECS | Overview of Redis server metrics | |
| [Metricbeat System] Containers overview ECS | Overview of container metrics | |
| [Metricbeat System] Host overview ECS | Overview of host metrics | |
| [Metricbeat System] Overview ECS | Overview of system metrics | |
| [Metricbeat Windows] Services ECS | Overview of the Windows Service States | |
| [Metricbeat Zookeeper] Overview ECS | Overview of Zookeeper | |
| [Metricbeat uWSGI] Overview ECS | Overview of uWSGI service metrics | |
| [eCommerce] Revenue Dashboard | Analyze mock eCommerce orders and revenue | |

Rows per page: 10　　< 1 2 3 4 5 >

图 2-1　Metrics beat 自动绘制度量内容

### 2.3.1　按度量的目标划分

按度量的目标来划分度量内容，更多的是考虑度量数据的用途。

#### 1. 度量工作

度量贯穿于整个开发周期，从需求分析、设计、编码、测试到部署上线，一切都应该有所度量，并且这个度量工作应该全员参与，不管是项目经理，还是开发、测试、运维和一众项目干系人，所做的工作和决策都应该基于度量。

工作的度量是一个比较大的主题。笔者推荐卡内基梅隆大学软件工程研究所的 Watts. Humphrey 所著的两本书：*PSP(sm): A Self-Improvement Process for Software Engineers* 和 *Introduction to the Team Software Process*。对于开发者自身来说，我们可以对日常工作做一些度量，看看时间都花费在哪里，并且可以评估我们的工作效率、数量和质量。

- 工作量：文档或代码行数。
- 时间：在各项任务上所花费的时间。
- 质量：静态扫描、自动或手工测试所发现的问题（bug）的数量。
- 计划：对于计划的任务、截止时间、里程碑的实际完成情况。

对于团队而言，整个团队和项目的进度、质量依然有些指标可度量，例如：

- ❑ Backlog 上 user story 的数量。
- ❑ 本次 Release 中已完成和未完成的 user story 数据。
- ❑ 任务估计时间与实际完成时间表。
- ❑ 代码复杂性。
- ❑ 测试覆盖率。
- ❑ 部署速度。

#### 2. 度量产品

产品运行在产品环境上，可能会遇到各种意想不到的情况，必须密切关注它的健康和行为，不放过任务错误和故障以及任何蛛丝马迹。就微服务来说，我们需要度量如下指标：

- ❑ 服务健康程度。
- ❑ 服务用量和趋势。
- ❑ 业务关键指标 KPI。

业务千差万别，前两项存在不少共性，它们对于微服务的高可用性至关重要。在消防工作中有句口号："隐患险于明火，防范胜于救灾，责任重于泰山"。这句话也适用于度量。通过度量，了解现状和趋势，可以做到防患于未然。

#### 3. 度量用户

产品最终是给用户用的，即使是为机器或第三方服务开发的产品，也得听其言，观其行，度量用户的行为喜好，深入了解所有合理或异常的操作和行为。

微服务的好处在于开发快、修改快、上线快。度量可以帮你发现用户特别喜欢的某个功能，发现对某个功能有误用，或者完全无视，抑或利用系统漏洞做出一些意料之外的行为，从而有的放矢地做出反应。

### 2.3.2 按度量的层次划分

就产品度量而言，我们一般将其分为 3 个层次，如表 2-1 所示。

表 2-1 微服务度量层次

| 层次 | | 度量指标 |
|---|---|---|
| 1. 基础设施层 | | CPU、Memory<br>进程数（instance）<br>打开句柄数（opened handler）<br>I/O statistics（输入输出统计）<br>Network（网络流量统计）等 |
| 2. 应用程序层 | 2.1 交互 | 每秒查询数（QPS）；每秒事务数（TPS）；响应时长及任务处理时间；请求数量统计（成功、错误和超时）等 |

（续）

| 层次 | | 度量指标 |
|---|---|---|
| 2. 应用程序层 | 2.2 内部 | 内部线程个数；<br>事件队列长度、共享锁等待时间等 |
| | 2.3 质量 | 错误代码统计（error code statistic）；<br>数据包的延迟、丢包、抖动、乱序等 |
| 3. 业务层 | | 用户访问次数及时长统计；<br>对于不同特性及功能使用统计，用户所在地域、年龄及职业等的分布 |

### 1. 基础设施层指标

#### （1）处理器（CPU）

CPU 指标可以划分为整机 CPU 和具体应用（进程）的 CPU，当整机 CPU 过高时，可以通过先定位进程后定位线程的方式来定位问题。CPU 的指标数值有很多，例如下面的一些指标。所以很多度量工具采集了所有数据，而 CPU 利用率则可自己去计算。例如：

```
[root@vm001~]# top
top - 23: 52: 07 up 22: 11, 1 user, load average: 0.01, 0.00, 0.00
Tasks: 116 total, 1 running, 115 sleeping, 0 stopped, 0 zombie
Cpu(s): 1.7%us, 0.6%sy, 0.0%ni, 97.6%id, 0.0%wa, 0.0%hi, 0.0%si, 0.0%st
```

度量指标说明如下。

- %us：用户空间程序的 CPU 使用率（没有通过 nice 调度）。
- %sy：系统空间的 CPU 使用率，主要是内核程序。
- %ni：用户空间且通过 nice 调度过的程序的 CPU 使用率。
- %id：空闲 CPU。
- %wa：CPU 运行时在等待 IO 的时间。
- %hi：CPU 处理硬中断的数量。
- %si：CPU 处理软中断的数量。
- %st：被虚拟机“偷走”的 CPU。

计算公式也很简单（%ni 一般很小，不用计入）：

$$\text{CPU 使用率} = \text{用户态时间}(\%us) + \text{系统态时间}(\%sy)$$

或者是

$$\text{CPU 使用率} = 1 - \text{空闲时间}(\%id)$$

#### （2）负载（load）

系统负载数据能更真实地反映整个系统的负载情况。根据统计的时间范围，可以划分为下面示例中的 3 种时间段：最近 1 分钟、5 分钟、10 分钟。一般系统负载过高时，CPU 不一定很高，有可能是因为磁盘存在瓶颈等，所以还需要具体问题具体分析。

```
[root@vm001~]# sar -q
10: 40: 01 PM runq-sz plist-sz ldavg-1 ldavg-5 ldavg-15
10: 50: 01 PM 4 332 0.04 0.02 0.01
```

度量指标说明如下。

- ❑ runq-sz：运行队列的长度（等待运行的进程数）。
- ❑ plist-sz：进程列表中进程（process）和线程（thread）的数量。
- ❑ ldavg-1：最近 1 分钟的系统平均负载（system load average）。
- ❑ ldavg-5：最近 5 分钟的系统平均负载。
- ❑ ldavg-15：最近 15 分钟的系统平均负载。

（3）磁盘（disk）

对磁盘主要关注两个方面：磁盘的剩余容量和磁盘的速度。

对于磁盘空间，由 df -h 命令可以得到如下度量指标：

```
$ df -h
Filesystem       Size  Used Avail Use% Mounted on
/dev/vda1         50G  4.9G   42G  11% /
devtmpfs         909M     0  909M   0% /dev
tmpfs            920M   24K  920M   1% /dev/shm
tmpfs            920M  464K  919M   1% /run
tmpfs            920M     0  920M   0% /sys/fs/cgroup
tmpfs            184M     0  184M   0% /run/user/0
```

度量指标说明如下。

- ❑ Size：总大小。
- ❑ Used：使用的空间。
- ❑ Avail：可用的空间。
- ❑ Use%：空间使用比率。

磁盘速度的指标如下：

```
$iostat -d
Device:            tps    kB_read/s    kB_wrtn/s    kB_read    kB_wrtn
vda               3.89         0.72        27.00    2404993   90787664
scd0              0.00         0.01         0.00      39004          0
```

度量指标说明如下。

- ❑ tps：每秒发送到的 I/O 请求数。
- ❑ kB_read/s：每秒读取的 block 数。
- ❑ kB_wrtn/s：每秒写入的 block 数。
- ❑ kB_read：读入的 block 总数。
- ❑ kB_wrtn：写入的 block 总数。

（4）网络（network）

网络中常见的指标包括建立的 TCP 连接数目、每秒传输（input/output）的字节数、传输错误发生次数等。通过 ifconfig 或者 netstat 命令可以查看这些指标，例如：

```
$ifconfig -s
Iface       MTU    RX-OK RX-ERR RX-DRP RX-OVR     TX-OK TX-ERR TX-DRP TX-OVR Flg
eth0       1500 17669429      0      0      0 17738261      0      0      0 BMRU
lo        65536      759      0      0      0       759      0      0      0 LRU
```

或者

```
$ netstat -i
Kernel Interface table
Iface       MTU    RX-OK RX-ERR RX-DRP RX-OVR     TX-OK TX-ERR TX-DRP TX-OVR Flg
eth0       1500 17667880      0      0      0 17736652      0      0      0 BMRU
lo        65536      759      0      0      0       759      0      0      0 LRU
```

具体指标说明如下。

- Iface：网络接口名。
- MTU：最大传输单元。
- RX-OK：共成功接收多少个包。
- RX-ERR：接收的包中共有多少个错误包。
- RX-DRP：接收时共丢失多少个包。
- RX-OVR：共接收了多少个碰撞包。
- TX-OK：共成功发送多少个包。
- TX-ERR：发送的包中共有多少个错误包。
- TX-DRP：发送时共丢失多少个包。
- TX-OVR：共发送了多少个碰撞包。

（5）内存（memory）

内存主要包括以下示例中的指标。需要注意的是，在Linux系统中，对于可用的内存，不能仅关注free项，因为Linux内存管理的原则是一旦使用，尽量占用，直到其他应用需要时才释放。所以计算内存占用率无须把buffers/cached的内存占用量计算在内。

```
[root@vm001 ~]# free -m
total used free shared buffers cached
Mem: 3925 1648 2276 2 248 312
-/+ buffers/cache: 1087 2837
Swap: 3983 0 3983
```

具体指标说明如下。

- total：内存总量。
- used：已经使用的内存。第2行的used指第1行的used减去buffers/cache的内存。
- free：空闲的内存。第2行的free指第1行的free加上buffers/cache的内存。
- shared：共享的内存（一般不用）。
- buffers：用于设备的读写缓冲内存。
- cached：用于存储器的缓冲内存。

内存占用率的公式如下：

$$内存占用率 = \frac{used-buffers-cached}{total}$$

基于 Java 虚拟机（JVM）的系统还可以将 JVM 堆内存和垃圾回收（GC）的频率及时间纳入系统层面的度量指标中。JVM 的堆空间结构如图 2-2 所示。

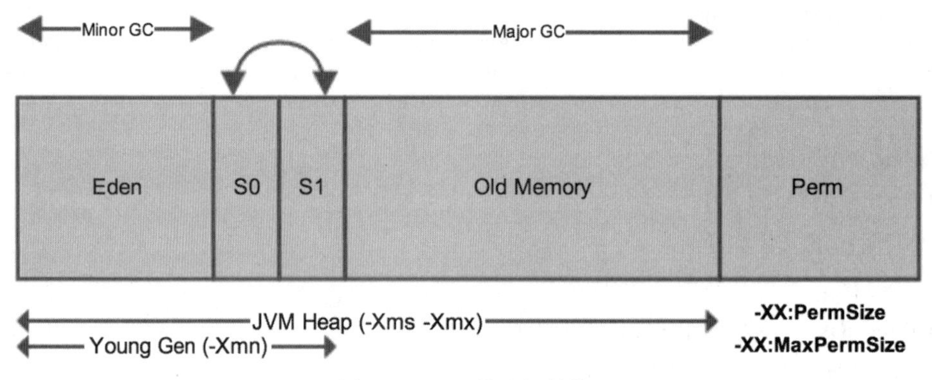


图 2-2　JVM 堆空间结构

可以用 JDK 自带的 jstat 观察下列度量数据：

```
jstat -gcutil 1324
    S0      S1      E      O      M      CCS     YGC     YGCT     FGC     FGCT     GCT
    0.00   0.00   15.10   7.84   97.24   92.57    2      0.017     1      0.034    0.051
```

数据说明如下：

- ❑ S0（Survivor space 0）：生存空间 0 利用率占该空间当前容量的百分比。
- ❑ S1（Survivor space 1）：生存空间 1 利用率占该空间当前容量的百分比。
- ❑ E（Eden space）：伊甸园空间利用率占空间当前容量的百分比。
- ❑ O（Old space）：旧空间利用率占空间当前容量的百分比。
- ❑ M（Meta space）：元空间利用率占空间当前容量的百分比。
- ❑ CCS（Compressed Class Space）：压缩的类空间利用率（以百分比表示）。
- ❑ YGC（Young Generation GC）：年轻代 GC 次数。
- ❑ YGCT（Young Generation GC Time）：年轻代 GC 耗时。
- ❑ FGC（Full GC）：完全 GC 次数。
- ❑ FGCT（Full GC Time）：完全 GC 耗时。
- ❑ GCT（Total GC Time）：总 GC 耗时。

### 2. 应用程序层指标

#### （1）每秒事务数（TPS）

每个微服务都需要了解当前的 TPS（Tracstion Per Second），并判断是否超过系统最大可承载的 TPS。其他的类似指标有每秒请求数 RPS（Request Per Second）、每秒查询数 QPS（Quer Per Second）及每秒呼叫数 CPS（Call Per Second）。

（2）响应时间（response time）

响应时间是微服务性能度量的重要指标，我们需要获取响应时间的数据分布，然后排查请求耗时长的原因，分析它们是否是由 bug 导致的，或者有性能瓶颈需要做优化。

（3）成功率（success ratio）

微服务的服务水平（Service Level）的重要指标就是成功率（或者是错误率，错误率 = 1- 成功率）。我们找出所有不符合 SLA（Service Level Agreement，服务等级协议）的失败案例，并逐一排查原因，消灭 bug 或者不合理之处。

（4）总次数（total count）

通过对每小时、每天、每周、每月和每年的各种 API 总次数的统计度量，可使我们对系统有个总体的认识，知道每种接口的调用次数和用量分布，了解什么时间是繁忙的，即波峰，什么时间是空闲的，即波谷。这些对进行系统设计、运维以及容量规划等决策有重要意义。

#### 3. 业务层指标

业务层的指标比较多，不同的业务所需要的 KPI（Key Performance Indicator，关键业绩指标）也不同。例如，论坛要看 DAU（Daily Action User，每日活跃用户）、发帖数；电商要看订单数、销售额；网络会议系统要看参会人数、加入会议所耗费的时间、开会人数、开会时间等，不能一一列举。

对于微服务来说，以下 4W1H 需要我们重点关注：

1）Who 对用户进行多维度和各类的细分，哪一类用户对哪些功能有所好恶？

2）What 哪些功能点用量大，比较受欢迎，反之如何？

3）Where 用户的地理分布。

4）When 使用微服务的波峰和波谷，旺季和淡季，业务的趋势是什么？

5）How 用户的使用行为分析，有哪些关键的影响因素。

有了 4W1H 的若干度量指标，经过分析我们可以得出其深层次的原因——Why，多问几个为什么。基于度量指标和分析结果，再结合财务数据指标，可以有的放矢地改进我们的业务，增加利润，提高客户满意度。

以上即为不同维度对不同度量的划分，读者也可以尝试从其他维度和角度进行划分。

## 2.4　微服务度量指标与术语

### 2.4.1　统计学指标

以下面一段 Cassandra 的请求度量数据为例：

```
    Cassandra Metrics
    Timer:
    name=requests, count=171396, min=0.480973, max=4.228569, mean=1.0091534824902724,
stddev=0.3463516148968051, median=0.975965, p75=1.1458145, p95=1.4784138999999996,
p98=1.6538238999999988, p99=2.185363660000002, p999=4.22124273, mean_rate=0.0,
m1=0.0, m5=0.0, m15=0.0, rate_unit=events/millisecond, duration_unit=milliseconds
```

这段代码中包含了多种指标，下面分别介绍。

#### 1. 集中量

最大值（max）、最小值（min）、平均数（mean）、总和（sum）、次数（count）：这些概念很容易理解，不赘述。例子中，min=0.480 973，max=4.228 569，mean=1.009 153 482 490 272 4，分别表示最小、最大和平均响应时间。

#### 2. 差异量

（1）全距

将上述的最大值减去最小值即为全距，代表变化的范围，数值越大，说明数据越分散。例子中即为 3.747 596（max−min），数据跨度并不大。

（2）方差

方差即每个样本值与全体样本值的平均数之差的平方值的平均数（stddev），用来度量随机变量和其数学期望（即均值）之间的偏离程度。数值越小，表明数据分布越集中。上面的示例中，stddev=0.346 351 614 896 805 1，表明数据相对很集中。

（3）标准差

样本方差的算术平方根叫作样本标准差（std）。样本方差和样本标准差都是衡量一个样本波动大小的量，样本方差或样本标准差越大，样本数据的波动就越大。

（4）协方差

协方差用于衡量两个变量的总体误差。方差是协方差的一种特殊情况，即当两个变量相等时的情况。协方差为 0 的两个随机变量称为不相关的。

#### 3. 分位量

（1）中位数（median）

对于有限的数集，可以把所有观察值从高到低排序后找出正中间的一个作为中位数。如果数据总数是偶数个，通常取最中间的两个数值的平均数作为中位数。如示例中的 median=0.975 965，代表所有响应时间中最中间的那个数字，可见与平均数（mean=1.009 153 482 490 272 4）并不相等。

（2）分位数（quantile）

分位数亦称分位点，是指将一个随机变量的概率分布范围分为几个等分的数值点，常用的有中位数（即二分位数）、四分位数、百分位数等。也就是将总体的全部数据按大小顺序排列后，处于各等分位置的变量值。例如，上面的 p95、p99.9 都是分位数，p99.9=

4.221 242 73，代表 99.9% 的请求响应时间值不大于 4.221 242 73。

（3）四分位数（quartile）

四分位数也称为四分位点，它是将全部数据分成相等的 4 部分，其中每部分包括 25% 的数据，处在各分位点的数值就是四分位数。四分位数有 3 个，第 1 个四分位数就是通常所说的四分位数，称为下四分位数，第 2 个四分位数就是中位数，第 3 个四分位数称为上四分位数，三者分别用 Q1、Q2、Q3 表示。示例样本中，第 3 个四分位数（Q3），等于该样本中所有数值由小到大排列后第 75% 的数值，即 p75=1.145 814 5。

### 4. 数据集及指标示例

下面以在机器学习领域最常用的鸢尾花（Iris）数据集为例，看看它的数据集和统计指标都是怎样的。

Iris 数据集由 Fisher 在 1936 年收集整理，也称鸢尾花卉数据集，是一类多重变量分析的数据集，它包含 150 个数据集，分为 3 类，每类 50 个数据，每个数据包含 4 个属性。

自变量 feature 特性如下：

- petal length——花瓣长度
- petal width——花瓣宽度
- sepal length——花萼长度
- sepal width——花萼宽度

因变量 Species 说明如下：

- versicolor——杂色鸢尾
- virginica——弗吉尼亚鸢尾
- setosa——山鸢尾

下面用一段小程序来看看鸢尾花的品种。

```
import pandas as pd
import numpy as np
import matplotlib.pyplot as plt

from sklearn import datasets
from pandas.plotting import scatter_matrix

plt.style.use('ggplot')
iris = datasets.load_iris()

print('--- %s ---' % 'iris type')
print(type(iris))
print('--- %s ---' % 'iris keys')
print(iris.keys())
print('--- %s ---' % 'iris data')
print(type(iris.data))
print('--- %s ---' % 'iris target')
```

```
print(type(iris.target))
print('--- %s ---' % 'iris data shape')
print(iris.data.shape)
print('--- %s ---' % 'iris target names')
print(iris.target_names);

X = iris.data
y = iris.target
df = pd.DataFrame(X, columns= iris.feature_names)

print('--- %s ---' % 'df.head')
print(df.head())
print('--- %s ---' % 'df.info')
print(df.info())
print('--- %s ---' % 'df.describe')
print(df.describe())

print('--- %s ---' % 'iris scatter_matrix diagram')
_ = scatter_matrix(df, c=y, figsize=[8, 8], s=150, marker = 'D')
```

输出结果如下：

```
--- iris type ---
<class 'sklearn.utils.Bunch'>
--- iris keys ---
dict_keys(['data', 'target', 'target_names', 'DESCR', 'feature_names'])
--- iris data ---
<class 'numpy.ndarray'>
--- iris target ---
<class 'numpy.ndarray'>
--- iris data shape ---
(150, 4)
--- iris target names ---
['setosa' 'versicolor' 'virginica']
--- df.head ---
   sepal length (cm)  sepal width (cm)  petal length (cm)  petal width (cm)
0                5.1               3.5                1.4               0.2
1                4.9               3.0                1.4               0.2
2                4.7               3.2                1.3               0.2
3                4.6               3.1                1.5               0.2
4                5.0               3.6                1.4               0.2
--- df.info ---
<class 'pandas.core.frame.DataFrame'>
RangeIndex: 150 entries, 0 to 149
Data columns (total 4 columns):
sepal length (cm)    150 non-null float64
sepal width (cm)     150 non-null float64
petal length (cm)    150 non-null float64
petal width (cm)     150 non-null float64
dtypes: float64(4)
memory usage: 4.7 KB
```

```
None
--- df.describe ---
        sepal length (cm)  sepal width (cm)  petal length (cm)  \
count          150.000000        150.000000         150.000000
mean             5.843333          3.054000           3.758667
std              0.828066          0.433594           1.764420
min              4.300000          2.000000           1.000000
25%              5.100000          2.800000           1.600000
50%              5.800000          3.000000           4.350000
75%              6.400000          3.300000           5.100000
max              7.900000          4.400000           6.900000

        petal width (cm)
count         150.000000
mean            1.198667
std             0.763161
min             0.100000
25%             0.300000
50%             1.300000
75%             1.800000
max             2.500000
--- iris scatter_matrix diagram ---
```

在上面的输出结果中，可以看到很多前面介绍过的术语，例如 mean（平均值）、std（标准差）、min（最小值）、max（最大值）、百分位等。

### 2.4.2　度量指标相关术语

#### 1. QPS 等缩写词

- QPS（Query Per Second）：每秒的查询次数。
- TPS（Transaction Per Second）：每秒的事务 / 业务数。
- CPS（Call Per Second）：每秒呼叫数。
- RPS（Request Per Second）：每秒请求数。
- PV（Page View）：文章的浏览量，常用于统计 Web 服务器页面。

#### 2. 度量指标类型

（1）计数器（counter）

计数器代表一个连续变化的值，不会突然跳变，而是会递增和递减，例如线程队列的长度在重启时会归 0。对于 Cassandra 的下列度量指标（主要是各种错误计数）都是计数器。

```
Counters:
name=client-timeouts, count=0
name=connection-errors, count=0
name=ignores, count=0
name=ignores-on-write-timeout, count=0
name=other-errors, count=0
```

```
name=read-timeouts, count=0
name=retries, count=0
name=speculative-executions, count=0
name=unavailables, count=0
name=write-timeouts, count=0
```

（2）计量器（gauge）

计量器代表一个变化的值，它是个瞬间的值，例如温度等可变化因素。下例中的Cassandra的度量指标值（连接数等）都是可以变化的。

```
GAUGE:
name=blocking-executor-queue-depth, value=0
name=connected-to, value=7
name=executor-queue-depth, value=0
name=known-hosts, value=36
name=open-connections, value=8
name=reconnection-scheduler-task-count, value=0
name=task-scheduler-task-count, value=1
name=trashed-connections, value=0
```

（3）直方图（histogram）

直方图主要用来统计数据的分布情况，如最大值、最小值、平均值、中位数、分位数（75%、90%、95%、98%、99%和99.9%）等。示例如下：

```
count=171396, min=0.480973, max=4.228569, mean=1.0091534824902724,
stddev=0.3463516148968051, median=0.975965, p75=1.1458145, p95=1.4784138999999996,
p98=1.6538238999999988, p99=2.185363660000002, p999=4.22124273
```

注意，关于百分比的相关参数并不是实际整个服务器运行期间的百分比，而是基于一定的统计方法来计算的值。数据量小的话，这些统计指标容易计算，但是对于实际工作中的海量数据就需要进行一定的抽样统计，不可能存储所有的请求数据，只能从时间和空间两个维度来推算。

对那些高吞吐量、低延迟要求的服务数据进行统计时，可随着数据的不断到达实时地进行采样，通过维护在统计上代表整个数据集的一个小型的、可管理的数据池，我们可以简便地计算分位数。这些分位数是实际分位数据的有效近似值，这种技术称为蓄水池采样。

Dropwizard的Metrics-core库中就有一些蓄水池采样的示例，如图2-3所示。

（4）测量仪（meter）

测量仪用来度量某个时间段的平均处理次数（request per second），如每1分钟、5分钟、15分钟的TPS。比如一个服务的请求数、统计结果有总的请求数、平均每秒的请求数，以及最近的1分钟、5分钟、15分钟的平均TPS。

```
mean_rate=0.0, m1=0.0, m5=0.0, m15=0.0, rate_unit=events/millisecond, duration_
unit=milliseconds
```

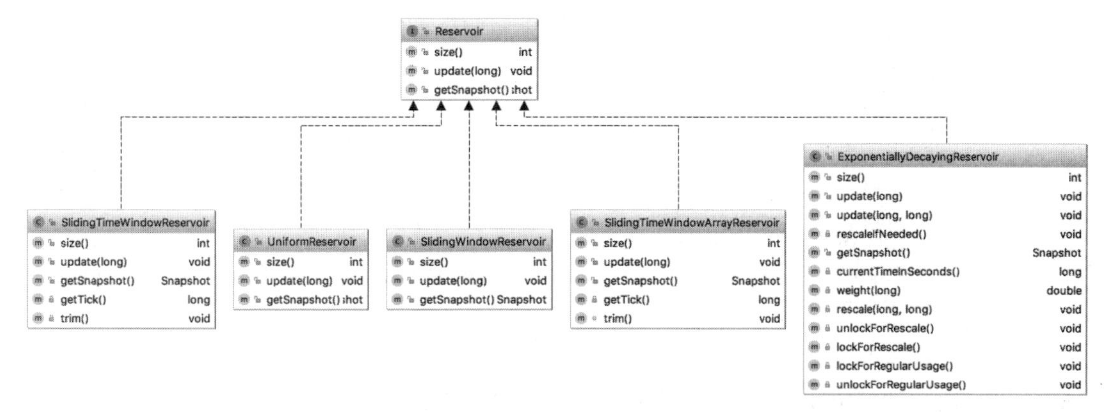


图 2-3 蓄水池采样的示例

（5）计时器（timer）

计时器主要用来统计某一块代码段的执行时间及分布情况，例如线程空闲程度、平均响应时间等，具体是基于 Histograms 和 Meters 来实现的，所以结果是上面两个指标的合并结果。

### 2.4.3 度量处理相关术语

（1）时间序列数据（time series data）

在软件应用领域，基于时间的数据收集、度量和监控每时每刻都在进行，比如股指的变化、房价的涨跌、天气的冷暖、应用访问的频率和次数等。这些数据都有一个共同的特点，那就是全部都是以时间为基轴的。我们称这些数据为时间序列数据，由一系列来自相同数据源、按一定时间间隔采样的连续数据组成。

时间序列数据指按时间顺序排列的一系列数据点。时间序列数据的存储可以是数据库，主键是时间点，字段是具体的数据值。但有时间序列数据有它自身的特点，就如 Baron Schwartz 所总结的：

- 90% 以上的数据库负载在于大量和高频率的写操作。
- 写操作一般都是在已有的数据度量之后按时间追加的。
- 这些写操作都是典型地按时间序列产生的，比如每秒或每分钟。
- 数据库的主要瓶颈在于输入输出的限制。
- 对于已存在的单个数据点的纠正和修改极少。
- 删除数据几乎都是一个比较大的时间段（天、月或年），极少会只针对单条记录。
- 查询数据库一般都是基于某个序列的连续数据，并根据时间或时间的函数排序。
- 执行查询常用并发读取一个或多个序列。

在时间序列中，时间通常是自变量，目标通常是对未来进行预测。时间序列数据通常不是静止的，业务数据在一天和一年中的不同时间段有不同的特征，比如白天比较忙，夜里比较闲；工作日比较忙，双休日和公共假期比较闲。例如，如下的度量数据中，时间戳（timestamp）是关键的自变量。

```
Tue Jul 03 11：02：20 CST 2018 offset = 1472200, key = null, value = {"path"："/opt/application/logs/metrics_07012018_0.24536.log", "component"："app", "@timestamp"："2018-07-01T03：14：53.982Z", "@version"："1", "host"："10.224.2.116", "eventtype"："metrics", "message"：{"componentType"："app", "metricType"："innerApi", "metricName"："demo", "componentAddress"："10.224.57.67", "featureName"："PageCall", "componentVer"："2.2.0", "poolName"："test", "trackingID"："0810823d-dc92-40e4-8e9a-18774d549e21", "timestamp"："2018-07-01T03：14：53.728Z"}}
```

（2）事件发生时间（event time）

记录事件发生的时间，而不考虑事件记录通过什么系统、什么时候到达、以什么样的顺序到达等因素。上例中“2018-07-01T03:14:53.728Z”即为日志产生的时间，相当于邮寄快递时的邮寄时间。

（3）摄入时间（ingestion time）

摄入时间是指事件进入度量系统的时间。在源操作中每个记录都会获得源的当前时间作为时间戳，当一个度量指标数据经过 *n* 个系统时，相对每条进入的数据，就会存在多个摄入时间。上例中的“"timestamp"："2018-07-01T03:14:53.982Z"”即为 Logstash 获取这个 server log 的时间。相当于邮寄快递时快递员的揽收时间。

（4）处理时间（processing time）

处理时间是指处理系统开始处理某个事件的时间，上例中“ Tue Jul 03 11:02:20 CST”为处理时间。相当于邮寄快递中的签收时间。

从以上各种时间概率可见，事件发生时间是最重要的。

（5）Tumbing 窗口 / Sliding 窗口 / Session 窗口

窗口的概念是用来度量流数据的，主要分为 3 种。

1）Tumbling 窗口。Tumbling 即翻跟头的意思，窗口不可能重叠，而是在流数据中进行滚动，这种窗口不存在重叠，也就是说，一个度量指标数据只可能出现在一个窗口中，如图 2-4 所示。

2）Sliding 窗口。Sliding 窗口即滑动窗口，是可能存在重叠的，如图 2-5 所示。

3）Session 窗口。以上两种窗口都是基于时间的，是固定的窗口。还存在一种窗口：Session 窗口。当我们需要分析用户的一段交互行为时，通常的想法是将用户的事件流按照“session”来分组。session 是指一段持续活跃的期间，由活跃间隙分隔开。通俗一点说，消息之间的间隔小于超时阈值（session gap），如果两个元素的时间戳间隔小于 session gap，则它们会在同一个 session 中；如果两个元素之间的间隔大于 session gap，且没有元素能够填补上这个 gap，那么它们会被放到不同的 session 中，如图 2-6 所示。

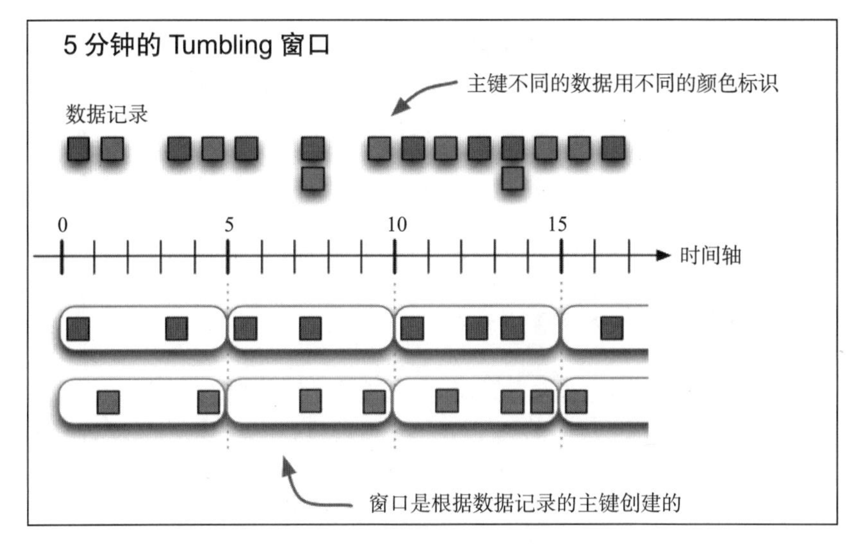


图 2-4　Tumbling 窗口

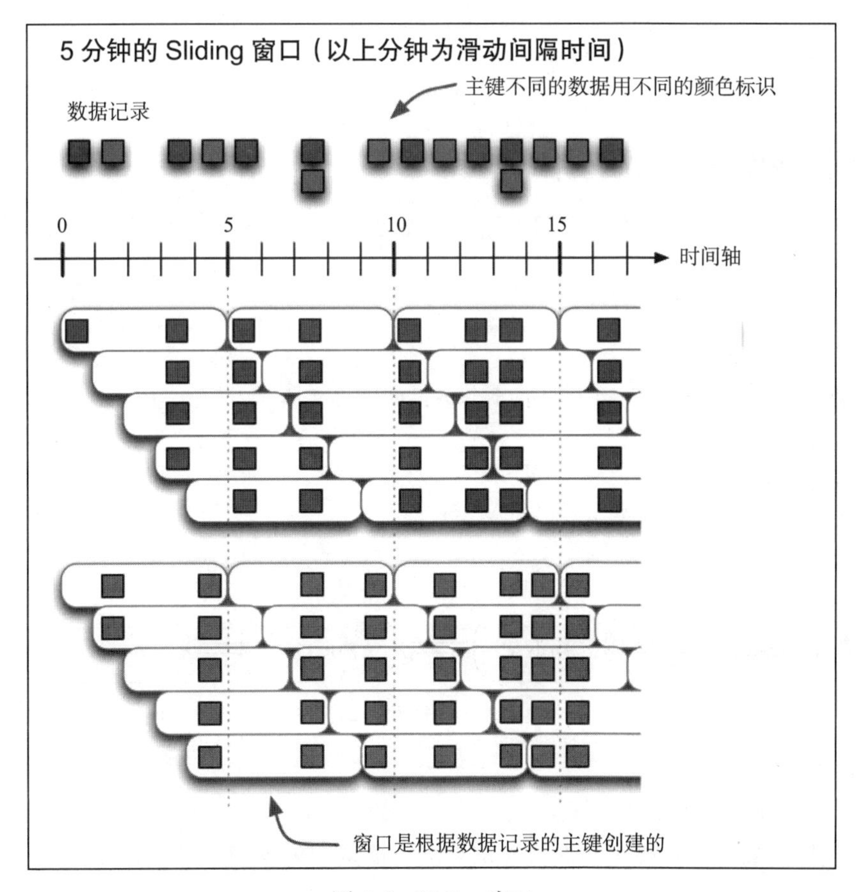


图 2-5　Sliding 窗口

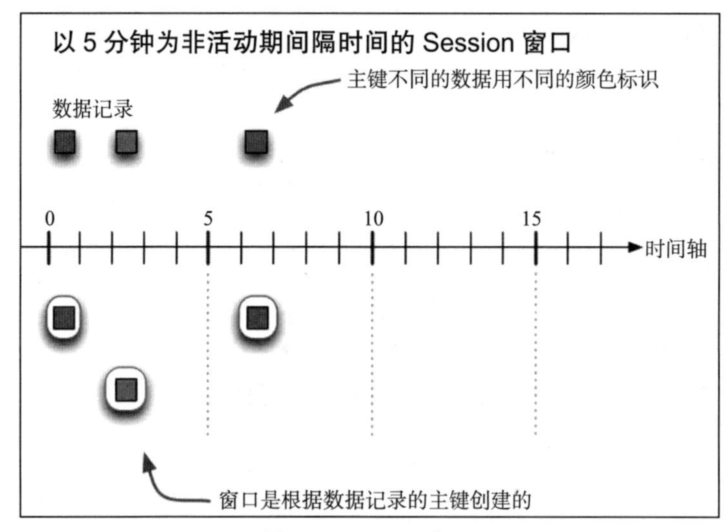

图 2-6　Session 窗口

通过对于以上不同类别的基本指标和术语的介绍，可以大体了解度量领域的一些知识，这些为以后的度量工作的开展做铺垫。

# 2.5　微服务度量策略选择

介绍完度量的指标和术语，掌握了度量的基本概念后，要面对的问题是如何给已有的微服务做度量方案。

## 2.5.1　如何做度量

对于度量的方法，可以概括为如下 4 个 A，如图 2-7 所示。

1）Aggregate（聚合）

2）Analyze（分析）

3）Alert and Report（报警和汇报）

4）Action（行动）

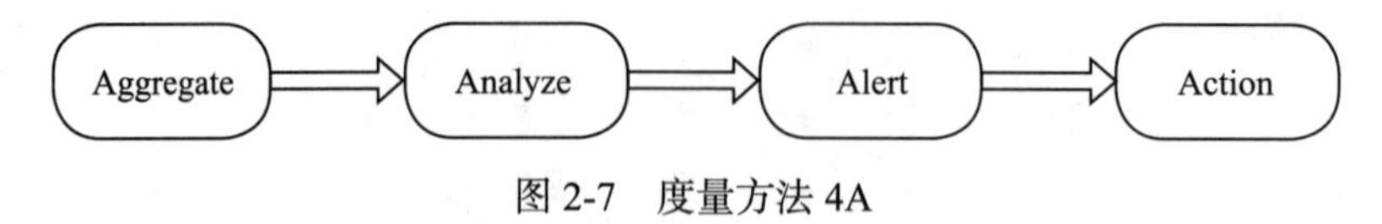

图 2-7　度量方法 4A

### 1. Aggregate（聚合）

聚合又可细分为以下 3 个步骤。

1）产生度量数据。在相关切面及关键点进行度量的记录和统计，并写日志、发送消息或提供 API 供查询。

2）收集度量数据。收集的方式有拉和推两种方式，例如：

- Logstash 把数据拉到 Elasticsearch 中。
- 用 SNMP 把数据推送出去。
- 把数据通过消息队列系统 Kafaka 发送出去。
- 也可以把多种方法结合起来。

3）存储度量数据。把度量数据存储到 MySQL、Elasticsearch、InfluxDB、Graphite 或 Hadoop 中供进一步分析。

### 2. Analyze（分析）

对收集到的数据进行分析才能产生价值。用于分析的方法和工具有很多，比如最常用的 SQL 以及各种大数据分析工具（Pandas、Splunk Query 等）。分析既有实时的在线快速分析，例如利用 Elasticsearch 的快速索引和一些时间序列数据库进行查询统计分析，也有离线的对海量数据的多维度分析，比如通过 Hadoop、Spark 之类的大数据工具进行数据挖掘。

### 3. Alert and Report（报警和汇报）

在分析的结果之上，我们可以得出许多有价值的东西，以采取相应的行动，进行运维、技术设计和市场策略的调整。而对于一些比较严重的问题，则需要立即采取行动，而且必须立即报警。常用方法如下。

- SNMP alert：通过 SNMP 发送报警。
- Email：发送邮件给值班的运维人员。
- SMS：短信。
- IM：即时消息。
- Phone：电话。

有人曾经使用过 Seyren，它是一款开源的监控报警系统，可以和流行的 Graphite、InfluxDB 等系统集成，可以以各种方式报警。现在的度量分析展示系统 Kibana 和 Grafana 都可以根据度量阈值来触发报警，而 Pagerduty 是另一种商业系统，有众多的 API 可以和用户的系统集成。还有一个排班系统，任何一个产品线上的事故都会呼叫值班人员立即进行处理。Seyren 和 PagerDuty 系统可以很好地集成在一起使用。

### 4. Action（行动）

根据报警系统和报表分析的结果，我们需要采取相应的行动。如果可以自动处理的话，则应尽量减少人工干预，例如在度量的基础上设定相应策略（断流、分流、降级等）自动处理。然而产品线上的情况往往比较复杂，有些操作还有需要经验丰富的工程师见机行事。

常见行动清单如下。

- 流量过大：进行限流（rate limiting）或者横向扩展（scale out），增加更多的服务器。
- 部分节点出现严重故障：使用熔断（circuit beak）方式修复。
- 新版软件有重大缺陷：进行回滚或紧急热修复。

- 部分集群或地区硬件故障：切换至备份集群或做灾难恢复。
- 发现黑客攻击行为：更新黑名单，阻断特定 IP 的请求等。

产品设计和技术方案的优化调整不能凭空猜测，而是应该在度量结果分析的基础之上有的放矢。性能是否不需要优化、容量是否需要提高、新功能用户是否不喜欢等一切决策依据度量数据制定。

## 2.5.2 如何选择度量方案

选择一个度量方案（或系统）不应该仅仅局限于当前需求，而应该从多个角度兼顾未来发展。同时对应用侵入性低、隔离变化、易于切换都是选择方案必须追求的要素，否则没有获取到想要的度量数据却“拖垮”了应用，得不偿失。在选择度量方案时，可以从以下几个角度着手：功能性、可扩展性、技术性能。

### 1. 功能性

单纯衡量度量方案，大多数已经满足基本功能。但是除此之外，更需要考虑功能的完整性。

- 是否支持硬件层次（CPU、Memory、Disk、Network 等）的数据收集和展示。
- 是否对常见的服务和中间件有更方便的支持。市场上流行的服务都比较集中，例如数据库有 Oracle、MySQL，缓存有 Memcached、Redis 等，服务器容器有 tomcat、jetty 等，消息中间件有 Rabbitmq、Kafka 等。所以很多度量系统除了通用方案外，还额外对这些常见服务有更轻便的可插拔式支持。
- 是否集成报警功能。Metrics 里面含有的数据越丰富可以做的事情也越多：
  - 根据主机度量指标数据判断主机故障，例如磁盘是否快满了。
  - 根据错误信息判断是否当前存在故障。
  - 根据度量指标数据趋势判断是否需要扩容。
  - 根据用户行为信息判断是否存在恶意攻击。

当判断出这些信息后，仅仅展示是不够的，更应该提供预警和报警功能，使问题立即能够解决。同时应考虑报警的通知方式是否多样化（邮件、电话、短信及其他及时通信系统的集成）或者进行了分级（根据轻重缓急不同采取不同方式）。

有了更丰富的功能，可避免将多种方案东拼西凑，有利于一体化。

### 2. 可扩展性

可扩展性是衡量一个度量方案是否“长远”的根本。可以从以下两点考虑。

#### （1）容量是否具有可扩容性

当数据量小时，传统的 SQL 数据库甚至 Excel、CSV 都能存储所有的历史度量数据，并能满足查询等需求。但是除非可预见业务量永不会有突破，否则初始调研时，就应该考虑容量可扩展的方案。例如，InfluxDB 单机版是免费的，但是想使用集群模式的时候就变成了收费模式。所以对于不喜欢额外投资，只热衷开源方案的企业，做长远计划时最好不要选择这类产品。

（2）切换新方案或者新增多种方案时当前方案的兼容性和可移植性如何

很少有一种度量系统能满足所有需求，特别是定制化需求比较多的时候。而对于初创公司而言，可能更换度量系统更为频繁，所以假设选择的方案本身具有强耦合性，不具有可移植性时，就会带来一些问题。

1）并存多种度量系统，每种方案都对系统资源有所占用。例如，根据方案 A 发 http 请求，根据方案 B 写日志，根据方案 C 直接操作数据库。最后系统本身变成了度量系统的“战场”。

2）切换新老度量系统时，需要做的工作太多。如上面描述的问题中，每种方案的方式都不同，例如使用 new relic 时，需要的是绑定一个 new relic jar。而根据这个 jar 定制的规则不一定适合其他的度量方案，例如 InfluxDB。所以在迁移时，不仅要重新修改代码，甚至还要修改数据结构。所以方案本身的扩展性不仅体现在本身容量要具有可扩展性，还在于方案是否容易切换或与其他方案并存，并与业务系统解耦。所以在实际操作时，推荐加入一个中间层去解耦。例如，在收集和分析组件之间增加一个 Kafka 来解耦和隔离系统。

### 3. 技术性能

人们更多的是从技术层面评价度量方案的性价比，更关注度量对原有系统影响最小。具体可以从以下一些要点做评判。

（1）侵入（invasive）还是非侵入（non-invasive）

从技术角度看，选择的度量方案本身是否具有侵入性是需要考虑的第一要素。一般而言，侵入性方案提供的功能更具有可定制性和丰富性，但是代价是对系统本身会有一定的影响。例如，new relic，除了常用的功能外，还能根据不同的数据库类型显示 slow query 等。但是它采用的方案是使用 Java Agent 在 class 被加载之前对其进行拦截，插入我们的监听字节码。所以实际运行的代码已不单纯是项目创建出的 package。不仅要在业务执行前后做一些额外的操作，同时也会共享同一个 JVM 内的资源，例如 CPU 和内存等。所以在使用 new relic 时，要求“开辟”更多的内存，同时也要求对项目本身的影响做一定的评估。当然，new relic 本身也考虑到对系统本身的影响，所以引入了“熔断器”来保护应用程序。

```
    com.newrelic.agent.config.CircuitBreakerConfig: // 熔断度量系统的配置
    this.memoryThreshold = ((Integer) this.getProperty("memory_threshold", Integer.
valueOf(20))).intValue();
        this.gcCpuThreshold = ((Integer) this.getProperty("gc_cpu_threshold",
Integer.valueOf(10))).intValue();
```

（2）内存控制

是否对内存占用进行了控制也是一个评判要点。例如，下面的代码是计算 new relic 对内存的占用。

```
    com.newrelic.agent.circuitbreaker.CircuitBreakerService:
    // 计算内存以便控制
```

```
double percentageFreeMemory = 100.0D * ((double) (Runtime.getRuntime().freeMemory()
                         + (Runtime.getRuntime().maxMemory() - Runtime.
getRuntime().totalMemory()))
                         / (double) Runtime.getRuntime().maxMemory());
```

（3）CPU 控制

评判是否对 CPU 的占用率进行了有效的控制，避免对所在服务器上的资源占用过多。例如，下面的代码是 new reli 对 CPU 的控制，以减少度量对系统的影响。

```
获取 Java 内存“年老代”:
GarbageCollectorMXBean lowestGCCountBean = null;
Agent.LOG.log(Level.FINEST, "Circuit breaker: looking for old gen gc bean");
boolean tie = false;
long totalGCs = this.getGCCount();
Iterator arg5 = ManagementFactory.getGarbageCollectorMXBeans().iterator();

while (true) {
    while (arg5.hasNext()) {
        GarbageCollectorMXBean gcBean = (GarbageCollectorMXBean) arg5.next();
        Agent.LOG.log(Level.FINEST, "Circuit breaker: checking {0}", gcBean.
getName());
        if (null != lowestGCCountBean
                &amp;amp;amp;amp;&amp;amp;amp;amp; lowestGCCountBean.
getCollectionCount() &amp;amp;amp;lt;= gcBean.getCollectionCount()) {
            if (lowestGCCountBean.getCollectionCount() == gcBean.
getCollectionCount()) {
                tie = true;
            }
        } else {
            tie = false;
            lowestGCCountBean = gcBean;
        }
    }

    if (this.getGCCount() == totalGCs &amp;amp;amp;amp;&amp;amp;amp;amp; !tie) {
        Agent.LOG.log(Level.FINEST, "Circuit breaker: found and cached oldGenGCBean:
{0}",
                lowestGCCountBean.getName());
        this.oldGenGCBeanCached = lowestGCCountBean;
        return this.oldGenGCBeanCached;
    }

    Agent.LOG.log(Level.FINEST, "Circuit breaker: unable to find oldGenGCBean.
Best guess: {0}",
            lowestGCCountBean.getName());
    return lowestGCCountBean;
}
```

年老代 GC 时间占比计算如下。

```
long currentTimeInNanoseconds = System.nanoTime();
```

```
        long gcCpuTime = this.getGCCpuTimeNS() - ((Long) this.lastTotalGCTimeNS.
get()).longValue();
        long elapsedTime = currentTimeInNanoseconds - ((Long)
this.lastTimestampInNanoseconds.get()).longValue();
        double gcCpuTimePercentage = (double) gcCpuTime / (double) elapsedTime * 100.0D;
```

（4）使用 TCP 还是 UDP

使用 TCP 方式可靠性高，但是效率低，占用资源多；而使用 UDP 方式可靠性低，但效率高。作为度量指标数据，UDP 本身更适合，因为不是核心数据，丢弃少数数据无伤大雅。

（5）同步（sync）还是异步（async）

同步方式直接影响业务请求响应时间，假设写度量指标数据消耗 10ms，则请求响应时间也相应增加；而使用异步时，不管是操作时间长还是出错，都不会影响业务流程。同时也容易做批处理或者其他额外的控制以提高效率。

（6）单个（single）还是批（batch）处理

对于度量指标数据本身而言，需要考察是否提供了批处理方式，因为该方式的数据内容更集中，从而可以减少网络开销次数和通信“头”格式的额外重复大小等、同时批处理方式也更容易采用压缩等手段来节约空间，毕竟度量指标数据本身很多字段名（key）应该都是相同的。当然要注意的是过大的批量数据引发的问题，例如 UDP 对包的大小本身有限制。同时要注意批量数据的数量也不宜过大，过大会导致操作时间加长，超过预定的超时时间，从而导致异常。

以上从功能性、扩展性、技术性 3 个角度对度量方案的选择做了剖析。在实际选择时，可以作为一个参考。

## 2.6　本章小结

本章简要介绍了微服务的局限及度量在解决微服务局限中的重要作用。然后分别从内容、层次、方案选择等各个方面介绍了度量的一些基本概念和方法，为后文如何使用度量来驱动设计、开发等铺垫初步的理论知识。微服务自身的特点和局限，使得它相比传统单体服务更加需要重视度量，每个微服务都应该在开发功能之前先定义度量指标。关于度量的基本知识还有很多，读者可以通过下面的超链接获取到更多、更深入的知识。

**延伸阅读**

- Apache Flink 框架中 Event Time 的介绍，网址为 https://www.jianshu.com/p/68ab40c7f347。
- Apache Flink 原理与实现对会话窗口的介绍，网址为 https://yq.aliyun.com/articles/64818。
- Dropwizard 框架的度量库中对于度量的介绍，网址为 https://metrics.dropwizard.io/3.1.0/manual/core/。
- Prometheus 方案中对度量类型的介绍，网址为 https://prometheus.io/docs/concepts/metric_types/。
- Kafka 中关于窗口类型的介绍，网址为 https://kafka.apache.org/11/documentation/streams/developer-guide/dsl-api.html#windowing。

Chapter 3 第3章

# 微服务度量的设计

以度量驱动的方法开发微服务，在设计阶段就需要做出诸多考量。本章重点介绍如何选择微服务的协议，并从常用的3种协议入手，阐述不同的微服务协议的度量要点。然后介绍如何根据度量指标来选择微服务的数据存储系统。之后，我们从分流、限流和断流3个角度介绍如何基于度量来实现微服务的高可用性。掌握这些知识后，我们为土豆微服务做了度量的设计，并揭示了如何通过度量来改进设计。

## 3.1 微服务协议的选择与度量

### 3.1.1 协议概述

互联网协议很多，TCP/IP是基础协议，在它之上有众多应用层协议。这里关注的是微服务以什么协议向外提供服务，即以什么方式，或者说以什么手段，通过什么媒介来面向用户或者其他服务提供服务。传统的单体服务对外一般提供RPC（远程方法调用）的接口，而内部组件之间通过方法调用或者线程/进程间通信就行了。

而微服务一般所提供的服务都是节点与节点之间的远程分布式调用，使用基于流式的TCP连接或基于数据包的UDP连接之上的应用层协议，即TCP/IP，其分层结构如图3-1所示。

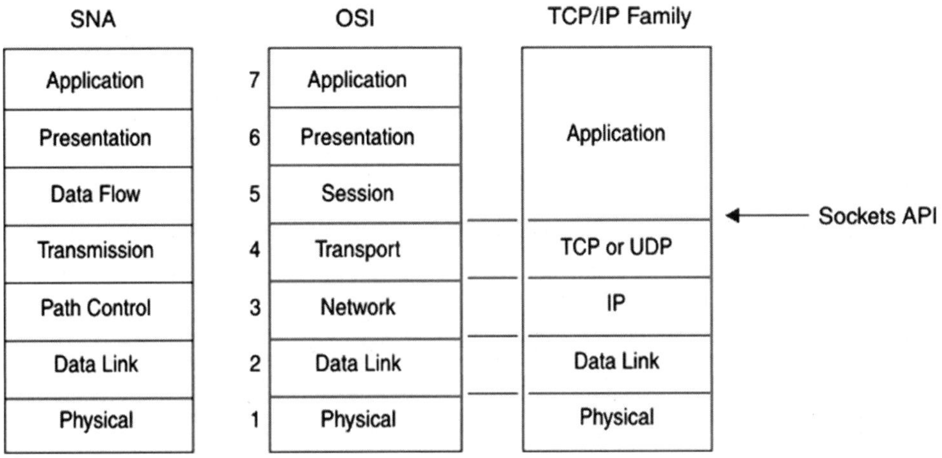

| SNA | | OSI | TCP/IP Family |
|---|---|---|---|
| Application | 7 | Application | Application |
| Presentation | 6 | Presentation | |
| Data Flow | 5 | Session | |
| Transmission | 4 | Transport | TCP or UDP |
| Path Control | 3 | Network | IP |
| Data Link | 2 | Data Link | Data Link |
| Physical | 1 | Physical | Physical |

← Sockets API

图 3-1　TCP/IP 协议分层结构

## 3.1.2　协议分类

### 1. 按照语义划分

按照语义，协议有如下分类方式。

- 面向资源：比如 REST，主要是对于资源的存取和修改。
- 面向命令：比如 SOAP、RMI、RPC，主要是指对于方法、命令及过程的远程调用。
- 面向事件：比如 XMPP、JMS、AMQP，主要是对于消息的传递和转发。

### 2. 按照远程调用协议的编码划分

按照远程调用协议的编码，协议有如下分类方式。

- 文本协议：例如 HTTP+JSON/XML、SIP 等。
- 二进制协议：例如 WebSocket+BSon/Protobuf 等。

### 3. 按照协议的用途划分

按照协议的用途，协议有如下分类方式。

- 信令及控制协议：例如 SIP、SDP、Jingle、ROAP。
- 媒体传输协议：例如 HTTP、RTP、RTMP。
- 安全相关协议：例如 TLS、DTLS、oAuth2。

### 4. 按交互方式划分

交互方式基本上是 Request / Response 方式，但这其中的响应有所区别，主要看是不是最终响应，具体分类如表 3-1 所示。

表 3-1　微服务交互方式分类

| 交互方式 | 说明 | 图　表 | 图表脚本 |
| --- | --- | --- | --- |
| 请求 / 完成 | 无 | 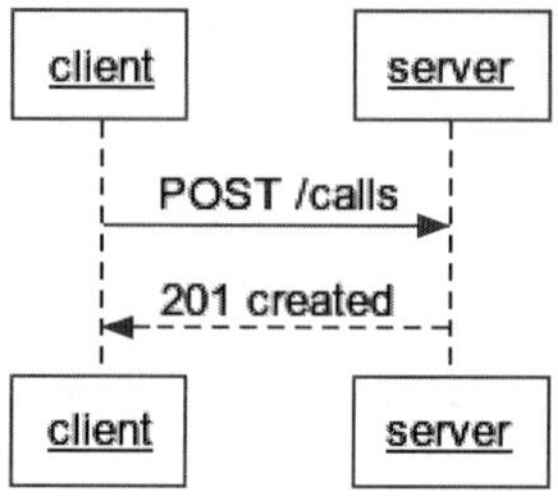 client　server<br>POST /calls<br>201 created<br>client　server<br>（来源：www.websequencediagrams.com） | client->server：POST /calls<br>server-->client：201 created |
| | | 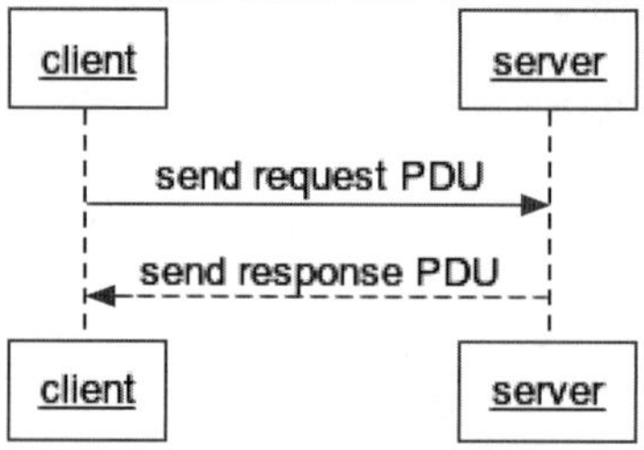 client　server<br>send request PDU<br>send response PDU<br>client　server<br>（来源：www.websequencediagrams.com） | client->server：send request PDU<br>server-->client：send response PDU |
| 请求 / 收到 | 这时候，一般客户端只是收到一个接收的响应，最终结果需要客户端轮询并给出一个回调的地址 | 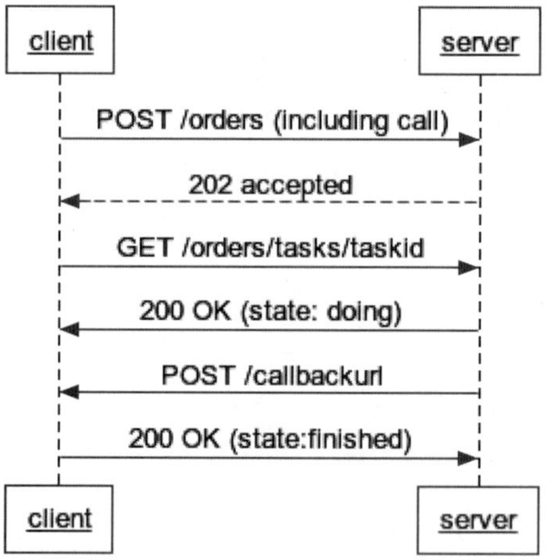 client　server<br>POST /orders (including call)<br>202 accepted<br>GET /orders/tasks/taskid<br>200 OK (state: doing)<br>POST /callbackurl<br>200 OK (state:finished)<br>client　server<br>（来源：www.websequencediagrams.com） | client->server：POST /orders (including call)<br>server-->client：202 accepted<br>client->server：GET /orders/tasks/taskid<br>server->client：200 OK (state：doing)<br>server->client：POST /callbackurl<br>client->server：200 OK (state：finished) |
| 请求 / 协商 / 确认 | 例如，典型的 SIP 会话搭建流程 | 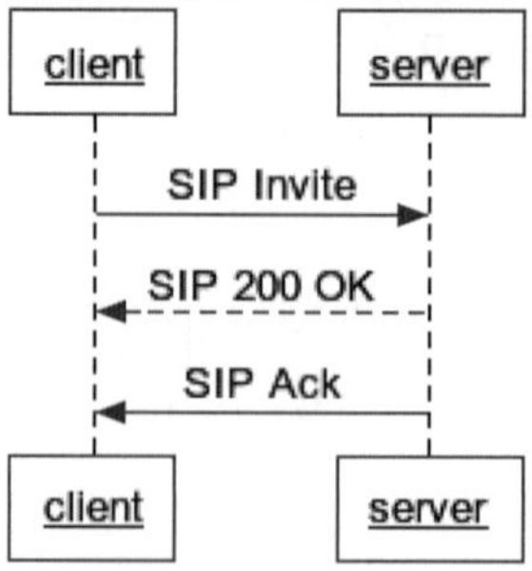 client　server<br>SIP Invite<br>SIP 200 OK<br>SIP Ack<br>client　server<br>（来源：www.websequencediagrams.com） | client->server：SIP Invite<br>server-->client：SIP 200 OK<br>server->client：SIP Ack |

（续）

| 交互方式 | 说明 | 图　表 | 图表脚本 |
|---|---|---|---|
| 发布 / 订阅 | 无 | 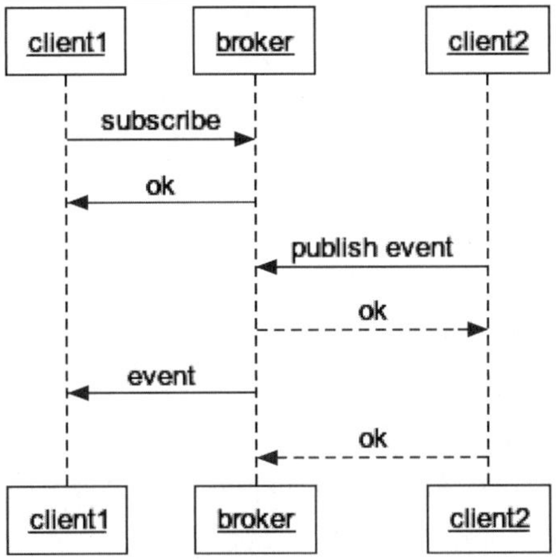 client1　broker　client2<br>subscribe<br>ok<br>publish event<br>ok<br>event<br>ok<br>client1　broker　client2<br>（来源：www.websequencediagrams.com） | client1->broker：subscribe<br>broker->client1：ok<br>client2->broker：publish event<br>broker-->client2：ok<br>broker->client1：event<br>client2-->broker：ok |

当然，并不是所有的消息都需要响应，例如 XMPP 协议中定义的 presense（出席）和 messsage 就是一种 fire-and-forget（发过即忘）的方式。

#### 5. 按数据传输格式划分

任何服务都会使用一个协议栈，从下到上采用相应的协议。上层服务应用协议所使用的数据传输格式很多，但无非表示为文本和二进制格式。常用的数据传输格式如下：

- HTTP，它是互联网中最主要的协议，也是微服务中最流行的协议。在它之上，又有 RPC（Remote Procedure Call，远程过程调用）和 REST（Representational State Transfer，表述性状态转移）两种风格。前者多使用 HTTP+XML（SoAP），后者多使用 HTTP+JSON（REST）。
- WebSocket + protobuf，这也是一个比较流行的做法，发挥了长连接双向通信的优势，并且编解码速度比较快。可供选择的二进编码方式还有 Bson、Thrift 及 Avro 等。
- 专有的 PDU（Protocol Data Unit，协议数据单元），在应用层也有很多协议就像传输层的 TCP/UDP 那样定义自己专有的数据包格式，这样的数据包也就是协议帧。比如 SNMP、RTP 等协议就定义了自己特定的帧格式。

### 3.1.3 协议分析

#### 1. 协议标准

分析协议的第 1 步是阅读相应的 RFC（Request for Comment，协议标准），互联网的核心是 TCP/IP 簇 IP（Internet Protocol），参见 RFC 791[⊖]。就 OSI 模型而言，IP 是网络层协议。

⊖ https://tools.ietf.org/html/rfc791

它在应用程序之间提供数据报服务，支持 TCP 和 UDP，其中 packet header + payload 是基本格式，IP 包的包头为 20 字节，IP 包头中包含 IP 源地址、目的地址、TTL 存活时间（所经过路由器的跳数）。

上层协议不必关心下层协议，但是知道 IP 是 3 层协议，2 层所使用的数据链路协议如果是以太网，其最大传输单元（MTU）为 1500 字节。如果包的长度超过这个长度，网络设备会将这个 IP 数据包分片传输，划分成多个 IP 包。

#### 2. 协议包分析

分析协议的第 2 步就是抓包，最常用的工具是 TcpDump 和 Wireshark。通常在服务器端用 TcpDump 抓完包后，用 Wireshark 打开 pcap 抓包文件进行详细分析。

##### （1）TcpDump

TcpDump 基于 libpcap，使用设备层的数据包接口，直接从网络驱动层抓取数据。

常用参数如下。

- -i：指定需要抓包的网卡。
- -nnn：不要将 ip、port 转化为对应的服务名称。
- -s：指定抓包大小；0 表示不限制大小，以防止比较大的数据包被截断。
- -c：指定抓包的个数。
- -w：保存抓包内容到指定文件。

TcpDump 在抓包时可添加一些过滤器，例如：

- host 指定参与数据通信的主机地址。
- port $port 指定端口。
- tcp 指定协议为 TCP。

在过滤器表达式中支持逻辑运算符 !（非）、and（与）、or（或）。让我们来简单测试一下。在服务器或者本机上启动一个 Python 3 自带的 Web 服务器：

```
python3 -m http.server
```

然后通过 TcpDump 来抓包，访问 http://10.224.112.74:8000 时的 HTTP 交互就会被抓取下来：

```
$sudo tcpdump -i ens3 -s 0 port 8000 -w /tmp/test.cap
tcpdump: listening on ens3, link-type EN10MB (Ethernet), capture size 262144 bytes
Got 11
```

在 Linux 系统中用 Wireshark 打开就可以看到 HTTP 的网络包，如图 3-2 所示。

##### （2）Scapy

这里再推荐一个 Python 工具 Scapy，它是一个功能强大的、基于 Python 的交互式数据包操作程序和库。可以从 https://github.com/secdev/scapy 下载 Scapy，或者直接用 pip 安装，如下所示：

```
pip install scapy
pip install matplotlib
pip install pyx
```

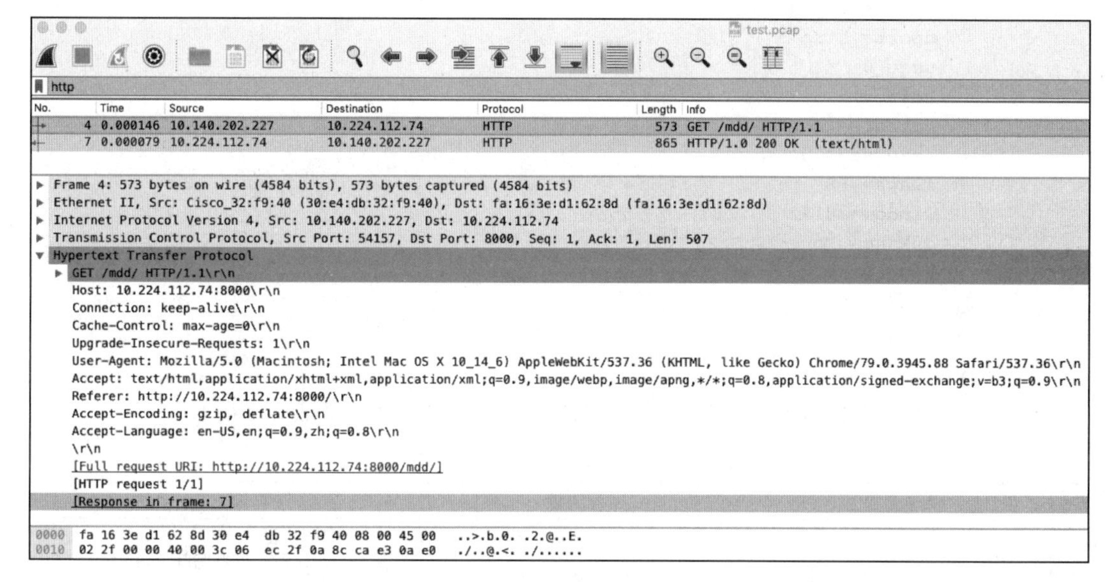


图 3-2　HTTP 帧

Scapy 能够伪造或解码大量协议的数据包，在线上发送它们，捕获它们，使用 pcap 文件存储或读取它们，匹配请求和回复，等等。它旨在通过使用默认值来实现快速数据包原型设计。

例如，我们可以用它来查看看 IP 和 TCP 的包格式：

```
$ scapy
# 组装一个 IP + TCP 的网络包
>>> pkt =IP(ttl=10, dst="192.168.1.1")/TCP(flags="SF")
>>> pkt.summary()
'IP / TCP 10.79.102.90: ftp_data > 192.168.1.1: http FS'
# 显示网络包的内容
>>> pkt.show()
###[ IP ]###
    version= 4
    ihl= None
    tos= 0x0
    len= None
    id= 1
    flags=
    frag= 0
    ttl= 10
    proto= tcp
    chksum= None
    src= 10.79.102.90
```

```
    dst= 192.168.1.1
    \options\
###[ TCP ]###
        sport= ftp_data
        dport= http
        seq= 0
        ack= 0
        dataofs= None
        reserved= 0
        flags= FS
        window= 8192
        chksum= None
        urgptr= 0
        options= {}
```

### 3. 协议的选型与度量

微服务所使用的协议自然要根据服务的特点和类型来选择，如表 3-2 所示。

表 3-2 微服务协议类型选择方式

| 微服务类型 | 推荐协议 | 推荐理由 |
| --- | --- | --- |
| Web Service | 基于 HTTP 的 Restful | 简单实用，应用广泛 |
| VoIP 及 Telephony Service 的信令控制 | SIP/SDP/MGCP | 支持的终端和媒体网关众多 |
| 远程资源共享及控制 | BFCP[㊀]/RDP[㊁]/RFB[㊂] | 推荐开放的标准协议 BFCP |
| 多媒体流服务 Multimedia Stream Service | RTP/SRTP/RTSP | 基于传输延迟考虑使用基于 UDP 的 RTP |
| 实时消息服务 Realtime Message Service | XMPP 或 MQTT | XMPP 基于 XML，传输效率不高，MQTT 是后起之秀 |
| 异步消息服务 Async Message Service | JMS/AMQP | ActiveMQ 用 JMS，RabbitMQ 用后者 |

这里说的协议主要是指应用层协议，传输层协议一般都是用 TCP，除非是媒体传输考虑用低延迟的 UDP。微服务选用何种应用层协议要根据其应用特点来决定。

不同的协议具有不同的特点，自然会有其特定的度量要求。一般情况下我们会重点关注如下几点：

- ❑ Usage（用量）
- ❑ Performance（性能）
- ❑ Quality（质量）
- ❑ Error Ratio（错误率）

下面我们结合具体协议来详细阐述几个常用的协议及其度量要点。

---

㊀ Binary Floor Control Protocol，二进制层控制协议，用来管理共享的资源，参见协议 https://www.ietf.org/rfc/rfc4582.txt。

㊁ Remote Desktop Protocol，远程桌面协议，微软提出并使用在其远程桌面中。

㊂ Remote Frame Buffer，远程帧缓冲协议，在 VNC（Virtual Network Computing）中使用。

# 3.2 HTTP 及其度量

## 3.2.1 HTTP 简介

先从应用最广的 HTTP 说起。HTTP 是 Web 的基石，在微服务中最为流行的 REST（Representational State Transfer）可表现的状态转移，是 2000 年由 Roy Fielding 在他的关于 REST 的博士论文中提出的。

准确来说 REST 不算是一种协议，而是一种设计分布式系统的架构风格，它是指资源在网络中以某种表现形式进行状态转移。

也就是说它是面向资源的。每种资源都有相对应的 URI，每个 URI 都指向一个资源。资源是可展现的（representational）和有状态的（state），而 HTTP 请求则是无状态的，即它不需要依赖其他的请求，每个请求都是相对独立的。超媒体（hypermedia）可以通过链接（link）和 URI 把资源连接起来，Web 成功的秘诀也就是用链接把世界连接起来。

这里主要指用 HTTP 和 Json 承载的面向资源的 Restful 风格的协议。由于 HTTP 比较简单，系统对外的接口被分为多个资源 API，都可以独立地进行测试，并且符合无状态通信的原则，具有比较好的松耦合性和可伸缩性。REST 的内容比较多，在这里不展开论述，有兴趣的读者请参见笔者以前写的两篇博文：

- 《微服务实战协议篇之 REST》(https://www.jianshu.com/p/524eb9572a18)
- 《微服务 REST API 设计原则》(https://www.jianshu.com/p/39e9aa9fba6f)

## 3.2.2 REST 协议的度量要点

（1）响应码（response code）

响应码代表了 HTTP REST API 的响应成功与否，其中 5xx 的响应码需要重点注意，密切观察产品线上出现的错误。

（2）响应时间（response time）

响应时间是衡量 REST API 性能的重要指标，基于它我们可以知道微服务可以在多长时间内响应。通常我们需要知道最大值（max）、平均值（average）和 p99（99% 的请求的响应时间）值。

（3）请求次数（request volume）

请求次数也就是请求数量的多少，绝对数量意义不大，而单位时间内的请求数量更有意义。

（4）HTTP 请求的频率（request frequency）

常用度量指标有 QPS（Query Per Second）和 TPS（Transaction Per Second）。

（5）应用程序性能指标（APDEX）

APDEX（Application Performance Index）是一个衡量 Web 服务用户满意度的标准，它

根据 Web 服务的响应时间来衡量用户的满意度。其公式非常简单：

$$\text{APDEX}=\frac{\text{满意的请求数}+\dfrac{\text{失望的请求数}}{2}}{\text{全部的请求数}}$$

由此可见，APDEX 的取值范围为 0 ～ 1（0 代表没有用户满意，1 代表所有用户都满意）。它根据响应时间阈值（$T, F$）把所有的请求分为如下 3 类，具体如图 3-3 所示：

- 满意的（satisfied）。这代表响应时间小于设定的阈值（$T$ 秒），用户感觉满意。
- 可容忍的（tolerating）。这代表响应时间大于 $T$ 并小于 $F$，性能不佳但是还可以继续使用，用户感觉仍可容忍。
- 失望的（frustrated）。这代表响应时间超过 $F$，用户难以接受，放弃继续使用，感觉失望。

图 3-3　REST 协议度量之 APDEX 所得出的三类请求

# 3.3　SIP 及其度量

## 3.3.1　SIP 简介

在网络的世界里，有各种各样的通信设备，还有手机、网络会议终端等。不仅有文本，还有语音、视频、远程共享和控制，等等。这些构成了网络聊天、网络会议、网络直播等应用的要素。在这些应用场景里，我们都需要建立或中止多媒体会话，参与会话的各方还要协商彼此通信的地址、端口、编码等。HTTP 显然不太适用，SIP 应运而生。

SIP 会话初始协议是 IETF 在 1999 年提出的在 IP 网络中实现多媒体实时通信的一种信令协议。这个协议设计及消息构造大量借鉴了 HTTP，非常易于理解和扩展。

但 SIP 比 HTTP 要复杂得多，扩展协议也非常多，以至于 SIP 的作者、我司前 CTO Jonathan Rosenberg 还为此写了一个《SIP 指导手册》（*A Hitchhiker's Guide to the Session Initiation Protocol*）来帮助大家找到相应的 SIP 扩展协议文档。由于这个指导手册写的时间比较早，以至于之后的一些扩展协议也没能覆盖到，由此可见 SIP 蓬勃的生命力。

SIP 的更多内容请参见以下资料：

- RFC 3261（http://tools.ietf.org/html/rfc3261）。
- 《微服务协议之 SIP》（https://www.jianshu.com/p/c181a81c743e），这是笔者以前写的一篇博文，供有兴趣的读者参考学习。

### 3.3.2　SIP的度量要点

SIP会话建立协议的主要目的是搭建媒体通道，它的请求和响应消息体的格式与HTTP大体相同，度量的关键信息也是Response Code。而Response Time并不够，它需要关注会话的建立与拆除，所以我们常用如下指标来度量SIP的用量、性能、质量和错误率：

- Request Count（请求数量）
- Response Time（响应时间）
- Session Count（会话数量）
- Session Setup Time（会话搭建时间）
- Session Initiation Failure Ratio（会话初始化失败率）

在RFC6076——“Basic Telephony SIP End-to-End Performance Metrics 基本SIP电话端到端性能度量”[⊖]中，对SIP性能度量指标有详细论述，在此不赘述。

## 3.4　RTP及其度量

### 3.4.1　RTP简介

为满足多媒体应用传输实时数据的需要，IETF RFC 3550定义了实时传输协议——RTP：A Transport Protocol for Real-Time Applications，即为实时应用程序所定义的传输协议。它为交互式音频、视频聊天和会议应用提供端到端的传输服务。

让我们先想想实时传输需要解决哪些问题。

#### 1. 顺序（sequence）

多媒体数据包需要保序，否则就会前言不搭后语，让人不知所云。通常我们可以用sequenceNumber来标识数据包的顺序。通过它我们可以知道：

- 是否有数据包丢失。
- 是否发生数据包乱序。
- 是否需要进行无序解码。

#### 2. 时间和缓存（timstamp and buffer）

我们还需要知道数据包的时间，在回放语音和视频时需要按规定的时间线播放并保持音视频同步，所以需要一个timestamp，用于以下工作：

- 回放。
- 计算网络抖动和延迟。

---

⊖ https://tools.ietf.org/html/rfc6076https：//tools.ietf.org/html/rfc6076

### 3. 负载类型（payload type）辨识

我们需要知道数据包里承载的是什么内容，媒体内容是音频还是视频，是什么编码类型，所以还需要一个负载类型。

### 4. 错误隐藏（error concealment）

错误总是难以避免的，特别是在网络基于 UDP 的传输，发现网络丢包、延迟、乱序时。我们要采取一些错误隐藏技术，比如在相邻帧中添加冗余来掩盖丢包的错误，或者自动插入一些重复的数据包。

### 5. 服务质量反馈（QoS feedback）

当语音或视频质量不佳时，接收端需要告诉发送端做出调整，或者调整发送速率、分辨率，或者重新发送关键帧等。这就需要一些度量报告，比如接收者报告 RR（Receiver Report）和发送者报告 SR（Sender Report）。

根据上述问题和需求，制订出 RTP。它主要包括两块：

- 承载具有实时性质的数据。
- 在进行的会话中监视服务质量并传输会话参与者信息。

有关 RTP 的更多内容请参见相关文档，详见 RFC 3550（RTP ：A Transport Protocol for Real-Time Applications）。

## 3.4.2 RTP 的度量要点

通过 RTP 数据包头和 RTCP 报告，我们能够度量 RTP 传输的 3 个主要度量指标：往返延时（RTT）、丢包和抖动。

### 1. 往返延时

往返延时（RTT）很好理解，也就是数据包在发送方和接收方之间走一个来回所花费的时间。

当延时在 150ms 以下时，通话双方几乎感觉不到延时的存在；而当延时在 400ms 以下时，用户还能够接受的；当延时进一步增大，达到 800ms 以上时，正常的通话就无法进行。

接收者报告（RR）可用来估算在发送者和接收者之间的往返延时（RTT），如图 3-4 所示。在接收者报告中包含以下内容。

- LSR（Last Timestamp Sender Report Received）：上一次发送者报告接收的时间。
- DLSR（Delay Since Last Sender Report Received）：上一次发送者报告接收的延时时间。

RTT 计算公式如下：

$$RTT = T1 - LSR - DLSR$$

### 2. 抖动

在理想情况下，RTP 数据包到达的间隔是固定的，比如 IP 电话中最常用的编码 g.711，每个包的负载长度为 20ms，每秒应该有 50 个数据包。但是实际上，网络并不总能稳定地传输，阻塞、拥塞是常有的事。抖动（jitter）即数据到达间隔的变化，如图 3-5 所示。

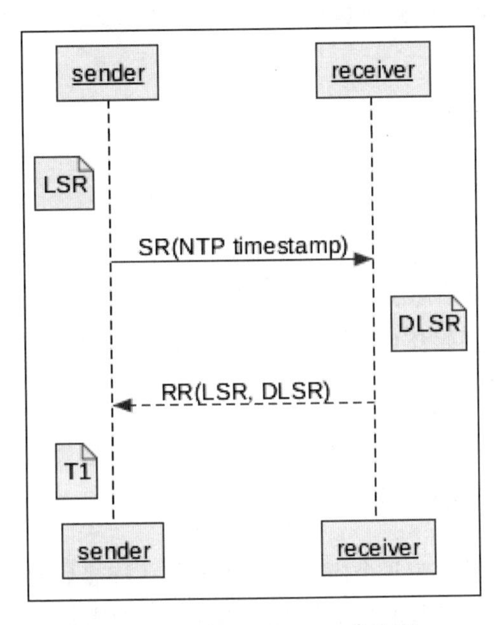


图 3-4 对往返时间 RTT 的估算

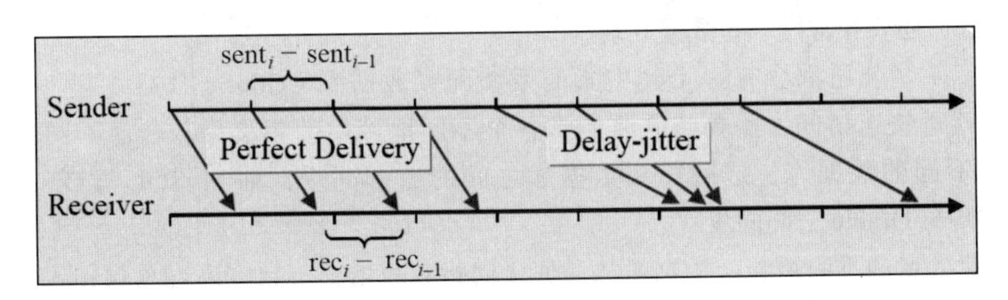


图 3-5 RTP 度量之抖动计算

抖动的计算也很简单，先计算数据包接收与发送时间间隔的差：

$$D = (\text{rec}_i - \text{rec}_{i-1}) - (\text{sent}_i - \text{sent}_{i-1})$$

为避免偶发的波动造成抖动的计算偏差，可以由如下公式得出抖动值：

$$J_i = J_{i-1} + \frac{(D - J_{i-1})}{16}$$

抖动是不可避免的，在合理区间内的抖动是可以接受的。通常采用抖动缓冲（jitter buffer）来解决抖动问题，即数据包接收之后并不马上解码，而是先放在缓冲区中。假设缓冲区深度是 60ms，那么解码总是等到缓冲区中的若干数据包总长度达到 60ms 时才取出解码，在 60ms 之内的抖动自然没有任何影响。

#### 3. 丢包

如果一个数据包的延时过大，超过了最大的抖动缓冲深度，应用程序也就不会再等待，而是直接丢弃，采用丢包补偿策略进行处理，如果是关键帧，可能还需要让发送方重传。

丢包率的计算公式如下：

$$丢包率=\frac{丢失的包数}{期望的包数}$$

- 丢失的包数 = 期望的包数 − 收到的包数
- 期望的包数 = 最大序列号 − 初始的序列号
- 最大序列号 = 序列号循环次数 × $2^{16}$ + 最后收到的序列号

根据上述度量指标，多媒体应用程序可以及时调整编码参数、分辨率、发送速率等，从而为用户提供流畅的体验。

## 3.5 数据存储系统的选型

传统单体应用典型的架构是几个应用程序服务器，连接后台的 Oracle 或 MySQL 服务器，彼此之间也可以使用数据库来共享数据。随着业务的增长，后台数据库会变得越来越庞大，不得已时就要进行分表分库，不同的租户或应用使用不同的数据库和表。由于数据共享的要求，还要经常做一些数据复制。

比如，一些公司都会有一个集中式的系统配置数据库（Config DB），为了在各个集群中可以就近快速访问，需要将它复制到各个不同地域中的集群中。然而不同的微服务可能采用不同的数据库，这就需要数据库之间的数据同步，如 MySQL 与 Oracle 之间、PostgreSQL 与 Oracle 之间同步。

随着业务量的不断增长，数据量从几何级向指数级增长，数据库容量频频告急，几次数据库的单点故障也会搞得技术人员焦头烂额。Oracle 确实很强大和稳定，但你不能保证网络和硬件永远保持健康。再加上 Oracle 的昂贵成本，越来越多的公司乘着微服务大潮，纷纷将自己的后台存储切换到 NoSQL 上，只保留一些与账目相关的数据放在 Oracle 之类的数据库中。

数据库产品很多，商业开源的也不少，NoSQL 类产品就更多了，让人目不暇接。那么该如何选择呢？我们需要仔细分析业务需求，搞清楚自己需要什么样的可靠性、一致性和可用性。

### 3.5.1 理论回顾

回顾一下经典的理论，再结合实际看看我们需要什么样的后台数据存储产品。

### 1. 帽子（CAP）理论

CAP 是指一致性、可用性、分区容忍性。三者该如何选择呢？

- ❑ Consistency（一致性）是指在分布式系统的各个节点中的数据副本，在同一时刻应具有相同的、最新的值。
- ❑ Availability（可用性）是指即使发生故障的时候也能在有限时间内完成任务并及时响应。
- ❑ Partition Tolerance（分区容忍性）是指即使网络被分割成几块，消息互不连通，系统仍然可以继续工作。

CAP 理论证明了在任何分布式系统上只能同时满足以上三点中的两点，而无法同时兼顾。在分布式系统中网络总是存在故障的可能性，所以分区容忍性必须满足。

例如，要做一套考勤系统，用户是一家小公司，此时就可以不考虑分区容忍性。在公司的门口放一套基于关系数据库的考勤系统（打卡或指纹系统），后台使用双机冗余备份、主从数据库、定时冷备，一致性和高可用性都能保证，打卡或指纹系统即使断电时也还有签字考勤的备用手段。

但是如果是一家跨国公司，这套系统就必须容忍网络分区，而在一致性上做出妥协，从强一致性降级为最终一致性，也就是说，在网络问题解决之后再同步考勤数据。

金融业务中有些需要强一致性的系统，会使用强大的 IOE IBM 小型机、Oracle 数据库、EMC 磁盘阵列，并且在跨地区结算时容忍网络分区。不过有人会经常在银行碰到网络系统不可用的情况，就是因为这些系统牺牲了高可用性。

微服务系统基本上都是分布式系统，分区容忍性当仁不让，高可用性在多数情况下也是要满足的，所以也只能在高可用性与一致性之间做加减法的文章了。

### 2. 酸碱平衡

（1）酸（ACID）

- ❑ Atomicity（原子性）
- ❑ Consistency（一致性）
- ❑ Isolation（隔离性）
- ❑ Durability（持久性）

这 4 点是传统关系型数据库的基本特性。数据库的每个事务都是原子的，或者成功或者失败，事务之间互相隔离，并保证了数据的强一致性。正因为如此，关系型数据库才能长盛不衰，生命力如此之强。不过这几年在大数据、分布式系统盛行的大潮冲击下，在海量数据、海量并发请求之下，数据库也有点力不从心了。

（2）碱（BASE）

- ❑ Basic Available：基本可用。
- ❑ Soft State：软状态，相比于硬状态，软状态没有那么坚实快速地实现同步。

- ❑ Eventually Consistence：最终一致性，在一定的时间范围内数据最终达成一致。

这是现在多数分布式系统所采用的模式，系统的节点之间可能会出现短时间不一致的情况，不过不要紧，很快就会达到最终的一致。以微信为例，它满足了高可用性和分区容忍性，而在一致性方面做了妥协，你和朋友之间的消息交互可能会暂时不同步，不过没关系，过一会儿就同步了，这种情况也是可以接受的。

### 3.5.2 数据存储系统选型

数据库常见的有 Oracle、MySQL、PostgreSQL、SQLServer 等，NoSQL 产品包括 Cassandra、Redis、HBase、MangoDB 等，如表 3-3 所示。

表 3-3 微服务之常见候选数据库

| 类别 | 典型产品 | 用 途 |
|---|---|---|
| 基于键值对 | Redis、Riak、MemcacheDB | 用于缓存，分布式状态、指标、任务和会话存储 |
| 基于列簇 | Cassandra、HBase | 用于海量的非结构化数据存储，易于扩展 |
| 基于文档 | MongoDB、Couchbase | 用于一些深层嵌套、结构复杂的数据存储 |
| 基于图 | OrientDB、Neo4J | 用来存储具有复杂关系的数据，易于对数据建模和分类 |

如何为你的系统选择一款便宜、可靠且能满足业务需求的数据存储系统呢？

答案就是各取所需，即分析你的需求，再对照各个数据存储系统的特点，寻找与你的需求最匹配的数据库。

#### 1. 业务需求

业务特点决定了在 CAP 中以哪两个特性为重，是用 ACID 模式还是 BASE 模式。比如，一个金融交易系统可以选 Oracle + SharePlex（数据库复制工具），做预先分区；一个游戏平台可以选 MySQL 和 Cassandra，游戏分为多个大区，MySQL 用来记账，Cassandra 用作游戏数据存储。

成本也是不能不考虑的因素。商业数据库虽然稳定可靠，但其不菲的价格也让人咂舌。也许那些财大气粗的银行、保险公司不太在乎，但大多数小公司可用不起。现在，越来越多的公司开始去 IOE 化，转向便宜、好用的开源产品，但付出的代价是不得不雇用高水平的工程师来做好二次开发的运维，以满足日益增长的业务需求。

#### 2. 质量需求

让我们来看看排在前 10 位的非功能性的质量需求是哪些，如表 3-4 所示。

表 3-4 前 10 位非功能性的质量需求

| # | 特 性 | 具体要求 |
|---|---|---|
| 1 | 高可用性（availability） | 是否在 99.99% 的时间内始终可用 |
| 2 | 可扩展性（extensibility） | 是否可以灵活适应数据结构和需求的变化 |
| 3 | 可伸缩性（scalability） | 是否可以优雅从容地应对用量的增加 |

（续）

| # | 特　性 | 具体要求 |
|---|---|---|
| 4 | 安全性（security） | 是否可以抵御未经授权的使用或行为，同时仍可为合法用户提供服务 |
| 5 | 健壮性（robustness） | 是否在发生软硬件错误或不正确的操作的时候依然能工作如常 |
| 6 | 可度量性（measurability） | 是否易于度量系统的健康状态和各项运行指标 |
| 7 | 可测试性（testability） | 是否易于让开发和运维人员跟踪、检测和诊断系统的行为 |
| 8 | 可移植性（portability） | 是否可以移植到不同的操作系统和软硬件环境中 |
| 9 | 可维护性（maintainability） | 是否易于更改、归档、维护系统 |
| 10 | 易用性（usability） | 用户是否可以容易并有效地使用、学习或控制系统 |

#### 3. 性能需求

衡量数据库性能的度量（metric）有如下指标：

- 响应时间（response time），指一次请求从发送请求到收到响应的总时间，直观地反映系统的快慢。
- 吞吐量（throughout），即单位时间处理的请求数，通常用TPS（Transaction Per Second）来表示，是系统容量的直观体现。TPS表示每秒系统能够处理的交易或事务的数量，是衡量系统处理能力的重要指标。
- 并发数（concurrent count），即系统同时能处理的请求数。对于同时在线用户数高、短时间有大量用户使用的网站，如抢购类网站要求高，如果要让用户在短时间内都能访问到系统，需要有极高的并发能力支持。
- 错误率（error ratio），指系统在负载情况下失败交易的概率。

$$错误率=\frac{失败事务数}{事务总数}\times 100\%$$

稳定性较好的系统，其错误率一般由超时引起，即为超时率，也可能出现其他非服务本身引起的错误。不同系统对稳定性的要求不同，差的要求两个9，即成功率达到99%，好的要求三个9，即成功率达到99.9%。

### 3.5.3 数据存储系统特性

不同的数据库和NoSQL系统具有不同的特点和属性，如表3-5所示。

表3-5 微服务常见候选数据存储系统特点对比

| 数据存储系统 | 处理速度 | 单机吞吐量 | 可扩展性 | 一致性 | 结构灵活性 |
|---|---|---|---|---|---|
| Oracle | 高＋ | 高＋ | 低 | 强 | 低 |
| MySQL | 高－ | 高－ | 低 | 强 | 低 |
| Redis | 高 | 有限 | 中 | 强－ | 高 |
| Cassandra | 高－（写好，读差） | 大 | 高 | 强－－（最终一致性） | 高 |
| HBase | 高－－ | 有限 | 高 | 强－ | 高 |

在这里，介绍一下笔者总结的在选择开源框架和中间件系统时的4L原则：

- ❑ Lots of people use it——有许多人在使用它。
- ❑ Lots of learning materials——有许多学习资料。
- ❑ Lots of successful case——有许多成功案例。
- ❑ License is free——有免费的许可证。

基于业务功能、质量和性能的需求，结合不同数据库和 NoSQL 系统的特点，遵照 4L 原则来选型并不难，总能选出一款适合你的系统。

## 3.6 基于度量实现高可用性

高可用性是指提供的服务要始终可用，不管遇到什么情况（停电、断网、磁盘空间满、服务器硬件损坏、软件 bug、黑客破坏、误操作，甚至地震、洪水抑或战争等）都可用。

可用性的指标就是可用时间与总时间之比：

$$可用性=\frac{可用时间}{运行时间+故障时间}$$

另外一个公式是：

$$可用性=\frac{MTBF}{MTBF+MTTR}$$

MTBF（Mean Time Between Failures）是平均失败间隔，MTTR（Mean Time To Repair）是平均修复时间。换句话说，MTBF 是运行时间（uptime），MTTR 是故障时间（downtime）。

现在普遍要求可用性至少要达到 99%，最好在 99.99% 以上，具体数据如表 3-6 所示。

表 3-6 系统可用性标准

| 可用性（%） | 每年不可用时间 | 每月不可用时间 | 每周不可用时间 | 每天不可用时间 |
|---|---|---|---|---|
| 90%（1 个 9） | 36.5 天 | 72 小时 | 16.8 小时 | 2.4 小时 |
| 99%（2 个 9） | 3.65 天 | 7.20 小时 | 1.68 小时 | 14.4 分钟 |
| 99.9%（3 个 9） | 8.76 小时 | 43.8 分钟 | 10.1 分钟 | 1.44 分钟 |
| 99.99%（4 个 9） | 52.56 分钟 | 4.38 分钟 | 1.01 分钟 | 8.64 秒 |

要达到高可用性，必须从设计、实现、运维等各个方面着手，才能实现随时可用的目标。

什么时候可用，什么时候不可用，如何提高可用时间，这些都需要强大的监控和度量，有的放矢地加以改进。

基于度量，从流量控制的角度，我们可以使用如下 3 种方法来提高系统的高可用性：

- ❑ 分流：使用反向代理，负载均衡器将负载均匀分配给多个微服务器实例，简单场景下使用简单的 round-robbin 策略就够了。复杂的情况下必须参照各个微服务实例上的负载情况做分流。

- 限流：每个实例的负载是一定的，如果负载过高，超过了其处理能力，可能会造成整个系统不可用。对于特定用户、IP和组织，我们最好设定一个上限的阈值，根据度量指标数据统计，如果超过这个阈值可以返回错误码（429）让其过会儿重试（retry-after）。
- 断流：当某个实例持续出现问题时，与其超时、失败，再不断重试，不如直接断开，过一会儿再尝试访问它。这个断路器的打开和关闭也是基于度量指标数据的。

### 3.6.1 分流——负载均衡

#### 1. 负载均衡的概念

微服务都是分布式系统，多个服务工作在一起，齐心协力完成所需的工作。事情不能交给一个人做，将工作分摊到多个微服务上是为负载均衡。

负载均衡是最基本的分流策略，将负载尽量均匀地分布到下游节点上。但是如何分派是有讲究的。大致有以下4种负载均衡基本策略：

- ROUND_ROBIN：均匀分配。周而复始地依次选择一个个节点来分配负载，保持每个节点具有相同的负载。它还有一个加强版，可以为节点设置不同的权重。
- LEAST_CONNECTIONS：最少连接。根据客户端建立的连接数选择节点，连接数量最少的节点将被选中。
- LEAST_RESPONE_TIME：最短响应时间。根据服务器端对从客户端请求的响应时间长短选择节点，响应最快的节点将被选中。
- SOURCE_IP：源地址哈希。根据客户端的IP地址计算哈希值，然后使用哈希值进行路由，这可确保即使面对断开的连接，来自同一客户端的请求也始终会转到同一服务器上。

上述4种负载均衡策略一般都会加上健康检查功能，定时查询下游节点的健康状态。如果下游节点没有响应或者响应错误，则在分派候选名单时将剔除这个节点，直到该节点恢复健康为止。

#### 2. 负载均衡的方法

（1）DNS

DNS会将域名映射为IP地址。假设有3台server，域名（Domain Name）为www.mysite.com，DNS（Domain Name System）会根据你的注册信息按照轮转的方式返回这3台server列表。例如www.mysite.com解析如下：

```
192.168.1.1
192.168.1.2
192.168.1.3
```

DNS作为负载均衡固然简单，可是它的缺点也不少：

- DNS 是一个分级系统，本地域名服务器若查不到相应记录，会向上级域名服务器查询，查到结果后在本地缓存至 TTL 时间过期。
- DNS 也会在本地缓存，客户端解析域名为 IP 之后可能一直使用很长时间，对于客户端的行为你无法控制。DNS 解析速度并不快，要是把 TTL 设置得太小，缓存将很快过期，性能问题就会凸显。
- DNS 在实时检测分流、为域名实时添加和删除服务器方面很不方便，即使你能很快地搞定你的内部 DNS 系统，你依然需要等待在下级域名服务器和客户端中的缓存过期。

所以 DNS 通常仅作为第一级负载均衡方案，采用简单的 Round Robbin 策略，映射到几个 VIP 上。

(2) DNS SRV

服务记录（SRV 记录）是域名系统中的数据规范，其定义用于指定服务的服务器的位置，即主机名和端口号。它在 RFC 2782 中定义，其类型代码为 33。某些 Internet 协议（如会话初始协议 SIP 和可扩展消息传递和在线协议 XMPP）通常需要网络元素支持 SRV。

一个 SRV 的记录格式如下：

```
_service._proto.name. TTL class SRV priority weight port target.
```

可以用 dig 和 nslookup 来查看 DNS SRV 的具体信息。

```
$ dig _sip._tcp.example.com SRV

$ host -t SRV _sip._tcp.example.com

$ nslookup -querytype=srv _sip._tcp.example.com

$ nslookup
> set querytype=srv
> _sip._tcp.example.com
```

(3) 服务器端负载均衡

服务器端负载均衡方式根据范围可以划分以下两种：

- 局部负载均衡：例如，SLB（Server Load Balancing）是对集群内物理主机的负载均衡，这里的负载均衡可能不只是简单的流量均匀分配，而是会根据策略的不同而实现不同场景的应用交付。
- 全局负载均衡：例如，GSLB（Global Server Load Balancing）是集群之间的负载均衡，它依赖于用户和实际部署环境的互联网资源分发技术，不同的目的对应着一系列不同的技术实现。

如图 3-6 所示，此例中由于 Client 和数据中心 DC 1 在同一个区域内，所以响应更快。GSLB 选出 DC 1 的 Float VIP，用户连接 Float VIP。它是一个移动的虚拟地址，当主集群健康的时候就分派请求到主集群 Primary LB 的负载均衡器地址，否则就连接到备份集群 Backup LB。

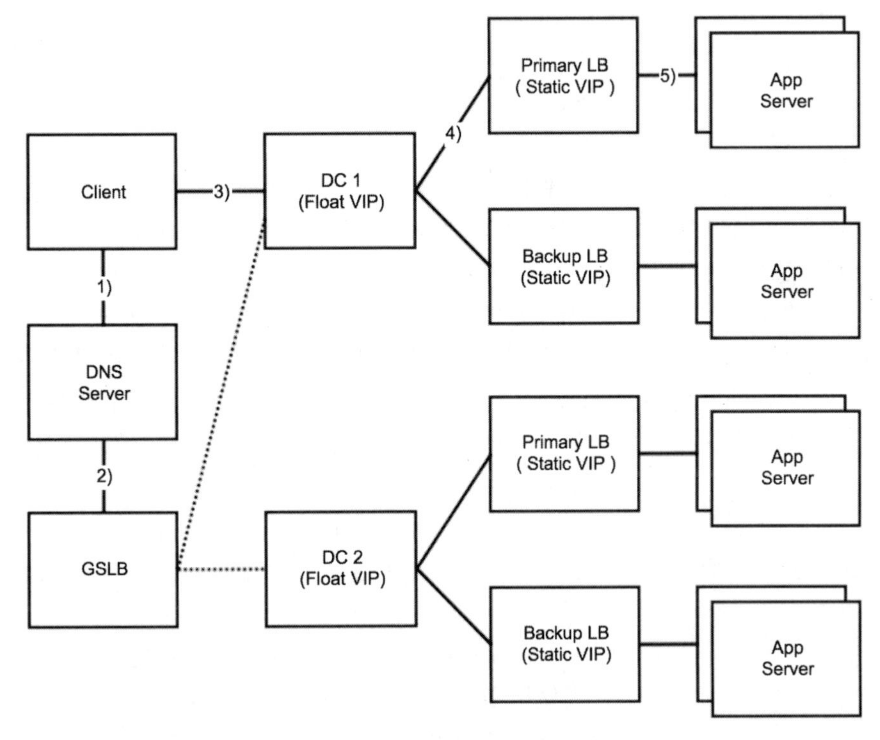


图 3-6 高可用设计之负载均衡案例

DC 1 的主集群被选中时，请求分派到主集群（Primary LB）负载均衡器地址。主集群负载均衡器将请求分派到一个选中的应用程序服务器（App Server）。

（4）客户端负载均衡

在客户端使用配置的若干个接入点，在客户端使用轮询的策略进行访问。比如，Cassandra 或 Kafka 在启动时只需配置两三个接入点的地址，之后会从服务器端取得整个集群的地址，在客户端根据预设的负载均衡策略来访问相应的节点。

Spring Cloud Ribbon 是 Netflix 开源的一个基于 HTTP 和 TCP 的客户端负载均衡工具，可与服务注册中心 Eureka 集成，取得注册的服务器地址列表后，根据设定的规则进行客户端的负载均衡。

### 3.6.2 限流——速率控制

回想我们在银行或政府机关去办事时，都会有一个排队机，先取一个号，然后等待叫号。办事窗口多，号就叫得快；办事窗口少，号就叫得慢。排队机是一个了不起的发明，这里有许多值得我们在编程时借鉴的东西。排队机应用了 leader/follower 的并发模式，每个办事窗口就是一个工作线程，由排队机这个 leader 来分配工作。

它其实应用了限流模式，用排号限制了任务的拥塞。即使再多的人来银行办事，银行也能掌握得住，大不了广而告之："今天的号发完了，请明天再来"。

- ❑ 它其实是一个消息队列系统。
- ❑ 它其实是一个事件驱动系统。
- ❑ 它其实就是一个排队机。

闲言少叙，书归正传，我们来重点讲讲限流。任何系统都有容量的限制，为了使服务保持高可用性，我们必须对系统进行限流，也称速率限制（rate limiting）。

限流和流量控制还有点区别，在传输层协议层面上就已经做了一些流量控制，TCP 通过可变大小的滑动窗口来进行数据传输的流量控制。简单来说，发送方有一个滑动窗口，大小为 10，也就是说发送 10 字节之后才等待接收方的响应。接收方在接收确认消息中包含一个窗口建议（window advertisement），告之发送方——作为接收方准备好接收多少字节的数据。这个值如果比较大，那么发送方的滑动窗口可以增大，可以快点发送数据，因为接收方的处理效率很高；反之，则减小滑动窗口的大小，这样就减慢了发送速率。当滑动窗口大小为 1 时，则发送每个消息都要等待确认消息收到后才发送下一个。

大多数消息队列系统也用到了限流，当生产者过快地发送消息，而消费者没法及时处理时，系统会返回一个异常消息，告诉生产者慢点生产。

而这里讲的限流是指速率控制。服务器端对客户端的请求进行监控，当发觉某个客户端发送了过多或过快的请求时就会做出限制，根据预先制定的策略针对某个客户端的 IP、账户或类型进行限流，从而保证对大多数正常请求的服务不受影响，防止拒绝服务 DoS（Denial of Service）和分布式拒绝服务 DDoS（Distributed Denial of Service）。DoS 是很常见的网络攻击方式，限流或者说速率控制（rate limiting）是行之有效的应对手段。

限流可以是比较粗放的，只根据每秒请求数的阈值来进行控制，超过 QPS/TPS 上限的请求一律拒绝掉。这种方式有效，但是不能精准打击那些攻击者，反而会误伤无辜。

我们可以缩小限制范围，按照如下 3 个级别区别对待。

**级别 1：源地址层面（source address level）**

我们从 HTTP 请求中可以得到 TCP 头中的源地址。如果来自一个源地址的请求过多过快，可以将它超过阈值的请求拒绝，而对其他来源的合法请求则不做限制。

这里要着重注意一点，用户的请求一般不会直接到达服务器，而是会经过一个负载均衡器（load balancer）分流后才到达服务器，这时这个源地址很可能就变成了负载均衡器的地址。所以我们最好先检查一下在 HTTP 头域中是否有 X-Forwarded-For，这是由负载均衡器所添加的来自客户端的真实地址，表示转发自何处。

众多的 HTTP 代理服务器也会添加这个 HTTP 头域。如果有这个头域，那么就应该以它作为客户端的 IP 加以区分，无论是硬件的 F5、Netscalar，还是软件版本的 Nginx、HAProxy 都支持这一选项。

**级别 2：用户层面（user level）**

微服务对外提供的 API 首先需要通过认证 Authentication 和授权 Authorization，一旦认证和授权通过，我们就能得知这个请求所代表的用户信息，针对这个信息，可以做基于用户分组的限流。例如，我们在服务器签发的 token 中包含用户信息：userId，orgId。然后就可以针对 userId 或 orgId 进行单独的计数，如果在特定时间单位内超过最大数量阈值，则拒绝此特定用户或组织的请求。实际应用中就可以在 JWT（Json Web Token）中添加自定义字段来表示用户、组织及应用程序的标识信息。

**级别 3：应用程序层面（application level）**

类似用户层面的限流，一旦我们可以辨别出应用程序的标识，就可以针对特定应用程序的请求进行计数，按照下面介绍的限流算法来进行速率控制。

### 1. 限流算法

（1）漏桶（leaky bucket）

生活中常见的漏斗用于从油桶往油瓶里倒油，如果没有漏斗，除非是卖油翁那样的高手，多数情况下油都会跑冒滴漏。

漏桶（见图 3-7）是类似的东西。海量请求扑面而来，可能瞬时就会把服务器压垮，而漏桶可以用来限流削峰。漏桶的总容量是不变的，请求以任意速率流入，但总是以恒定速率流出。如果请求来得太多太快，桶就会被盛满，后续的请求就会被拒绝。也就是说当一个请求到来，就将这个请求放进桶里，如果可以放入，则处理此请求，否则漏桶已满，则拒绝此请求，直到桶中请求不再满时。

（2）令牌桶（token bucket）

令牌桶（同图 3-8）与上面的漏桶异曲同工，只不过它不是以固定速率流出，而是以固定速率放入令牌到令牌桶中。请求到来时从令牌桶中领取一个令牌才可继续处理服务，如果取不到令牌，则拒绝此请求。

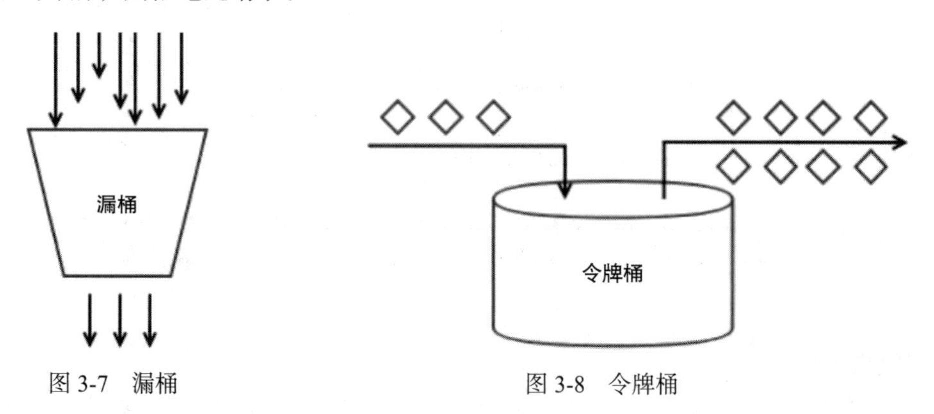


图 3-7　漏桶　　图 3-8　令牌桶

（3）固定窗口（fixed window）

固定窗口算法，也就是用一个固定的时间窗口来跟踪速率，每一个请求会增加这个窗口中的计数器，请求来了加 1，处理完成就会减 1。如果这个计数器超过了阈值，后续的请求就会被丢弃。

如图 3-9 所示，60 秒的窗口设置阈值为 1200，12:00 ~ 12:01 就是一个窗口期，若在这个窗口期中到来的请求数超过了 1200，再进来的请求就会被丢弃。

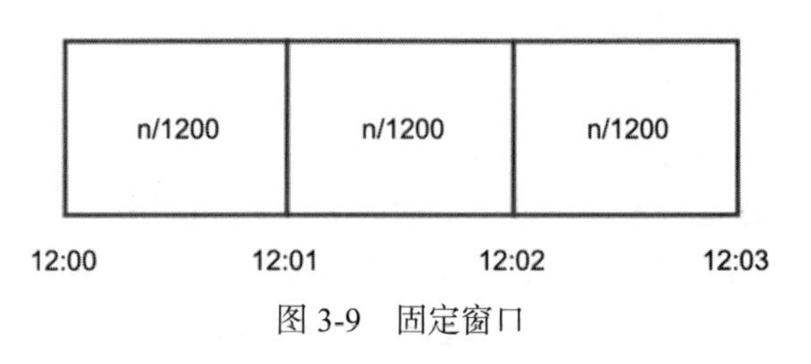

图 3-9 固定窗口

（4）滑动日志（sliding log）

以时间戳为关键字将请求日志保存在一张表中，每个请求都会在这张表中添加一条日志，日志的生存周期（Time To Live，TTL）有限，过期的日志会被删除。如果表中所存储的日志数已经达到了阈值，后续的新请求就会被丢弃。图 3-10 所示为滑动日志示意图。

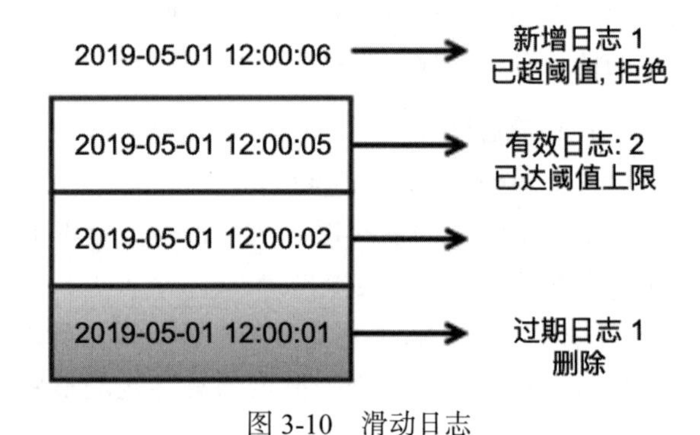

图 3-10 滑动日志

（5）滑动窗口（sliding window）

滑动窗口是一种改进算法，综合了固定窗口和滑动日志两种方法的优点。它结合了固定窗口算法的低处理成本和滑动日志改进的边界条件，将当前时间窗口与过去时间窗口综合考虑。与固定窗口算法一样，滑动窗口根据请求更改每个固定窗口的计数器。接下来，再根据当前时间戳计算当前窗口的加权值，以及上一个窗口的请求率的加权值，以平滑突发流量。例如，如果当前窗口是 25%，那么我们将前一个窗口的计数加权 75%。图 3-11 所示为滑动窗口示意图。

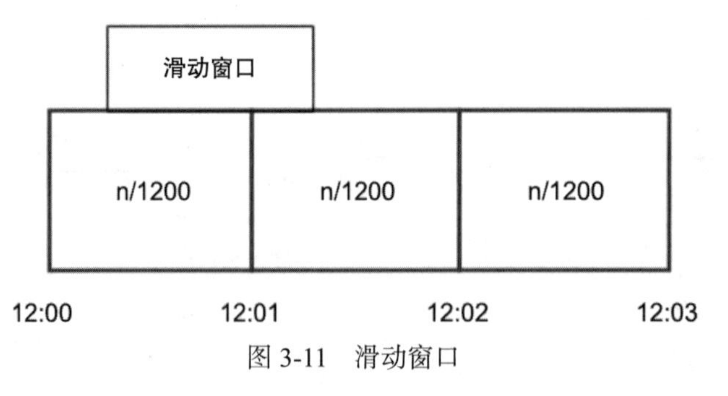

图 3-11 滑动窗口

## 2. 限流级别

限流级别其实就是计数器涵盖的范围，通过实例级别也就够了，单个实例超过流量了，由于前面都有一个负载均衡器存在，其他实例很可能也会过载。

限流级别大致可以分为以下 4 级：

- 实例级别（instance）
- 服务器级别（server）
- 集群级别（pool/cluster）
- 数据中心（data center）

### 3. 限流范围

具体到限流范围，可根据源地址、用户、应用程序，还可以加上微服务自身所提供的不同端点来划分。

- 全部端点（all endpoint）/ 特定端点（specified endpoint）
- 全部源地址 / 特定源地址
- 全部用户 / 特定用户
- 全部应用程序 / 特定应用程序

### 4. 限流策略

最简单的策略当然是直接拒绝，简单有效。但是如果想做得比较平滑优雅，可以部分拒绝，逐步收窄。对于那些十分重要的大客户，在没有额外资源可以调度的情况下，甚至可以设置为永不拒绝策略。

- 全部拒绝：在指定时间间隔内拒绝所有的请求。
- 部分拒绝：在指定时间间隔内允许若干个请求，即指定下列指标的上限。
  - 每秒请求数 QPS（Query Per Second）。
  - 每台机器的请求数 QPM（Query Per Machine）：指每个客户端发送的请求数。
  - 每个主机的请求数 QPH（Query Per Host）：指服务器端每台主机的请求数。
- 从不拒绝：对于某些非常重要的客户，总是允许他们的请求，直至系统资源耗尽。

例如，在拒绝 HTTP 请求的时候，可以用响应码“429 Too Many Requests”，还可加上一个 Retry-After 来建议用户多长时间以后重试。

限流策略的限制类型、限制动作及限制级别如图 3-12 所示。

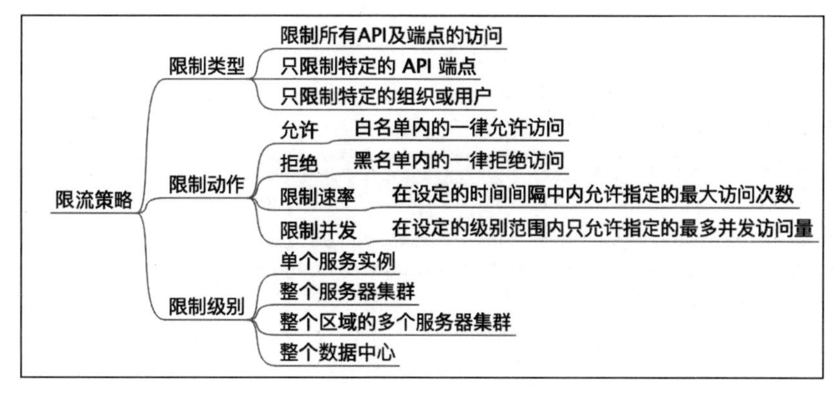


图 3-12　限流策略

### 5. 限流度量及触发条件

根据上述算法，关键的度量指标就是计数器。

- 漏桶中的请求数是否已经达到阈值。
- 令牌桶中的令牌数是否已经领光。
- 固定窗口或滑动窗口中的计数器是否已经达到阈值。
- 滑动日志中所存储的日志数是否已经达到阈值。

当然，还可以设置更加细致的匹配和分组条件。例如：

- API 端点信息，如 url、responseCode、header、method、param。
- 用户信息，如 userId、orgId。
- ip 地址信息，如 source_address、x-forwarded-for。

触发条件一般是单位时间内的最大请求数。例如：

- 单位时间内的请求数（request count per interval）
- 单位时间内的错误码次数（error code count per interval）
- 单位时间内的并发请求数（concurrent request per interval）

### 6. 实例演示

对于实例级别的限流，只要在内存中维护一个漏桶、令牌桶或者计数器就可以了。

#### （1）内存计数器

内存计数的方式可以参考如下代码：

```
public interface RateLimiter {
    boolean allow();
}

package com.github.walterfan.util.ratelimit;

import com.google.common.util.concurrent.Uninterruptibles;
import lombok.extern.slf4j.Slf4j;

import java.util.Map;
import java.util.concurrent.ConcurrentHashMap;
import java.util.concurrent.ConcurrentMap;
import java.util.concurrent.TimeUnit;
import java.util.concurrent.atomic.AtomicInteger;

@Slf4j
public class FixedWindow implements RateLimiter {
    private final ConcurrentMap<Long, AtomicInteger> windows = new
ConcurrentHashMap<>();
    private int maxRequestsPerSecond;
    private int windowSizeInMs;

    public FixedWindow(int maxReqPerSec, int windowSizeInMs) {
        this.maxRequestsPerSecond = maxReqPerSec;
```

```
        this.windowSizeInMs = windowSizeInMs;
    }
    @Override
    public boolean allow() {
        long windowKey = System.currentTimeMillis() / windowSizeInMs;
        windows.putIfAbsent(windowKey, new AtomicInteger(0));
        //log.debug("counter of {} --> {}", windowKey, windows.get(windowKey));
        return windows.get(windowKey).incrementAndGet() <= maxRequestsPerSecond;
    }

    public String toString() {
        StringBuilder sb = new StringBuilder("");
        for(Map.Entry<Long, AtomicInteger> entry:  windows.entrySet()) {
            sb.append(entry.getKey());
            sb.append(" --> ");
            sb.append(entry.getValue());
            sb.append("\n");
        }
        return sb.toString();
    }

    public static void main(String[] args) {
        FixedWindow fixedWindow = new FixedWindow(10, 1000);
        for(int i=0;i<20;i++) {
            boolean ret = fixedWindow.allow();
            Uninterruptibles.sleepUninterruptibly(50, TimeUnit.MILLISECONDS);
            if(!ret)
                log.info("{}, ret={}", i, ret);
        }

        log.info(fixedWindow.toString());
    }

}

}
```

执行结果如下：

```
10, ret=false
11, ret=false
12, ret=false
13, ret=false
14, ret=false
15, ret=false

1558961918 --> 4
1558961917 --> 16
```

（2）Guava Rate limiter

Guava 提供了一个 Rate Limiter 的简单实现，其使用方法如下：

```
final RateLimiter rateLimiter = RateLimiter.create(2.0); // 允许每秒发送 2 个请求
    void submitTasks(List<Runnable> tasks, Executor executor) {
        for (Runnable task : tasks) {
            // 这里会阻塞，直至请求数不再达到阈值 2CPS
            // 如果不想阻塞，可使用 tryAcquire(int permits, long timeout, TimeUnit unit)
                rateLimiter.acquire();
                executor.execute(task);
        }
    }
```

（3）Redis 计数器

对于集群级别的限流，可以利用 Redis 来存储计算器。比如，我们想对某一个 API 进行限流，阈值为 100CPS。在 Redis 中存储一张哈希表，key 名为 counter_<api_endpoint_name>_cps，timestamp 为当前时间 System.currentTimeMillis() 除以 1000。

例如：

```
set counter_check_health_cps: 1558962905 1
"OK"
INCRBY counter_check_health_cps: 1558962905 1
2
```

（4）Zuul Route Rate Limit

Zuul 为 Spring Cloud 的开源网关项目，它基于过滤器模式提供若干过滤器的实现。对于 Rate Limit，它也有一个开源的实现：

```
<dependency>
    <groupId>org.springframework.cloud</groupId>
    <artifactId>spring-cloud-starter-netflix-zuul</artifactId>
</dependency>
<dependency>
    <groupId>com.marcosbarbero.cloud</groupId>
    <artifactId>spring-cloud-zuul-ratelimit</artifactId>
    <version>2.2.0.RELEASE</version>
</dependency>
```

例如，对于以下 /potato/health API：

```
@Controller
@RequestMapping("/potato")
public class GreetingController {

    @GetMapping("/health")
    public ResponseEntity<String> getSimple() {
        return ResponseEntity.ok("OKOKOK");
    }
}
```

可以设置 Zuul 针对 CheckHealth 的速率控制为 5CPS（Call Per Second）。

```
zuul:
    routes:
        checkHealth:
            path: /potato/health
            url: forward: /
    ratelimit:
        enabled: true
        repository: JPA
        policy-list:
            checkHealth:
                - limit: 5
                  refresh-interval: 60
                  type:
                      - origin
    strip-prefix: true
```

### 3.6.3　断流——熔断隔离

我们每个人对保险丝都很熟悉，一旦电流过载，电压异常，保险丝将会熔断，电路就会断开，从而保护电器和设备。

受此启发，熔断器模式在微服务的设计中也大行其道。在分布式系统中，多个微服务之间存在诸多依赖关系，其中一个服务出现故障，很可能会拖累整个系统。一个微服务多数情况下既会被其他微服务依赖，也会依赖其他的微服务一起协同工作。被依赖的服务称为上游服务，而依赖其他服务的称为下游服务。

当微服务出现问题时，其客户端（即服务消费者）会不断地尝试和等待，如果不加限制并快速止损，就会很快耗尽宝贵的线程资源，大量的后续请求等待在线程队列中造成阻塞。更加严重的是，如果多个微服务之间存在调用链，那么问题会出现传递效应，一传十，十传百，从而造成“雪崩”，一发不可收拾。所以我们需要熔断器这样的装置来对故障进行隔离。

**1. 故障与隔离**

故障常见的有两种现象：错误响应和响应超时。一个微服务向多个客户提供多种功能的服务，一个客户或一个功能点有问题，那只是局部问题，不应该影响全局，所以我们需要隔离故障。

一般使用两种故障隔离模式：

- 线程池隔离模式：使用一个线程池来存储当前的请求，线程池对请求进行处理，设置任务返回处理超时时间，堆积的请求进入线程池队列。这种方式需要为每个依赖的服务申请线程池，有一定的资源消耗，其好处是可以应对突发流量（流量洪峰来临时，处理不完可将数据存储到线程池队里慢慢处理）。
- 信号量隔离模式：使用一个原子计数器（或信号量）来记录当前有多少个线程在运行。请求到来时先判断计数器的数值：若超过设置的最大线程个数则丢弃该类型的新请求；若不超过，则执行计数操作请求，将此计数器加 1，当请求处理完成并返回后，将此计数器减 1。这种方式是严格的控制线程数立即返回模式，无法应对突发流量（流量洪峰来临时，处理的线程超过数量，其他的请求会直接返回，不继续请求依赖的服务）。

#### 2. 熔断器模式

在调用者与被调用者中间放入一个的连接代理：熔断器。如果满足错误发生的条件，触发了熔断，调用者无须尝试和等待，直接报错返回，或者回退到备用方案。

Martin Fowler 绘制的 Circuit Breaker（熔断器）时序图如图 3-13 所示。连接问题发生时，无须等待超时，直接返回。

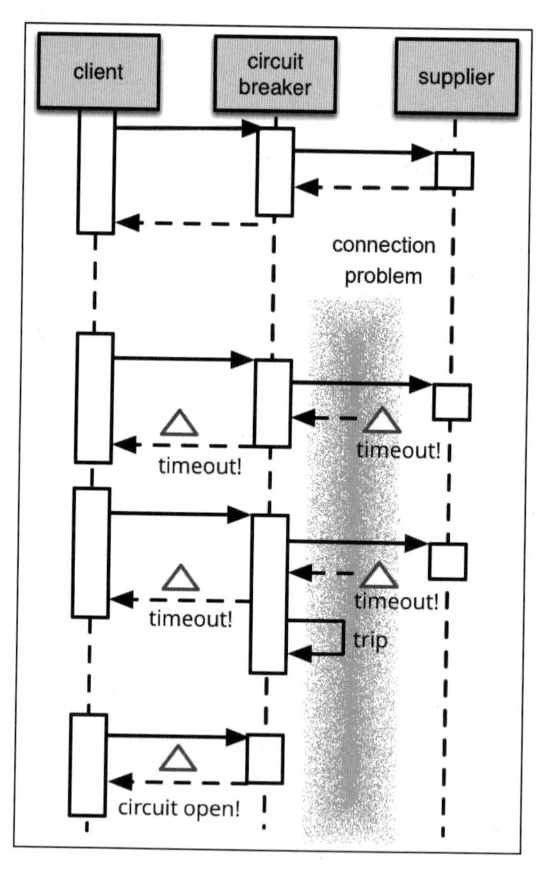


图 3-13　熔断器的示例

熔断器一般通过状态机来实现，会有如下几种状态（如图 3-14 所示）。

- 闭合状态（closed state）：和下游微服务连接和调用保持正常时的状态，所有请求直接通过熔断器到达下游微服务。
- 断开状态（open state）：与下游微服务连接和调用多次出现错误，就会从闭合状态变成断开状态，所有到达熔断器的请求直接报错返回。

- 半开状态（half-open state）：当熔断器在断开的状态时，在一定时间之后，从断开状态变为半开状态，允许一些请求通过熔断器，如果这些请求调用成功，则可以将状态转化为闭合状态。

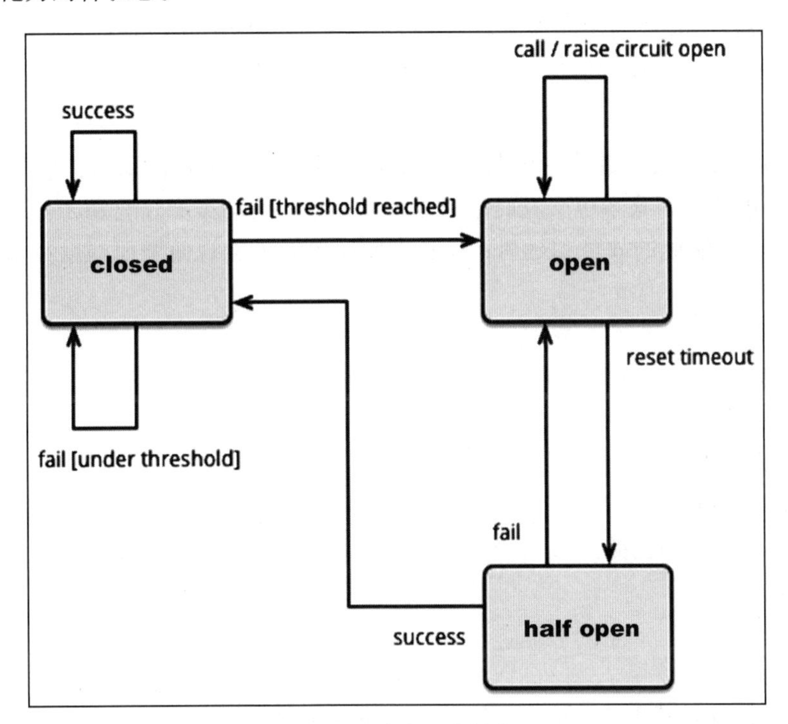


图 3-14 熔断器的状态

熔断器在状态转换时有以下关键度量指标：

- 多少次成功 NS（Numbe of Success）
- 多少次失败 NF（Number of Failure）
- 多少次超时 NT（Number of Timeout）

在 NS、NF、NT 到达一定阈值时，熔断器从闭合状态变为断开状态。同理，在达到预设的时间后，熔断器从断开状态转为半开状态，持续观察这 3 个指标。

例如，当 NS /(NS + NF + NT) > 80% 时，从半开状态变成闭合状态；当 NS /(NS + NF + NT) < 20% 时，从闭合状态变成断开状态。

这里的 80% 和 20% 应作为可配置值，即可以根据具体服务的可靠性要求做出相应调整。在以 REST API 提供服务所使用的熔断器处于断开状态时，熔断器不向下游服务发送请求，可立即向上游服务汇报 503，并在 Retry-After 中指示上游服务稍后再试。

当然，这是最简单的方式，在直接面向终端用户的系统上，应该提供更优雅的降级方式。

1）尽早失败并提供友好的错误信息：

- ❑ 节约资源。
- ❑ 及时响应。
- ❑ 简化诊断的复杂性。
- ❑ 及时反馈给用户无效的输入、不支持的请求方式和数量。

2）优雅降级：只提供有限功能，显示“马上回来”，屏蔽图片的显示，只有默认选项等。

3）优雅补偿：显示道歉信息，给用户提供投诉和帮助的链接或电话。

### 3. 熔断器实例

Hystrix 的中文含义是豪猪，因其背上长满了刺，所以拥有自我保护能力。Netflix 的 Hystrix 是一个解决分布式系统交互时超时处理和容错问题的类库，它用于处理在调用相关服务或资源时不可避免的故障和延迟，而且该库还提供了美观而全面的度量指标，以便监控和调整相关参数。

主要功能有：

- ❑ 快速失败
- ❑ 提供回退方案
- ❑ 提供熔断机制
- ❑ 提供监控组件

Hystrix 的设计原则包括：

- ❑ 资源隔离
- ❑ 熔断器模式
- ❑ 命令模式

Hystrix 的 wiki 中给出了一个工作原理图，如图 3-15 所示。

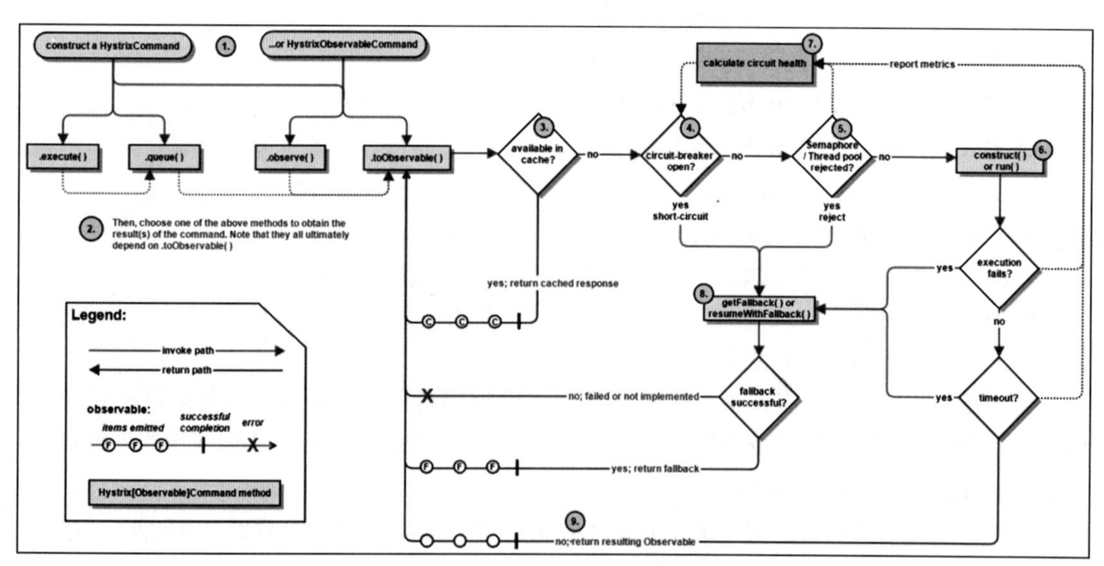


图 3-15　Hystrix 的工作原理

具体做法如下：

1）构造一个 HystrixCommand 或者 HystrixObservableCommand 命令对象。

2）执行这个命令对象。

3）检查响应是否有缓存。

4）检查熔断器是否断开。

5）检查线程池 / 队列 / 信号量是否满载。

6）执行 HystrixObservableCommand.construct() 或 HystrixCommand.run()。

7）计算熔断器的健康状况。

8）获取回退方法。

9）返回成功的响应。

其工作要点如下：

- 请求以 HystrixCommand 包装后到达熔断器，如果熔断器处于闭合状态，则直接放行；如果处于断开状态，还应检查断开时间 Sleep Time 是否过了，如果过了，也会放行，否则直接报错返回。
- 在每次调用时会通过函数 markSuccess (duration)、markFailure (duration) 来统计在指定时间间隔 duration 内的成功与失败调用次数。
- 熔断器断开的触发条件为错误率（failure/(success + failure)）。
- 熔断器的断开与闭合状态的转换关键在于 NF、NS、NT 这样的度量数据。
- 熔断器的度量数据统计会划分成若干个时间窗口或者称 bucket（桶），老的时间窗口内的统计数据会丢弃，以反映实时的系统状态。

## 3.7 土豆微服务度量驱动的设计

我们需要在设计土豆微服务阶段就考虑如何度量我们的“土豆”微服务，不仅是为了设计良好的度量，也是为度量驱动的开发做“埋点”。度量驱动的设计流程如图 3-16 所示。

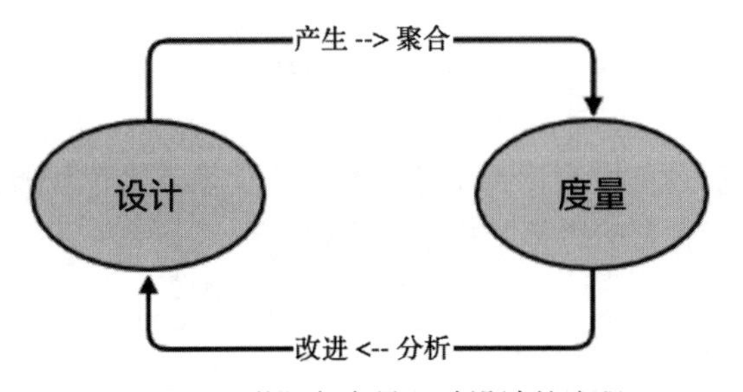


图 3-16 微服务度量驱动设计的流程

在第 1 章介绍“土豆”案例时，我们可能在某些设计选择上并没有十足的把握，例如，选用邮件提醒是否合适、提醒的时间是否到位、预先设置的线程池是否合理等。我们不必立即做出决定，而是先将产品上线，给一些愿意尝试新鲜事物的用户试用，通过观察度量数据来决定如何在产品设计上做出取舍和调整。

现在，我们要把握两个关键点：一是为如何度量而设计；二是通过度量来改进设计。

### 3.7.1 为如何度量而设计

在土豆系统及服务的设计上，我们要考虑以下几点：

- 需要哪些关键的度量数据，如用量、性能、错误和故障发生的数量、频度和严重程度。
- 如何获取和产生这些度量数据。
- 如何采集、汇总和分析这些度量数据。

成百上千个微服务运行在产品线上，如何知道它们运行得好不好，需要实时有效的度量和监控。单体服务的时代，我们所需要监控的服务器类型比较少，服务器数量也没那么多，网络分布也没有那么复杂。现在，网络及其应用已经非常复杂，监控和诊断变得越发复杂和困难，因此，在微服务设计之初就必须考虑服务是否易于度量和监控。

#### 1. 微服务本身度量常用的设计方式

对于微服务本身的度量有许多种方式。按照实现方式，可以划分为三类，下面分别介绍。

（1）微服务提供 API 或接口，让监控程序来查询度量数据

传统的做法是，提供一个可以检查系统健康状态和关键度量数据的 API，由第三方工具来定时查询。比如以下端点返回的内容大体有服务的名称、类型、当前状态、实际的 IP 地址和端口：

```
/api/v1/status
/api/v1/health
/api/v1/ping
```

简单地，就返回一个状态和错误信息即可，例如：

```
{
    "state": "offline",
    "errorCode": "10002"
    "errorMessage": "cannot connect cassadra"
}
```

复杂的会包含这个服务的所有依赖服务的状态，如果这个依赖服务是必需的关键依赖，那么它们的状态会决定依赖它的服务的状态，例如：

```
{
    "serviceName": "UserService",
    "serviceType": "REQUIRED",
    "serviceState": "online",
    "message": "Healthy",
    "serviceInstance": {
        "instanceId": "xxx",
```

```
        "host": "aa.bb.cc.dd",
        "port": 8080
    },
    "lastUpdated": "2018-09-02T09: 05: 40.946Z",
    "upstreamServices": [
        {
            "serviceName": "Redis",
            "serviceType": "OPTIONAL",
            "serviceState": "online",
            "message": "Redis is online",
            "lastUpdated": "2018-09-02T09: 05: 40.466Z",
            "durationPretty": "0ms",
            "duration": 276870,
            "upstreamServices": [],
            "defaultCharset": "UTF-8"
        },
        {
            "serviceName": "Cassandra",
            "serviceType": "REQUIRED",
            "serviceState": "online",
            "message": "Cassandra is healthy",
            "lastUpdated": "2018-09-02T09: 05: 12.937Z",
            "durationPretty": "0ms",
            "duration": 19359,
            "upstreamServices": [],
            "defaultCharset": "UTF-8"
        }
    ]
}
```

Spring Actuator 提供一系列开箱即用的 API endpoints（端点）来暴露系统状态和所收集到的度量数据。例如：

- /health：显示应用程序运行状况信息（通过未经身份验证的连接访问时的简单“状态”或经过身份验证时的完整消息详细信息）。
- /info：显示任意应用程序信息。默认情况下没有敏感信息。
- /metrics：显示当前应用程序的“指标”信息。默认情况下有敏感信息。
- /trace：显示跟踪信息。默认情况下是最后几个 HTTP 请求。

可以在官方文档中找到现有端点的完整列表，在之后的度量分析中我们会详细介绍。

还可在服务器内存中记录关键度量信息，让监控程序来拉取数据。过去我们常常将应用的关键度量信息存储在共享内存中，利用 SNMP 这样的协议与监控程序通信。而基于 Java 的微服务程序大多通过 JMX 端口来暴露详细的 MBean（Managed Bean）中的数据。MBean 表示在 JVM 内运行的资源，并提供有关该资源的配置和使用情况的数据。

MBean 通常被分组为“域”，以表示资源所属的位置。通常在 JVM 中，你将看到多个域。例如，对于在 tomcat 上运行的应用程序，你会看到 Catalina 和 Java.lang 域。Catalina 表示与 Apache Tomcat 容器相关的资源和 MBean，Java.lang 表示 JVM 运行时（例如 Hotspot）的相同内容。

Java 程序本身的内存细节、线程及锁都可以通过 JMX Agent 轻松获取，你还可以定义自己的 MBean。

（2）微服务写本地日志及数据，让监控程序直接或间接拉取度量数据

写本地日志文件是最常用的方式，因为这样对服务器自身应用的代码复杂性和性能影响较少，之后可以通过 Logstash、Filebeat 之类的工具将日志发送到远程日志服务器中存储分析。

直接把日志消息发送到消息队列服务器上也是常用的做法，尤其是基本容器部署发布运行的微服务。例如，我们常用 kafka log appender 将日志异步地发送到 Kafka 服务器上作为中转，再转储到日志服务器上进行进一步分析。

对于日志格式需要慎重考虑，需要考虑如下要点：

1）在每条日志消息中包含关键的唯一 ID，以便检索。例如，在 HTTP 中可为每个 HTTP 的请求和响应记录日志，在请求头包含唯一的跟踪标识符（TrackingID），用它可以将一个初始请求所经历的后续调用链串联起来，将这个 TrackingID 记录中日志中。

在 SIP 中，相关应用要在日志消息中记录其 callId，如果有多个 SIP 应用和代理服务器，最好也记录一下 sessionId[⊖]。

与业务相关的领域实体 ID 都应该记录下来，比如 userId、orderId，等等。本例中土豆微服务中的 potaotId 就应该记录在 potato 实体每次的操作日志中。

2）将日志消息格式结构化，以便解析。最常用的格式有 json、urlEncode 格式、键值对等。如果有可能，尽量格式化，以便稍后对日志数据进行分析。在结构上，有层次化和扁平化两种选择。笔者喜欢有限的层次化，即层次深度小于 3，有利于理解和解析。

❑ 层次化：类似于 yaml 格式。

```
{
    "application": {
        "service": "potato-web",
        "component": "potato-web",
        "version": "1.0"
    },
    "environment": {
        "name": "production",
        "address": "20309337e44b"
    },
    "event": {
        "type": "interface",
        "name": "ListPotatos",
        "trackingID": "2ac0a1c4-00bc-4ffa-9849-9058e59d1642",
        "timestamp": 1566375394941,
        "success": true,
        "responseCode": 200,
```

⊖ https://tools.ietf.org/html/rfc7329

```
        "totalDurationInMS": 34,
        "endpoint": "/api/v1/potatoes",
        "method": "GET",
        "steps": [
            {
                "componentName": "PotatoWeb",
                "stepName": "listPotato",
                "totalDurationInMS": 18
            }
        ]
    }
}
```

❑ 扁平化：类似于 properties 配置文件，把层次拉平。

```
{
    "application.service": "potato-web",
    "application.component": "potato-web",
    "application.version": "1.0",
    "environment.name": "production",
    "environment.address": "20309337e44b",
    "event.type": "interface",
    "event.name": "ListPotatos",
    "event.trackingID": "2ac0a1c4-00bc-4ffa-9849-9058e59d1642",
    "event.timestamp": 1566375394941,
    "event.success": true,
    "event.responseCode": 200,
    "event.totalDurationInMS": 34,
    "event.endpoint": "/api/v1/potatoes",
    "event.method": "GET",
    "event.steps.1.componentName": "PotatoWeb",
    "event.steps.1.stepName": "listPotato",
    "event.steps.1.totalDurationInMS": 18
}
```

3）在日志消息中记录环境和上下文信息。

❑ 日志所在的服务器地址。

❑ 日志产生的时间。

❑ 记录日志的文件、行数和方法名。

❑ 产生日志的微服务的服务器的集群名、主机名称或地址。

❑ 产生日志的微服务的类型、版本。

比如我们在服务器日志中记录了如下内容：

```
{
    "functionName": "createPotato",
    "trackingID": "potato_e49c3f00-1ea1de01-1dc9f8-c224f0a@10.120.10.11",
    "timestamp": "2019-05-02T14:46:44.877Z",
    "poolName": "east-china-1"
```

```
        "componentType": "potato-web",
        "componentAddress": "10.120.10.11",
        "componentVer": "3.9.0.1825",
        "level": "INFO"
        "threadName": "executor.potato-create-1",
        "callerMethodName": "execute",
        "callerFileName": "PotatoService.java",
        "callerLineNumber": 910,
        "callerClassName": "com.github.walterfan.PotatoService",
        "details": {
            …
        }
}
```

（3）微服务调用第三方 API 或 SDK，直接或间接地向外发送度量数据

通常，我们会用 Collected、Logstash、Filebeat 这样的代理，将度量数据发送到集中的地方聚合和存储。应用程序自己也可以直接发送度量信息给第三方度量工具，比如 InfluxDB 这样的时间序列数据库，可以直接调用它的客户端 SDK，像写 DB 那样写入度量数据，这需要应用程序做相应的改动。因为各种第三方的度量系统有很多，容量与负载也各不相同，为了解耦，在实践中倾向于把数据发送到 Kafaka 这样的消息队列中，再由消息队列分发到各种第三方工具平台中。

2. 土豆微服务的度量设计方案

在第 1 章中，我们的土豆微服务使用了基于 HTTP 的 REST API。之前提到了 REST 的度量要点：请求次数、请求频率、响应码、响应时间以及 APDEX。

根据这些要点，我们为土豆微服务设计如下度量方案：

1）为每个微服务收集系统级的资源度量信息，如处理器 CPU、内存、磁盘空间、磁盘 I/O 和网络 I/O。

2）为每个微服务提供 /api/v1/ping。在 API 的输出中显示当前服务的状态，如果依赖的中间件和服务出现问题，这个状态就会从 online 变为 offline。

3）为每个微服务 API 的访问记录度量日志或事件：

- ❑ 每个 API 的请求次数和频率。
- ❑ 每个 API 的响应码和响应时间。
- ❑ 在日志和事件中记录关键的应用级标识，比如 trackingId、userId、potatoId 等。

4）对数据存储系统的存取和其他外部依赖的访问记录度量日志或事件。

5）按土豆的相关数据做统计：

- ❑ 多少土豆按时开始。
- ❑ 多少土豆按时结束。
- ❑ 每天创建和完成多少土豆，有多少是重要的，有多少是紧急的。

具体的度量数据流如图 3-17 所示。

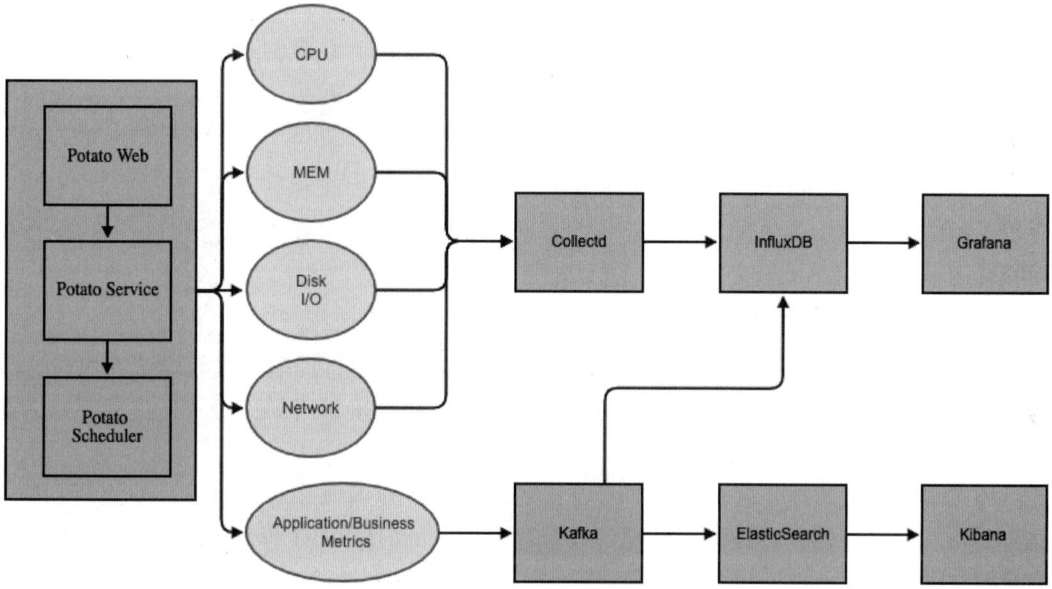

Potato Web
Potato Service
Potato Scheduler
CPU
MEM
Disk I/O
Network
Application/Business Metrics
Collectd
InfluxDB
Grafana
Kafka
ElasticSearch
Kibana

图 3-17 土豆微服务的度量数据流

### 3.7.2 通过度量改进设计

通过以上制定的度量设计方案，我们能够采集和聚合各个层面的度量数据。但是上述的度量方式，获取到的往往是“花哨”的报表和图形，并没有最大化我们做度量的价值。所以要对这些度量数据加以分析，从而驱动我们的设计。例如，针对系统层次的硬件层面，我们可以收集 CPU、内存、磁盘等需要指标信息，从而可以决定是否优化、调整硬件（扩容）。通过对类似的不同的层次的度量数据的分析，就可以有的放矢地在系统、应用、业务 3 个层次上有针对性地完善我们的设计。

#### 1. 通过系统层的度量提高设计容量

根据系统层面所收集到的度量数据，我们可以观察到所分配的资源是否足够。例如，在初始阶段只为每个土豆微服务分配了一个 2.4GB 的 CPU、1GB 的内存、10GB 的磁盘空间，可以通过观察度量数据来调整这个资源容量设计。

#### 2. 通过应用层的度量提高设计的合理性

根据应用层的度量，我们可以了解更多微服务应用本身设计的合理性。

- ❑ 功能性是否达到要求：微服务所提供的 API 是否如预想的那样成功地提供服务，是否有完全没有调用的情况，是存在 bug 还是有其他原因。
- ❑ 稳定性是否达到要求。
- ❑ 可靠性和高可用性是否达到要求。
- ❑ 性能是否满足要求。当观察到 APDEX 不满足设计要求时，可以调整我们的设计，进行应用性能的调优。

我们来看一个例子——驱动“线程池”的调整。

我们的土豆微服务通过线服务来异步调用提醒微服务的 API 来设置提醒邮件，线程池默认设置为最多 2 个线程，线程池队列长度为 1000。通过度量数据我们发现线程池队列经常满载，所以就调整了参数，将线程数调整为 4。

**3. 通过业务层的度量提高设计满意度**

微服务所提供的功能点是否达到要求？是否满足用户的各项需求？用户的喜好又是如何？这些重要的信息只有通过度量才能了解。

（1）如何设置提醒时间

在土豆微服务中，我们提供了邮件提醒功能，但不清楚将提醒的时间设置在何时比较合适。当然用户可以选择收到提醒的时间，默认是计划开始时间到达时发送提醒邮件，在截止时间到达前 5 分钟发送提醒邮件。

通过观察度量数据，发现某用户经常拖延，常规待办事项计划开始之后半个多小时才真正开项。所以我们就将提醒时间默认设置为计划开始时间之前半小时，让该用户有足够的时间来完成任务。

（2）使用什么提醒方式

综上所述，我们给“土豆”用户提供不同的提醒选项：邮件、微信、电话、短信，默认是邮件。通过度量数据发现多数用户都选择微信，所以可以将默认选项设置为微信。

我们从以上 3 个方面试图驱动我们的土豆服务，从而设计了我们的度量，也预先设计了一些想驱动设计的度量要点（例如线程数、提醒方式等）。在后续章节中将为大家简述如何实现和运维，来运用这些度量更好地服务“土豆”微服务。

## 3.8 本章小结

本章主要介绍了微服务协议和存储系统的选择，并以 3 种常用的微服务协议为例，分析了它们的特点及度量方法，以及对应的数据存储系统，还介绍了用度量实现高可用性的 3 个重要手段：分流、限流和断流。我们提倡度量驱动设计，就是让大家在做微服务设计时根据度量指标做出技术选型决策，并对度量什么、如何度量等在设计阶段就胸有成竹。我们为土豆微服务设计了一个度量驱动方案供大家参考。

**延伸阅读**

- 如何设计可扩展的限流算法，网址为 https://konghq.com/blog/how-to-design-a-scalable-rate-limiting-algorithm/。
- 限流算法介绍，网址为 https://hechao.li/2018/06/25/Rate-Limiter-Part1/。
- Spring Cloud Zuul 限流模块，网址为 https://github.com/marcosbarbero/spring-cloud-zuul-ratelimit。
- 网飞公司的断流软件库 Hystrix 的工作机制，网址为 https://github.com/Netflix/Hystrix/wiki/How-it-Works。

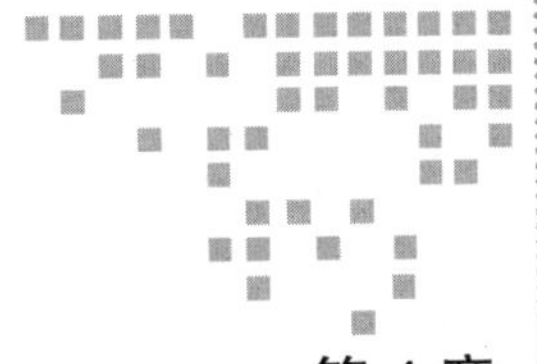

第4章 Chapter 4

# 度量驱动的微服务实现

前面一章我们介绍了如何设计度量，本章开始讨论如何以度量驱动的方法来实现微服务。具体而言，本章先阐述度量代码本身的标准和关键指标，介绍度量开发的一般流程，然后重点列举一些在度量实现中所用到的关键技术和常用类库等，为后面的实现过程做个铺垫，最后结合土豆微服务演示具体的度量实现过程，包含对土豆代码质量的度量和土豆微服务本身的度量。

## 4.1 度量代码

软件产品由可执行程序、配置和数据3部分组成，其核心就是构建程序的代码。代码的度量指标有很多，比如代码行数（包括总行数、源代码文件行数、类及函数的行数）、代码复杂度、代码重复率等。在此，我们着重讨论衡量代码质量的度量指标。

### 4.1.1 代码度量标准

对于代码质量的定义有很多标准，常用的有以下两种标准：CISQ、SQALE。

#### 1. CISQ

CISQ（The Consortium for IT Software Quality）由OMG（Object Management Group）和卡耐基梅隆大学的软件工程研究院SEI（Software Engineering Institute）共同构建，主要致力于建立代码质量的内部评价标准，处于业界领先水平。它所制定的代码质量标准为检测和量化软件代码质量提供了有价值的依据，在全球软件开发、软件工程领域得到广泛应用，使得其相关标准成为业界认可的主要参考。软件代码质量的度量要点如表4-1所示。

表 4-1　CISQ 软件质量特征

| 软件质量特征 | 优秀的编码实践（单元级） | 优秀的架构实践（系统级） |
|---|---|---|
| 可靠性 | 多线程环境下的保护状态<br>安全使用代码继承和多态性<br>资源边界管理，复杂代码<br>资源分配的管理，超时处理 | 多层设计合规性<br>软件管理数据的完整性和一致性<br>异常处理交易<br>类架构合规性 |
| 性能效率 | 遵循面向对象的最佳实践<br>遵循 SQL 最佳实践<br>昂贵计算资源循环<br>静态连接和连接池<br>遵循垃圾收集最佳实践 | 与昂贵或远程资源的适当交互<br>数据访问性能和数据管理<br>内存、网络和磁盘空间管理<br>集中处理客户端请求<br>中间件、程序过程和数据库功能的使用 |
| 安全性 | 硬编码证书的使用<br>缓存区溢出<br>初始化丢失<br>数据索引验证不当<br>不当锁定<br>自由格式字符串 | 输入验证<br>SQL 注入<br>跨站点脚本编制<br>错误使用经审查的库或框架<br>安全架构设计合规性 |
| 可维护性 | 非结构化和重复的代码<br>高环路复杂度<br>动态编码的控制程度<br>方法的过参数化<br>常量的硬编码<br>过度组件化 | 重复的业务逻辑<br>遵从初始架构设计<br>架构层间调用的严密等级<br>过多水平层<br>过度多层扇入和扇出 |

### 2. SQALE

SQALE（Software Quality Assessment based on Lifecycle Expectations，基于生命周期期望的软件质量评估）是由 Inspearit 开发的一套方法，主要致力于解决如何评估软件代码质量的问题。SQALE 通过分析多种语言的数百万行代码而得到验证。参考这个标准，出现了很多私有的、开源的、商业的软件工具。SQALE 方法旨在实现一个自动化的代码度量，不依赖语言和工具本身的通用性。它的主要思路就是计算技术债务需要偿还的时间占开发所有代码所需要的时间的比例（即 technical debt ratio），并按照比例的大小划分不同的等级。

技术债务是从金融的货币债务中借用的一个术语，它表示在时间和人员有限的情况下，先用比较简单直接和丑陋的方案来确定问题（相当于借钱），这样可能会在质量上遗留一些隐含的问题（相当于利息）。技术债务就像货币债务那样，如果不及时偿还，债务加上利息会像雪球那样越滚越大，可能会将项目拖入泥潭。技术债务的成因和分类很多，比如重复代码、缺乏测试、没有文档、意外情况考虑不周等。俗语说，“好借好还，再借不难，如若不还，下次免谈”。适当借债可以促进快速发展，可是如果只借不还或者久拖不还，隐含问题的影响会越来越大，直至发展到难以收拾的局面。借助如下的 SQALE 工作流程，我们可以对影响软件质量的技术债务做出有效管理。

- 明确界定产生技术债务的因素。
- 正确估算这笔债务和需要偿还的利息。
- 从技术和业务角度分析这笔技术债务的得失。
- 提供不同的优先级策略，以便建立合理、优化的还债计划。

除了以上两种主流标准以外，还有其他一些度量软件的标准，在此不做枚举。在实践中，一定要定义一个企业内部认可的标准，但针对实际情况也可以做出一些调整。

### 4.1.2　代码度量关键指标

代码度量的指标有很多，而且可能每个企业定义的标准都不同，但是大多标准都会包含以下一些关键的指标。

#### 1. 代码规模（code size）

关于代码行数到底为多少才保险的问题，一直是见仁见智。近年来，随着软硬件的快速升级，函数调用的代价几乎可以忽略不计，大家逐渐形成共识，代码元素（源代码文件、模块、包、类、函数）越小越好。

Martin Lippert 和 Stephen Roock 在《大型软件项目中的重构：成功执行复杂的重组》（*Refactoring in Large Software Projects: Performing Complex Restructurings Successfully*）一书中提出了一个“30 规则”——如果一个元素由超过 30 个子元素组成，则极有可能存在严重问题。

- 方法不应超过平均 30 行代码（不包括行间距和注释）。
- 一个类应包含平均少于 30 个方法，最多可产生 900 行代码。
- 一个包不应包含超过 30 个类，因此包含多达 27 000 行代码。
- 应避免使用超过 30 个包的子系统。这样的子系统最多可以计数 900 个类，最多可以包含 810 000 行代码。
- 具有 30 个子系统的系统因此将拥有 27 000 个类和 2430 万行代码。

在代码实现过程中，如无特例，应该始终遵循“30 规则”。

#### 2. 代码重复率（duplicated code）

造成代码重复的原因有很多：一方面，项目本身缺乏优化设计，会造成后来者编写时容易写出重复的代码；另一方面，可能由于开发者是新手、习惯不同等造成“复制 – 粘贴”成为一种“稳中求胜”的必胜法宝这种情况。同时，代码重复不仅局限于完全的复制粘贴代码，《软件克隆检测和重构》（*Software Clone Detection and Refactoring*）中对重复代码的类型进行了更为细致、全面的定义：

- 完全一致的代码或只修改了空格、注释。
- 结构上和句法上一致的代码，例如只是修改了变量名。

- ❑ 插入和删除了部分代码。
- ❑ 功能和逻辑上一致的代码，语义上的拷贝。

代码重复是必须克服和解决的问题，也应该成为质量之门（quality gate）的一个关键因素。

### 3. 圈复杂度（cyclomatic complexity）

1976年，Thomas J. McCabeSr提出了一种代码复杂度的衡量标准，它从程序开始计算线性独立路径的数量。数值越大，圈复杂度越高，说明代码越难读懂和维护。

如果一段源码中不包含控制流语句（条件或决策点），那么这段代码的圈复杂度为1，因为这段代码中只会有一条路径；如果一段代码中仅包含一个if语句，且if语句仅有一个条件，那么这段代码的圈复杂度为2；如果一段代码中包含两个嵌套的if语句，或一个if语句中有两个条件，那么这段代码的圈复杂度为3。

McCabe&Associates公司建议，尽可能使复杂度≤10。NIST（美国国家标准与技术研究院）认为，在一些特定情形下，模块圈复杂度上限放宽到15会比较合适，因此圈复杂度与代码质量的关系可大体归类如下：

1）0～10：代码质量符合预期。

2）11～15：应当尽可能重构。

3）>15：需要立即重构。

### 4. bug

bug是衡量代码质量的核心标准。在以往，我们经常将其与代码行数结合计算出X行bug数，例如千行bug数。用扫描工具可以扫描出各种bug或者隐藏的问题，例如SonarQube中的一条bug规则："equals(Object obj)" and "hashCode()" should be overridden in pairs，意思是equals和hashCode两个方法应该同时覆盖，而不要只覆盖其中一个方法。这一条非常有用，会消除在比较、散列容器中存储时隐藏的错误。

```
Noncompliant Code Example
class MyClass {    // Noncompliant - should also override "hashCode()"

    @Override
    public boolean equals(Object obj) {
        /* ... */
    }

}
Compliant Solution
class MyClass {    // Compliant

    @Override
    public boolean equals(Object obj) {
        /* ... */
    }
```

```
    @Override
    public int hashCode() {
        /* ... */
    }
}
```

5. 代码坏味道（code smell）

代码坏味道是指若代码不稳定或者有潜在问题，那么在彻底出问题之前，代码往往会出现一些明显的痕迹。

正如食物彻底腐坏之前往往会散发异味一样。代码坏味道有很多种，常见的有22种（参考Martin Fowler在《重构：改善既有代码的设计》一书中与Kent Beck一起做的总结），例如过大的类和函数，过多的函数参数列表，重复的代码等。在实际操作中，又有很多检查的细则，以SonarQube中最简单的一条规则——不要直接用标准输出来记录任何东西为例：

```
Noncompliant Code Example:
System.out.println("My Message");  // 不符合规则

Compliant Solution: // 符合规则的方案
logger.log("My Message");
```

通过检查代码所包含的坏味道的数量，可以大体知道代码的质量好坏，坏味道越少越好。

6. 代码覆盖率（code coverage）

代码覆盖率是非常常见的概念，主要有行覆盖率和条件覆盖率，指被测试的代码量和总的代码量的比率。一般要求代码行的测试覆盖率至少为80%，而代码分支的各种条件的测试覆盖率至少为60%。这个指标可以衡量对软件代码是否有比较充分的测试。在实际操作中，对于一个缺乏单元测试、集成测试等的老项目，如果单纯提高覆盖率，不仅操作困难，而且意义不大，应该在提高代码覆盖率的同时做出必要的重构，以提高可测试性。

各种语言都有相应的测试覆盖率生成工具，例如C++的Gcov[1]，Java的jacoco[2]。在运行测试之后生成测试覆盖率也很简单，我们的土豆微服务用一条命令即可生成覆盖率数据，命令如下：

```
mvn clean verify -Dmaven.test.failure.ignore=true -Prunjacoco
```

### 4.1.3　小结

代码质量是软件的基础，没有好的质量，一切都是空谈，所以本章重点关注如何度量

[1] https://gcc.gnu.org/onlinedocs/gcc/Gcov.html

[2] https://www.eclemma.org/jacoco/

代码质量。同时，对于代码质量不仅要有效度量，还要得到团队的认同，在实际应用中，还要结合持续集成等思想，才能发挥最大作用。

## 4.2 度量进度

微服务大行其道是因为“船小好调头”，可以很方便、快速地更新升级。“天下武功，唯快不破”。代码开发不仅要快，而且要稳，这时需要度量开发与交付的进度，准确来说，是度量持续集成和持续交付的进度。

持续集成（CI）是一种开发实践，是指开发人员每天多次将代码整合到共享的代码库中，然后通过自动化构建和部署，通过自动化和少许手工测试来验证每次的提交，使团队能够及早发现和解决问题。

Martin Fowler 总结了持续集成的几条最佳实践：

- 维护单一代码库。
- 自动化构建。
- 使构建能够自我测试。
- 每个人每天可多次提交代码到主线。
- 每一次提交都应该在集成机器上构建主分支。
- 立即修复破碎的构建。
- 保持构建速度。
- 在生产环境相同的产品环境中测试。
- 任何人都应可以轻松获得最新的可执行文件。
- 每个人都可以看到发生了什么。
- 自动部署。

持续交付（CD）是指通过自动化在比较短的一个个迭代中快速发布软件，允许团队更频繁地交付可以工作的软件产品。其重点在于：持续整合、内置测试、持续监控、分析反馈。这些都指向软件行业的整体趋势——提高应变能力。持续交付是持续集成的扩展和目标。

如果你的测试持续在运行，并且你充分相信你的测试可以提供足够的质量保证，这样你就可以在任何时候发布软件产品。持续交付并不总是意味着交付，它还代表要确保你的代码始终处于发布就绪状态。

度量开发与交付的关键指标有两个：发布频率和发布周期。

- 发布频率：微服务部署并运行于产品线上的频率，通常用次 / 天、次 / 周、次 / 月来衡量。发布频率不是越高越好。为了保持产品的稳定性，不必强求每天在产品线上部署发布，根据需要可以随时部署，从持续改进的角度出发，次 / 周和次 / 月是比较合适的频率。它取决于上述所述的代码质量度量指标，还取决于编译和打包速度、测试速度和效率、部署和配置速度等下级度量指标。

- 发布周期：指代码从提交到代码仓库到发布到产品线所经历的时间，这个时间取决于在开发中过程中所经过的那些关键步骤所花费的时间。如图 4-1 所示是几年前笔者为一个项目画的流水线图，图中列出了整个部署流水线的主要步骤。

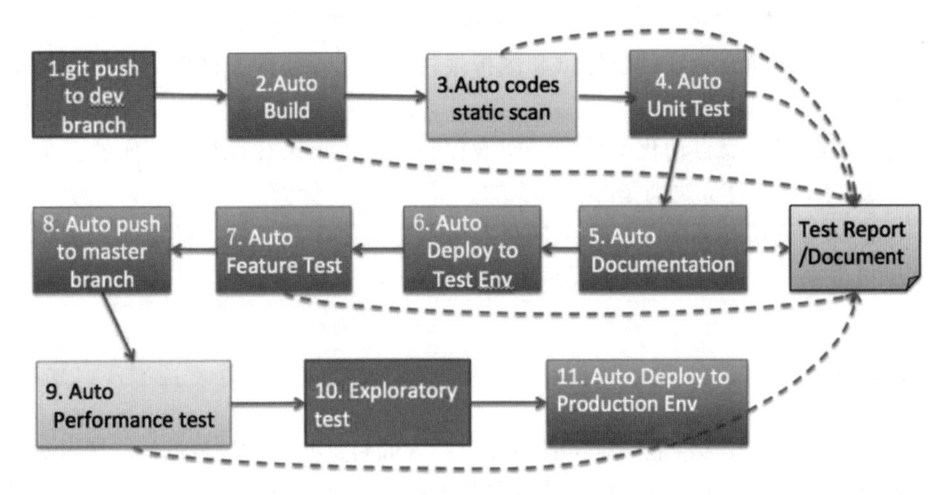


图 4-1　部署流水线的主要步骤

为了提高开发部署的效率，我们希望将从步骤 1 ～步骤 8 的时间控制在半小时之内，越快越好，这样你的代码能够及时嵌入代码库中。

1）提交代码到开发分支：在本地构建并通过单元测试之后，可以将代码提交到代码仓库的开发分支中。

2）自动构建：包括编译、链接、打包，在一些大型项目中，这个过程往往需要几十分钟。

3）自动代码检查：各种语言都有各自的代码静态检查工具，例如 C++ 的 CppCheck、CppLint，Java 的 CheckStyle、PMD、FindBug，Python 的 Pylint、Pyflakes、Pycodestyle 等。如果检查出严重的错误，应立即终止构建流水线，而检查结果会生成检查报告。

4）自动执行单元测试：确保这次提交不会造成其他模块的单元测试失败。任何一条单元测试不通过，都会终止构建流水线。我们也会在这个阶段执行一个不依赖于外部环境的 API 测试，测试的结果会生成测试报告。

5）自动生成文档：利用 Doxygen、Javadoc、Sphinx 之类的自动文档生成工具，分析代码并生成 API 和帮助文档。

6）自动部署在测试环境：利用 Puppet、Ansible 之类的部署脚本将软件包部署到测试环境，注入预设的配置变量并启动服务。

7）自动执行功能测试：在测试环境中，自动运行所有需要依赖外部环境的 API 和 E2E（端到端）的测试。如果有一条测试不通过，也会终止构建流水线。自动测试的结果会生成报告。

8）将代码合并入主分支：可以设置一个批准环节，由产品负责人决定是否立即合并到主分支。如果代码改动太大，自动化测试覆盖率不够，或开发人员信心不足的话，可以暂时不并入主分支，在开发分支添加更多测试。

9）自动运行性能测试：性能测试分为基准性能指标测试和压力测试。各种压测参数需要事先设定，性能测试会生成性能测试和剖析报告，包括吞吐量（TPS）、最耗时模块和函数以及各种系统资源消耗指标。

10）探索性测试：靠自动化测试把一切潜在问题都找出来往往是不现实的，手动进行一些探索性测试在发布产品之前是必不可少的。

11）自动部署到产品环境上：这个环节当然也是需要产品负责人批准的，由产品负责人根据测试报告来决定何时部署到产品线上。

## 4.3 度量性能

性能测试怎么做？什么性能测试工具最称手？人们对这些问题仁者见仁，智者见智。

进行性能测试的目的是充分了解系统及服务的以下几个方面：

- 所能承受的最大容量是多少。
- 有无性能瓶颈。
- 如果有性能瓶颈，瓶颈在哪里。

最重要的指标有以下 3 点：

- 响应时间：可从两方面来衡量，一方面是从服务器端来衡量从收到请求给出响应所耗费的时间，另一方面是从客户端来衡量从发出请求到收到响应所耗费的时间。后者比前者增加了网络传输和中间代理节点耗费的时间。
- 吞吐量：一般可以用“1 秒 / 响应时间”来衡量吞吐量，响应时间越短，每秒内处理的请求数越多，吞吐量越大。
- 成功率：即成功响应的请求与总的请求量的比率。可从服务器端和客户端分别衡量，后者相对前者增加了对超时的统计。

我们需要从应用程序，即微服务自身，以及系统资源使用情况来观察在一定的压力测试下性能是否满足要求，资源是否够用。

以一个简单的微服务为例，它是一个简单的账户管理服务，管理我们在各个站点上的账号和密码，提供的 API 如表 4-2 所示。

表 4-2　用户账户服务的 REST API

| 功　能 | API |
| --- | --- |
| 账户列表 | GET /user-service/api/v1/accounts |
| 账户获取 | GET /user-service/api/v1/accounts/{siteName} |

（续）

| 功 能 | API |
| --- | --- |
| 账户创建 | POST /user-service/api/v1/accounts |
| 账户修改 | PUT /user-service/api/v1/accounts/{siteName} |
| 账户删除 | DELETE /user-service/api/v1/accounts/{siteName} |

其代码中使用 Python 的 Web 微框架 Flask，只有一个文件 account.py：

```
import os
import json
import requests
import redis
from flask_httpauth import HTTPBasicAuth
from flask import make_response
from flask import Flask
from flask import request
from werkzeug.exceptions import NotFound, ServiceUnavailable
from flask import render_template

ACCOUNTS_API_PATH = "/api/v1/accounts"
REDIS_KEY = "walter_accounts"

app = Flask(__name__)

current_path = os.path.dirname(os.path.realpath(__file__))

auth = HTTPBasicAuth()

users = {
    "walter": "pass1234"
}

json_file = "{}/account.json".format(current_path)
redis_enabled = True
#docker run --restart always -p 6379:6379 -d --name local-redis redis

class RedisClient:
    def __init__(self):
        self.redis_host = "localhost"
        self.redis_port = 6379
        self.redis_password = ''
        self.redis_conn = None

    def connect(self):
        #if(redis_enabled):
        pool = redis.ConnectionPool(host=self.redis_host, port=self.redis_port)
        self.redis_conn = redis.Redis(connection_pool=pool)

    def set(self, key, value):
```

```
        self.redis_conn.set(key, value)

    def get(self, key):
        return self.redis_conn.get(key)

redis_client = RedisClient()

if(redis_enabled):
    redis_client.connect()

def read_data():
    if redis_enabled:
        jsonStr = redis_client.get(REDIS_KEY)
        if not jsonStr:
            jsonStr = "{}"
        return json.loads(jsonStr)
    else:
        json_fp = open(json_file, "r")
        return json.load(json_fp)


def save_data(accounts):
    if redis_enabled:
        redis_client.set(REDIS_KEY, json.dumps(accounts))
    else:
        json_fp = open(json_file, "w")
        json.dump(accounts, json_fp, sort_keys=True, indent=4)


@auth.get_password
def get_pw(username):
    if username in users:
        return users.get(username)
    return None


def generate_response(arg, response_code=200):
    response = make_response(json.dumps(arg, sort_keys=True, indent=4))
    response.headers['Content-type'] = "application/json"
    response.status_code = response_code
    return response


@app.route('/')
def index():
    return render_template('index.html')


@auth.login_required
@app.route(ACCOUNTS_API_PATH, methods=['GET'])
```

```
def list_account():
    accounts = read_data()
    return generate_response(accounts)


# Create account
@auth.login_required
@app.route(ACCOUNTS_API_PATH, methods=['POST'])
def create_account():
    account = request.json
    sitename = account["siteName"]
    accounts = read_data()
    if sitename in accounts:
        return generate_response({"error": "conflict"}, 409)
    accounts[sitename] = account
    save_data(accounts)
    return generate_response(account)


# Retrieve account
@auth.login_required
@app.route(ACCOUNTS_API_PATH + '/<sitename>', methods=['GET'])
def retrieve_account(sitename):
    accounts = read_data()
    if sitename not in accounts:
        return generate_response({"error": "not found"}, 404)

    return generate_response(accounts[sitename])


# Update account
@auth.login_required
@app.route(ACCOUNTS_API_PATH + '/<sitename>', methods=['PUT'])
def update_account(sitename):
    accounts = read_data()
    if sitename not in accounts:
        return generate_response({"error": "not found"}, 404)

    account = request.json
    print(account)
    accounts[sitename] = account
    save_data(accounts)
    return generate_response(account)


# Delete account
@auth.login_required
@app.route(ACCOUNTS_API_PATH + '/<sitename>', methods=['DELETE'])
def delete_account(sitename):
    accounts = read_data()
```

```
    if sitename not in accounts:
        return generate_response({"error": "not found"}, 404)

    del (accounts[sitename])
    save_data(accounts)
    return generate_response("", 204)


if __name__ == "__main__":
    app.run(port=5000, debug=True)
```

在启动运行之前需要做环境准备工作，步骤如下。

1）安装 libev 和 Python 3：

```
brew install libev
brew install python3
```

2）安装 virtualenv 和所需要的类库：

```
virtualenv pip3 install virtualenv
virtualenv -p python3 venv
source venv/bin/activate
# then install the required libraries
pip install -r requirements.txt
```

3）启动程序：

```
python account.py
```

可使用 httpie（参见 https://httpie.org/）来做一个简单测试，步骤如下。

1）添加网易账号：

```
http --auth walter:pass --json POST http://localhost:5000/api/v1/accounts
userName=walter password=pass siteName=163 siteUrl=http://163.com
HTTP/1.0 200 OK
Content-Length: 108
Content-type: application/json
Date: Thu, 24 Oct 2019 14:08:05 GMT
Server: Werkzeug/0.12.2 Python/3.7.3

{
    "password": "pass",
    "siteName": "163",
    "siteUrl": "http://163.com",
    "userName": "walter"
}
```

2）添加微博账号：

```
http --auth walter:pass --json POST http://localhost:5000/api/v1/accounts
userName=walter password=pass siteName=weibo siteUrl=http://weibo.com
```

```
HTTP/1.0 200 OK
Content-Length: 108
Content-type: application/json
Date: Thu, 24 Oct 2019 14:08:05 GMT
Server: Werkzeug/0.12.2 Python/3.7.3

{
    "password": "pass",
    "siteName": "weibo",
    "siteUrl": "http://weibo.com",
    "userName": "walter"
}
```

3）获取所有账号：

```
http --auth walter:pass --json GET http://localhost:5000/api/v1/accounts
HTTP/1.0 200 OK
Content-Length: 290
Content-type: application/json
Date: Thu, 24 Oct 2019 14:20:54 GMT
Server: Werkzeug/0.12.2 Python/3.7.3

{
    "163": {
        "password": "pass",
        "siteName": "163",
        "siteUrl": "http://163.com",
        "userName": "walter"
    },
    "weibo": {
        "password": "pass",
        "siteName": "weibo",
        "siteUrl": "http://weibo.com",
        "userName": "walter"
    }
}
```

那么，性能测试的关键步骤——压力测试怎么做呢？应使用哪款测试工具？传统的性能测试工具有很多，比如 ab、Jmeter、loadrunner 等，都可用来持续增加压力。

下面以 ab（Apache Benchmark）为例。我们测试 100 个并发量，10 000 条请求：

```
$ab -c 100 -n 10000 http://127.0.0.1:5000/api/v1/accounts
This is ApacheBench, Version 2.3 <$Revision: 1826891 $>
Copyright 1996 Adam Twiss, Zeus Technology Ltd, http://www.zeustech.net/
Licensed to The Apache Software Foundation, http://www.apache.org/

Benchmarking 127.0.0.1 (be patient)
Completed 1000 requests
Completed 2000 requests
Completed 3000 requests
```

```
Completed 4000 requests
Completed 5000 requests
Completed 6000 requests
Completed 7000 requests
Completed 8000 requests
Completed 9000 requests
Completed 10000 requests
Finished 10000 requests


Server Software:        Werkzeug/0.12.2
Server Hostname:        127.0.0.1
Server Port:            5000

Document Path:          /api/v1/accounts
Document Length:        290 bytes

Concurrency Level:      100
Time taken for tests:   30.550 seconds
Complete requests:      10000
Failed requests:        0
Total transferred:      4370000 bytes
HTML transferred:       2900000 bytes
Requests per second:    327.33 [#/sec] (mean)
Time per request:       305.504 [ms] (mean)
Time per request:       3.055 [ms] (mean, across all concurrent requests)
Transfer rate:          139.69 [Kbytes/sec] received

Connection Times (ms)
              min  mean[+/-sd] median   max
Connect:        0    1   2.5      1     144
Processing:     5  303  78.7    288     587
Waiting:        3  303  78.7    288     587
Total:         15  304  78.8    289     588

Percentage of the requests served within a certain time (ms)
    50%    289
    66%    347
    75%    362
    80%    372
    90%    405
    95%    435
    98%    458
    99%    571
   100%    588 (longest request)
```

ab 用来做简单的 HTTP 接口测试可以，但如果用来做业务接口的串联测试就力有未逮了。

Jmeter 功能强大，也有一定的扩展性，但是在这里我们并不想用 Jmeter，原因有两点：

❑ Jmeter 非常消耗资源，每个任务 / 用户都要使用一个线程。

❑ Jmeter 是基于配置的，参数很多。

这里我们选用一个使用 Python 语言实现的开源性能测试工具 Locust，它是基于编程来实现的性能测试工具，可以实现更加灵活的控制。要先写一个脚本文件 locust.py：

```
from locust import HttpLocust, TaskSet, task, seq_task

import load_test_util
import json
import yaml

from queue  import Queue
from threading import Timer
logger = load_test_util.init_logger("account-load-test")
token_refresh_time = 300


class UserBehavior(TaskSet):

    def on_start(self):
        logger.info("on_start")
        self.auth_headers = load_test_util.getAuthHeaders()
        self.account_queue = Queue()

    def on_stop(self):
        logger.info("on_stop, clear queue")

    def list_account(self):
        self.client.get("/api/v1/accounts")

    @seq_task(1)
    def create_account(self):
        post_dict = load_test_util.create_account_request()

        post_data = json.dumps(post_dict)

        logger.info("auth_headers: %s", json.dumps(self.auth_headers))
        logger.info("post_data: %s", post_data)

        response = self.client.post("/api/v1/accounts", headers = self.auth_
headers, data=post_data)
        logger.info("response: %d, %s", response.status_code, response.text)
        if (200 <= response.status_code < 300):
            siteName = post_dict['siteName']
            logger.info("siteName: %s" % siteName)
            self.account_queue.put(siteName)

        return response

    @seq_task(2)
```

```
    def retrieve_account(self):

        if not self.account_queue.empty():
            siteName = self.account_queue.get(True, 1)
            logger.info("retrieve_account by siteName %s", siteName)
            response = self.client.get("/api/v1/accounts/" + siteName, headers=
self.auth_headers, name="/api/v1/accounts/siteName")
            logger.info("retrieve_account's response: %d, %s", response.status_
code, response.text)
            self.account_queue.put(siteName)


    @seq_task(3)
    def update_account(self):
        if not self.account_queue.empty():
            siteName = self.account_queue.get(True, 1)
            post_dict = load_test_util.create_account_request()

            put_data = json.dumps(post_dict)
            response = self.client.put("/api/v1/accounts/"+ siteName, headers =
self.auth_headers, data=put_data, name="/api/v1/accounts/siteName")
            logger.info("response: %d, %s", response.status_code, response.text)
            self.account_queue.put(siteName)

    @seq_task(4)
    def delete_account(self):
        if not self.account_queue.empty():
            siteName = self.account_queue.get(True, 1)
            response = self.client.delete("/api/v1/accounts/" + siteName, headers
= self.auth_headers, name="/api/v1/accounts/siteName")
            logger.info("response: %d, %s", response.status_code, response.text)

class WebsiteUser(HttpLocust):
    task_set = UserBehavior
    min_wait = 500
    max_wait = 3000
```

再启动 locust 做性能测试：

```
$ locust -f account_load_test.py --host=http://localhost:5000
Starting web monitor at *:8089
Starting Locust 0.11.0
```

打开 http://localhost:8089 启动压力测试，将初始值设为并发用户量 5，每秒增加 5 个，如图 4-2 所示。

测试的请求数量、失败率、响应时间的最大 / 最小 / 平均 / 中位值、失败的请求数量以及 RPS（Request Per Second，每秒请求数）如图 4-3 所示。

即时产生响应参数（每秒请求数、响应时间、并发用户数）的图表如图 4-4 ～图 4-6 所示。

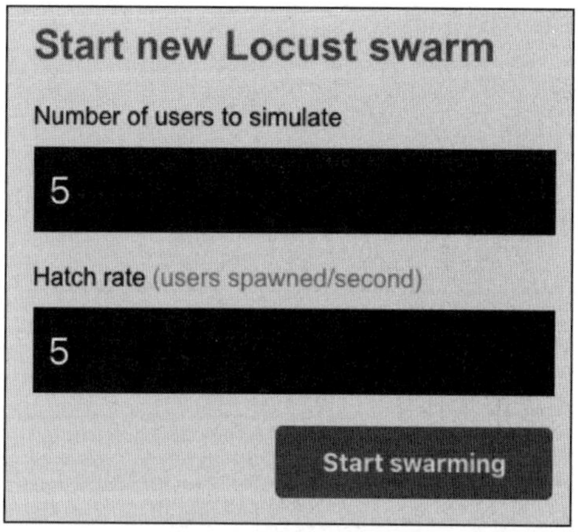

Start new Locust swarm
Number of users to simulate
5
Hatch rate (users spawned/second)
5
Start swarming

图 4-2　Locust 启动界面

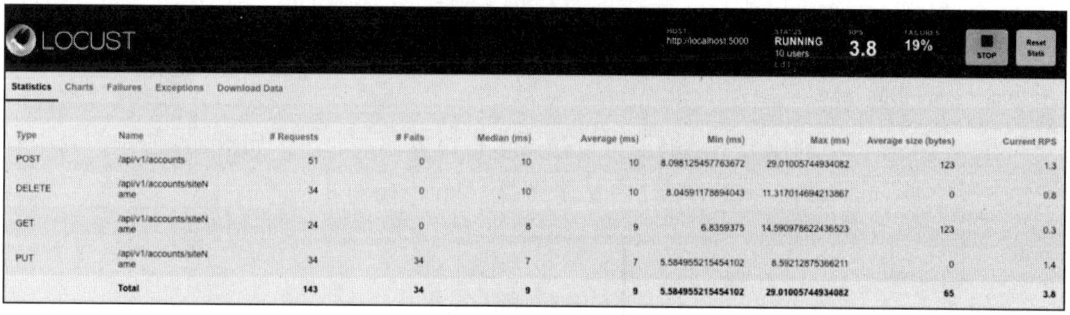

LOCUST
http://localhost:5000
RUNNING
10 users
3.8
19%
STOP
Reset Stats
Statistics
Charts
Failures
Exceptions
Download Data

| Type | Name | # Requests | # Fails | Median (ms) | Average (ms) | Min (ms) | Max (ms) | Average size (bytes) | Current RPS |
|---|---|---|---|---|---|---|---|---|---|
| POST | /api/v1/accounts | 51 | 0 | 10 | 10 | 8.098125457763672 | 29.01005744934082 | 123 | 1.3 |
| DELETE | /api/v1/accounts/siteName | 34 | 0 | 10 | 10 | 8.04591178894043 | 11.317014694213867 | 0 | 0.8 |
| GET | /api/v1/accounts/siteName | 24 | 0 | 8 | 9 | 6.8359375 | 14.590978622436523 | 123 | 0.3 |
| PUT | /api/v1/accounts/siteName | 34 | 34 | 7 | 7 | 5.584955215454102 | 8.59212875366211 | 0 | 1.4 |
| | **Total** | **143** | **34** | **9** | **9** | **5.584955215454102** | **29.01005744934082** | **65** | **3.8** |

图 4-3　Locust 测试结果

Total Requests per Second
18
15
12
9
6
3
0

图 4-4　Locust 测试图表之每秒请求数

Response Times (ms)
60
50
40
30
20
10
0

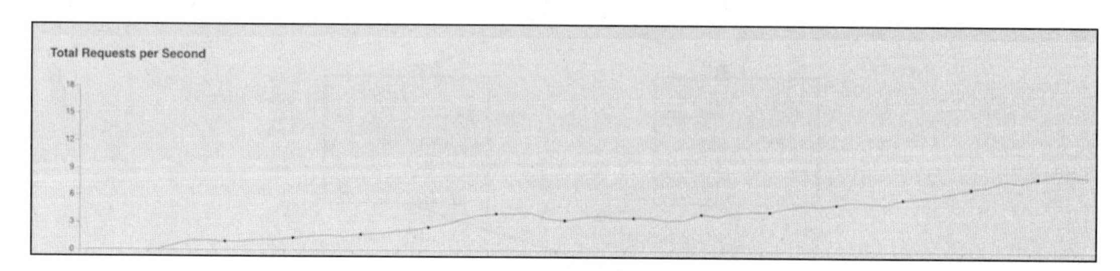

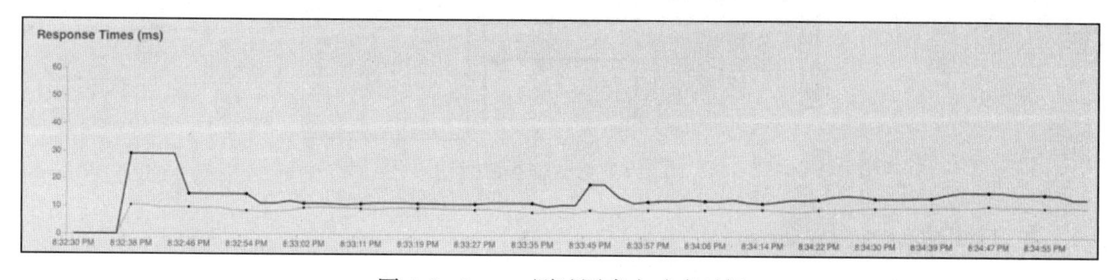

图 4-5　Locust 测试图表之响应时间

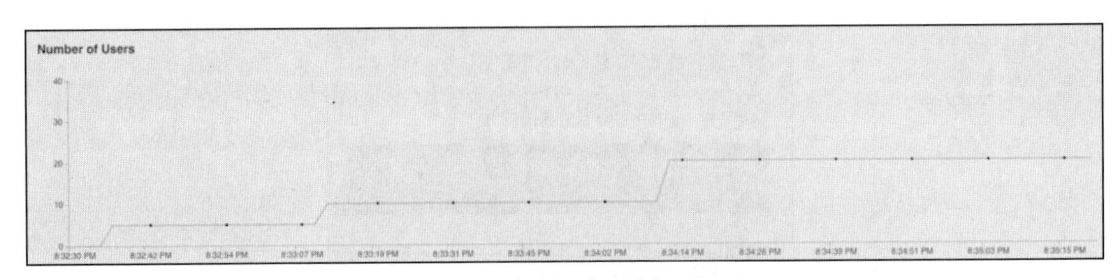


图 4-6　Locust 测试图表之并发用户数

也可以用如下命令实现梯度加压：

```
    locust -f account_load_test.py --host=http://localhost:5000 --no-web c 100 -r 100
-t 30m --csv=100.csv
    locust -f account_load_test.py --host=http://localhost:5000 --no-web c 200 -r 200
-t 30m --csv=200.csv
    locust -f account_load_test.py --host=http://localhost:5000 --no-web c 400 -r 400
-t 30m --csv=400.csv
    locust -f account_load_test.py --host=http://localhost:5000 --no-web c 800 -r 800
-t 30m --csv=800.csv
```

当一台机器产生的压力不够时，可以使用多台服务器来加压，如图 4-7 所示。其中有一台主服务器（master server）和若干台从服务器（slave server）。

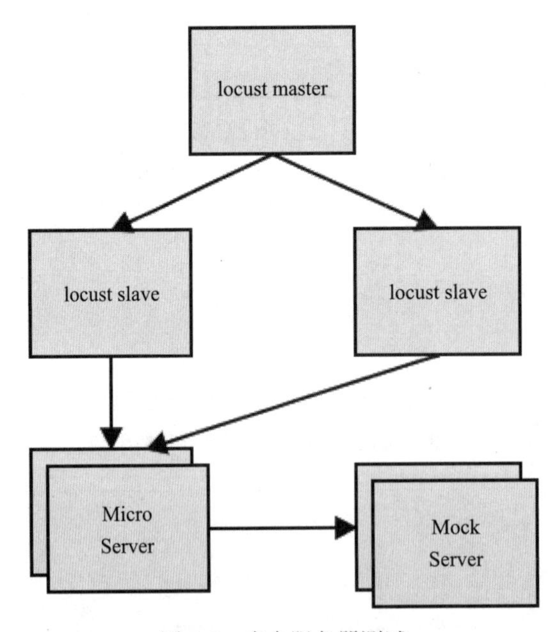


图 4-7　多台服务器测试

先启动 locust master server：

```
locust -f account_load_test.py --master --host=http://localhost:5000
```

再启动 locust slave server：

```
locust -f account_load_test.py --slave --master-host:10.224.77.11
```

通过 locust 所生成的测试报告，可导出 csv 文件进行详细分析，再结合微服务的各种度量数据进行分析。

- 系统级度量分析：CPU、Mem、Disk I/O、Network I/O 等。
- 应用级度量分析：响应时间、响应码、吞吐量等。
- 业务级度量分析：与特定的业务流程相关的度量数据分析。

之后通过 C/C++、Python、Java 等语言各自的 profiler 工具进行性能分析，如 gprof、cProfiler、hprof、VisualVM、JMC 等。

用我们比较熟悉的 Java 举例。在服务器上启动 Java Service 时在命令行中加入如下参数：

```
java -jar -Dcom.sun.management.jmxremote.host=10.224.112.73 \
-Dcom.sun.management.jmxremote.port=9091 \
-Dcom.sun.management.jmxremote.rmi.port=9012 \
-Dcom.sun.management.jmxremote.ssl=false \
-Dcom.sun.management.jmxremote.authenticate=false potato-server.jar
```

然后在本机上启动 JDK 自带的 JVisualVm，添加远程节点 10.224.112.73，并创建到 10.224.112.73:9091 的 JMX 连接，如图 4-8 所示。

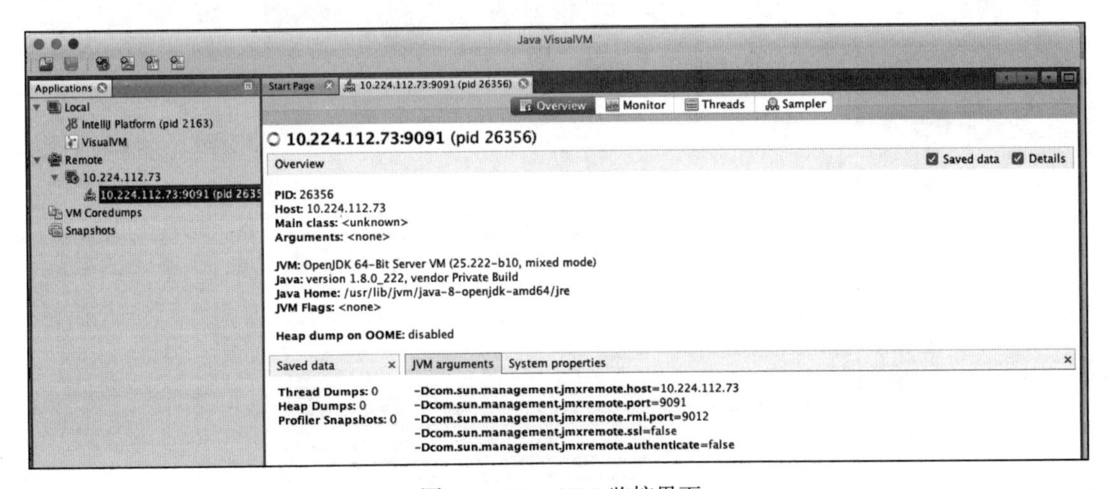


图 4-8　VisualVM 监控界面

观察 CPU、Mem、Class、Thread 数据及其细节，如图 4-9 和图 4-10 所示。

还可针对 CPU 或 Mem 进行一段时间的采样，如图 4-11 所示。

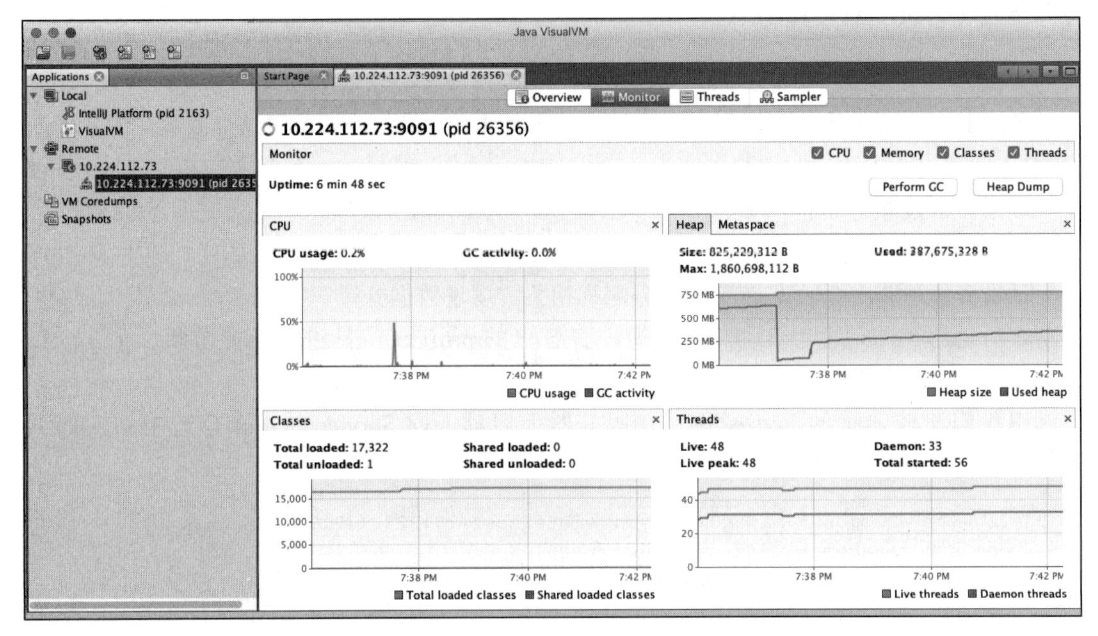

图 4-9 VisualVM 处理器、内存、加载类和线程监控

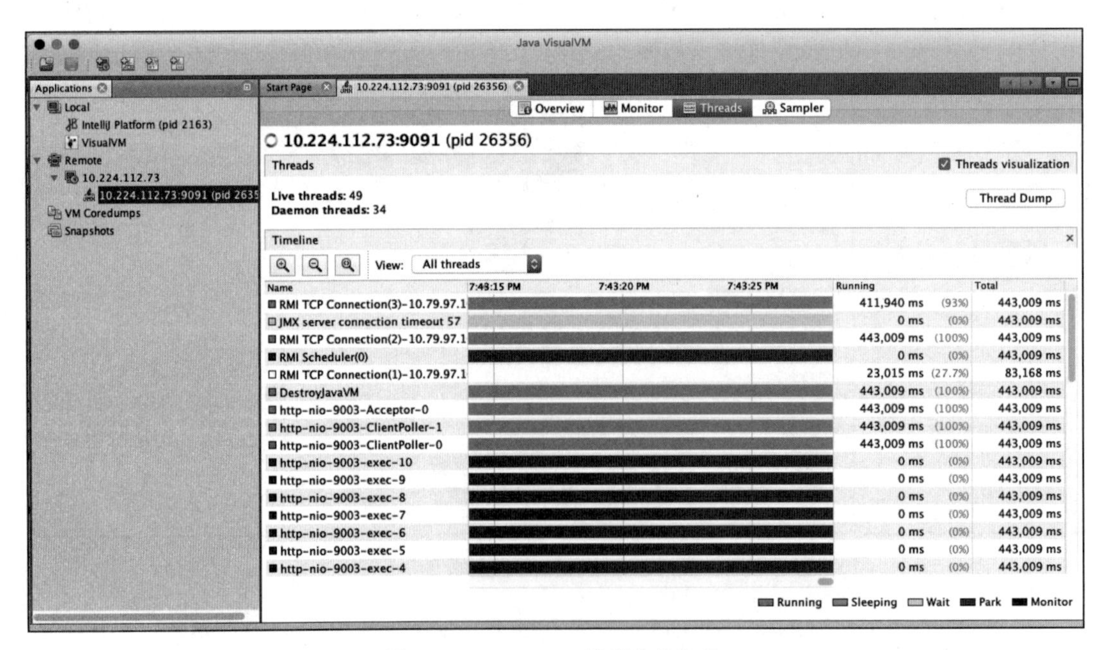

图 4-10 VisualVM 线程监控细节

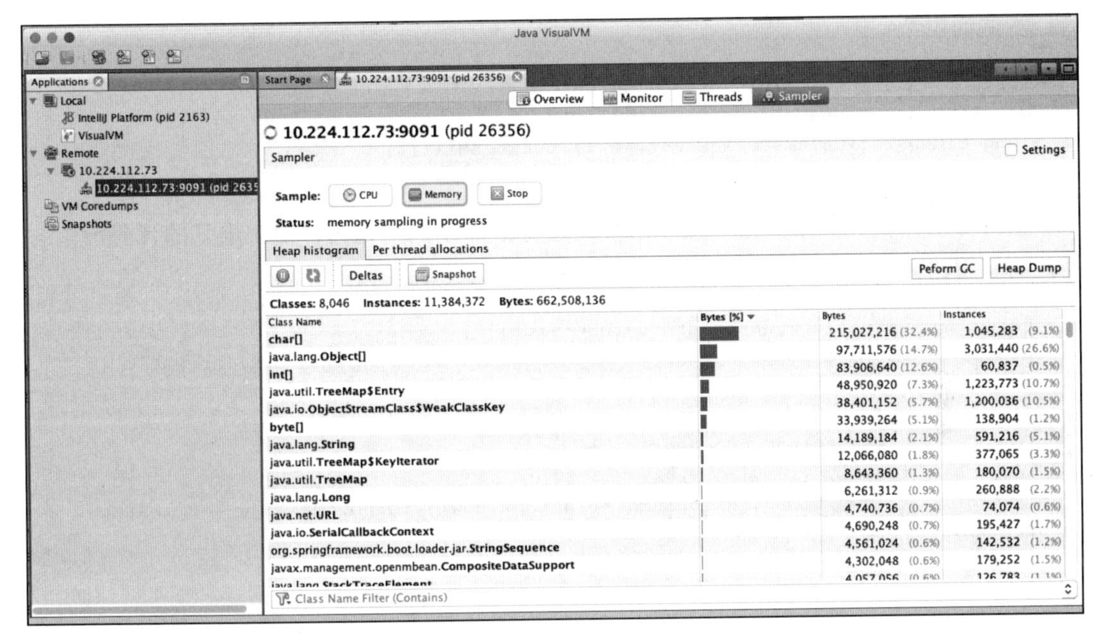


图 4-11　VisualVM 对内存占用情况的采样

# 4.4　度量微服务的常用技术

在度量实现上，所实现的目标大同小异，例如收集、发送度量信息、控制处理频率等，所以也衍生出很多常用的度量技术。实现某一个功能往往需要组合使用多种技术，这里先介绍在度量实现中常用的技术和类库，然后介绍如何度量微服务。

## 4.4.1　利用切面记录度量日志

面向切面编程（Aspect Oriented Programming，AOP）通过预编译方式和运行期动态代理实现程序功能的统一维护。AOP 是 OOP 的延续，是软件开发中的一个热点，也是 Spring 框架中的一个重要内容。利用 AOP 可以对业务逻辑的各个部分进行隔离，从而降低业务逻辑各部分之间的耦合度，提高程序的可重用性，同时提高了开发的效率，常用在日志记录、性能统计、安全控制、事务处理和异常处理等。利用 AOP 来记录度量日志，事半功倍，简单易行。

例如，想记录所有数据库操作的耗时，传统的方式是在每个调用之前和之后记录下时间然后二者相减，示例如下。

**方法调用 1：**

```
Instant timeStart = Instant.now();
dataService.listAllUserStories();
long timeDurationInMs = Instant.now().toEpochMilli()
    - timeStart.toEpochMilli();
```

**方法调用 2：**

```
Instant timeStart = Instant.now();
dataService.deleteUserStory(userStoryId);
long timeDurationInMs = Instant.now().toEpochMilli()
    - timeStart.toEpochMilli();
```

这种方法需要在每个数据库操作出现的地方添加相同的代码，使得重复的代码散落各处。而使用如下的 AOP 技术，可直接拦截 DataService 层的所有调用。

```
@Around("(within(com.dashboard.DataService))")
public Object aroundDataService(ProceedingJoinPoint pjp) throws Throwable {
        Instant timeStart = Instant.now();
        try {
            return pjp.proceed();
        } finally {
            long timeDurationInMs = Instant.now().toEpochMilli() - timeStart.
toEpochMilli();
            ……
        }
    }
```

假设对于一些调用并不想记录（例如 health check），可以自定义一个注解，然后在拦截时指定注解即可记录；相反，不指定注解则不记录。

```
@Target(ElementType.METHOD)
@Retention(RetentionPolicy.RUNTIME)
public @interface StepAnnotation {
}

@Around("(within(com.dashboard.DataService)) && annotation(stepAnnotation)")
public Object aroundDataService(ProceedingJoinPoint pjp , StepAnnotation
stepAnnotation) throws Throwable
……
```

这样通过拦截切面，只需要在一个地方，即切面处理器中统计数据库操作时长即可。

### 4.4.2 利用线程局部变量记录度量信息

在记录度量指标时，除了最基本的一些信息（环境信息、消耗时间、发生时间、操作名等）以外，很多调用都需要额外添加一些信息到度量指标数据里。例如，创建一个站点的 API 可能需要记录 siteID，删除某个 user 时，需要记录 userID，诸如此类。需要绑定的信息可能不尽相同，这个时候可使用线程局部变量 Thread Local 来绑定信息。

```
public class MetricThreadLocal {

private static final ThreadLocal FEAUTRE_METRIC_THREAD_LOCAL = new ThreadLocal();

public static FeatureMetric getFeatureMetric(){
```

```
            return FEAUTRE_METRIC_THREAD_LOCAL.get();
        }

    public static void setFeatureMetric(FeatureMetric metricsRecord){
            FEAUTRE_METRIC_THREAD_LOCAL.set(metricsRecord);
        }

    public static void setCurrentFeatureMetric(String attributeName, Object
attributeValue){
            FeatureMetric featureMetric = getFeatureMetric();
            if(featureMetric != null) {
                featureMetric.setValue(attributeName, attributeValue);
            }
        }

    public static void cleanFeatureMetirc(){
            FEAUTRE_METRIC_THREAD_LOCAL.remove();
        }

    }
```

当然也可以将一个 Map 放在 Thread Local 中来存储这些信息，在很多日志系统，比如 logback 中就提供了 MDC（Mapped Diagnostic Context，映射诊断上下文）机制，它用一个与当前线程关联的 Map<String，String> 来存储与诊断信息相关的上下文变量。

使用 Thread Local 变量时，要注意线程切换的问题。例如，想要在度量指标数据中绑定 trackingID 信息，即希望每个请求的日志都能绑定到对应的 trackingID 上，但是往往事与愿违，存在以下两种不可控现象。

**现象 1：一些日志始终绑定某个 trackingID。**

使用第三方或者其他人提供的包时，其他人采用的是异步线程去实现的，这个时候，第 1 个请求会触发第 1 个线程的建立，而第 1 个线程的 trackingID 会和第 1 个请求一样（创建线程的 Thread Local 会继承创建者）。

Thread 的构造器实现如下：

```
if (parent.inheritableThreadLocals != null)
    this.inheritableThreadLocals =
        ThreadLocal.createInheritedMap(parent.inheritableThreadLocals);
```

这样会导致只要这个线程一直存在，就一直和第 1 个请求一致。

因为 callable 或 runnable 的 task 内容不是自己可以控制的范畴，导致再无机会去修改。

```
    private static final ExecutorService pool= Executors.newFixedThreadPool(3);

    public static final String checkAsync(String checkItem) {

        checkFuture= pool.submit(new Callable(checkItem) {
            public String call() throws Exception {
    /*
```

```
  如果是自己写的代码，可直接修改 MDC，例如：
  MDC.put("TrackingID", trackingID)
  如果是第三方库，无法修改，可在原始（主）线程上调用 MDC.getCopyOfContextMap()，
  当任务运行时，作为第一个动作，它应调用 MDC.setContextMapValues()，
  将原始 MDC 值的存储副本与新的 Executor 托管线程相关联
*/
......
        }
    });
```

上述代码所示的情况没有太大危险，因为线程一旦创建，就不会消亡，所以最坏的情况可能是某个首次请求查询到的日志特别多，而后面的请求对不上号。但是如果某个线程池是有 timeout 回收的，则有可能导致很多次请求查询到的 trackingID 日志都特别多。

解决方案是，不想固定某个 trackingID，则在调用那个 API 前清除掉 MDC 里的 trackingID，这样创建的线程就不会带有原有的 trackingID 了，即既然不属于我一个人，就干脆放弃，调用完再找回。但是这样修改后，调用过程的日志就都没有 trackingID 了，所以很难完美解决，要么有很多且对不上号的，要么一个都没有。

**现象 2：某个请求中，trackingID 中途丢失了或者变成了别的。**

这是因为调用了第三方库，而第三库做了一些特殊处理，往往与上层调用所使用的 trackingID 记录方式不同。例如：

```
public String call(String checkItem) {
        call(checkItem, null)
    }
  public String call(String checkItem, Map config) {
            String trackingID = config.get("TrackingID");
            /* 要求 trackingID 必须在 config 中设置 */
            if(trackingID == null)
                trackingID = "";
            MDC.put("TrackingID", trackingID);
            /* 没有显示 trackingID 来调用（设置 config），导致后面的这段逻辑把之前设置的
             * trackingID 给清空了（设置 ""）*/ ......
    }
```

解决方案如下。

**方案 1**：显式传入 trackingID，而不是直接调用（call (String checkItem)）。

**方案 2**：既然使用 MDC，为什么不去检查一下 MDC 里面的实现是不是有值？如果有，也算传入了，而不是直接覆盖掉。可以完善一下第三方库。

以上问题很容易出现在第三方库的调用上，且如果不看代码，很难预知是否会出现参数被清空或一直绑定的问题。不管是哪种情况，你都要意识到使用 MDC 不是完美的，因为很多第三方库的调用对于你而言都是不透明且不易修改的。

### 4.4.3 利用过滤器找准度量点

记录度量指标数据，首先需要做的是选择好记录的位置。常见的就是两种过滤器：Servlet

Filter、Thread Task Filter。

1. Servlet Filter

对于 Web Service，常见的就是各种 Servlet Filter，在配置时可以添加过滤器，过滤特定的请求，并记录相应的度量事件。在 Filter 中，非常重要的概念是 Filter 优先级，Filter 可以通过优先级来控制顺序，例如用来决定是否拦截某层的 Filter（如授权、Access Audit 日志等）。通过过滤器来找准度量点非常有效。具体使用可以参考 4.6.4 节中提到的 Metrics Filter。

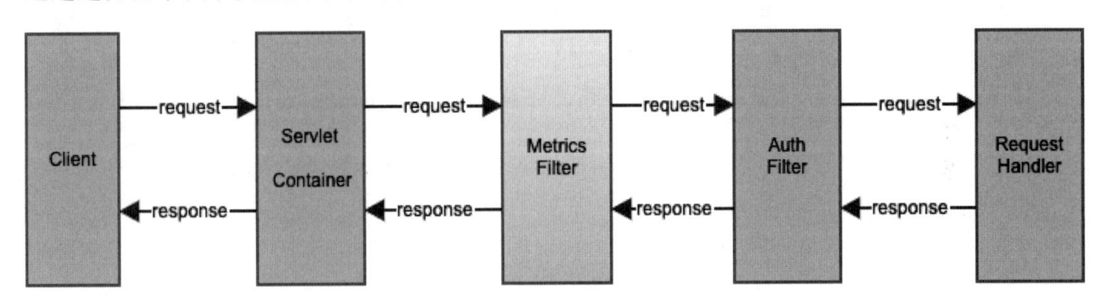


图 4-12 过滤器调用链

2. Thread Task Filter

对于内部执行的任务，可以在线程任务中加入过滤器，以记录任务执行的度量指标。其实这是一种代理模式的实现。

```
public abstract class TaskWithMetric implements Runnable {

public void run() {

    TaskExecuteResult taskExecuteResult = null;
    try {
                taskExecuteResult = execute();
    } catch(Exception ex){
                taskExecuteResult = TaskExecuteResult.fromException(ex);
                throw ex;
    } finally {
                MetricThreadLocal.cleanFeatureMetirc();
        if (featureMetric != null) {
                writeMetrics(waitingDurationForThread, featureMetric,
taskExecuteResult);
            }
    }
public void execute() {
// 这里是实际的 task 执行代码
}
}
```

## 4.4.4 提供 JMX 暴露内部度量指标

现在主流的 Java 服务都提供 JMX 监控的方式，如果只是想做展示，不想自定义更多的，直接开启它即可。

### 1. 开启 JMX

开启方法如下：

```
-Dcom.sun.management.jmxremote=true
-Dcom.sun.management.jmxremote.port=8091 //定义 port
-Dcom.sun.management.jmxremote.ssl=false
-Dcom.sun.management.jmxremote.authenticate=false
-Dcom.sun.management.jmxremote.password.file=/conf/jmxremote.password  //定义用户
                                                                        //名和密码
-Dcom.sun.management.jmxremote.access.file=/conf/jmxremote.access  //定义权限
```

例如，jmxremote.password 代码如下：

```
admin P@ssword123
```

jmxremote.access 代码如下：

```
admin readwrite
```

然后可以通过第三方组件来读取信息以供展示。例如，用 collectd 的 GenericJMX plugin 来获取信息。

```
<Plugin "java">
    JVMARG "-Djava.class.path=/opt/collectd/share/collectd/java/collectd-api.
jar:/opt/collectd/share/collectd/java/generic-jmx.jar"
    LoadPlugin "org.collectd.java.GenericJMX"

    <Plugin "GenericJMX">
        <MBean "Memory">
            ObjectName "java.lang:type=Memory"
            InstancePrefix "Memory"
            <Value>
                Type "memory"
                Table true
                InstancePrefix "HeapMemoryUsage`"
                Attribute "HeapMemoryUsage"
            </Value>
            <Value>
                Type "memory"
                Table true
                InstancePrefix "NonHeapMemoryUsage`"
                Attribute "NonHeapMemoryUsage"
            </Value>
        </MBean>
        <MBean "GarbageCollector">
            ObjectName "java.lang:type=GarbageCollector,*"
            InstancePrefix "GarbageCollector`"
            InstanceFrom "name"
```

```
            <Value>
                Type "invocations"
                Table false
                Attribute "CollectionCount"
            </Value>
            <Value>
                Type "total_time_in_ms"
                Table false
                Attribute "CollectionTime"
            </Value>
        </MBean>
        <Connection>
            Host "localhost"
            ServiceURL "service:jmx:rmi:///jndi/rmi://localhost:8091/jmxrmi"
//8091 为上文中定义的端口
            User "admin" //admin 为上文中定义的用户名
            Password "P@ssword123"  //P@ssword123 为上文中定义的密码
            Collect "MemoryPool"
            Collect "Memory"
            Collect "GarbageCollector"
            Collect "OperatingSystem"
            Collect "Threading"
            Collect "Runtime"
            Collect "BufferPool"
            Collect "Compilation"
            Collect "GlobalRequestProcessor"
            Collect "ThreadPool"
            Collect "DataSource"
        </Connection>
    </Plugin>
</Plugin>
```

2. 自定义 JMX

定义如下：

```
public interface MetricsMBean {

    public int getTotalCount();

}


public class Metrics implements MetricsMBean {

    private int totalCountConnections;

    public Metrics(int totalCountConnections) {
        this.totalCountConnections = totalCountConnections;
    }
```

```
        @Override
        public int getTotalCount() {
            return totalCountConnections;
        }

    }
```

启动如下：

```
    MBeanServer server = ManagementFactory.getPlatformMBeanServer();
    ObjectName metricsName = new ObjectName("Metrics:name=MetricsNameOne");
    server.registerMBean(new Metrics(100), metricsName);
```

### 3. 使用 JMX 通知

还可以使用 JMX 的通知来做一些有意思的监控。例如，当进行垃圾回收时，输出一条度量数据。

定义通知行为如下：

```
    private final static class NotificationListenerImplementation implements
NotificationListener {

            private long jvmStartTime;
            private MetricsHandler metricHandler;

            public NotificationListenerImplementation(long jvmStartTime, MetricsHandler
metricHandler) {
                super();
                this.jvmStartTime = jvmStartTime;
                this.metricHandler = metricHandler;
            }

            @Override
            public void handleNotification(Notification notification, Object handback) {
                if (LOGGER.isDebugEnabled()) {
                    LOGGER.debug("received notifcation: " + notification.getType());
                }
                //记录了一个垃圾回收的度量信息
            }
        }
```

注册通知如下所示：

```
    long jvmStartTime = ManagementFactory.getRuntimeMXBean().getStartTime();
            List<GarbageCollectorMXBean> gcbeans = ManagementFactory.
getGarbageCollectorMXBeans();
            for (GarbageCollectorMXBean gcbean : gcbeans) {
                LOGGER.info("GC bean: " + gcbean);
                if (!(gcbean instanceof NotificationEmitter))
                    continue;
```

```
                NotificationEmitter emitter = (NotificationEmitter) gcbean;
                emitter.addNotificationListener(new NotificationListenerImplementati
on(jvmStartTime, metricHandler), notification -> {
                        return GarbageCollectionNotificationInfo.GARBAGE_COLLECTION_
NOTIFICATION
        .equals(notification.getType());
                }, null);

            }
```

这样，就可以得到类似如下的 metrics：

```
{
    "featureName": "java_gc",
    "componentType": "Example",
    "componentAddress": "10.224.56.146",
    "componentVer": "1.5.0 ",
    "poolName": "production",
    "metricType": "innerApi",
    "timestamp": "2017-05-25T04:45:33.235Z",
    "values": {
        "steps": [

        ],
        "totalDurationInMS": 254
    },
    "trackingID": "3"
}
```

### 4.4.5 提供 API 或命令行接口暴露内部度量指标

类似之前所说的 JMX，应用系统提供 API 或命令行接口暴露命令行指标是非常有效的方式，可以将应用系统的黑盒子打开，具体实现不一而足。例如，我们之后将要提到的 Spring Actuator 提供了一些度量信息，打开如下 API：

```
curl http://<hostname>:<port>/<serviceName>/actuator/metrics/jvm.memory.used
```

即可得到应用程序所占用的 JVM 内存：

```
{
    "name": "jvm.memory.used",
    "description": "The amount of used memory",
    "baseUnit": "bytes",
    "measurements": [
        {
            "statistic": "VALUE",
            "value": 189538888
        }
    ],
    "availableTags": [
```

```
        {
            "tag": "area",
            "values": [
                "heap",
                "nonheap"
            ]
        },
        {
            "tag": "id",
            "values": [
                "Compressed Class Space",
                "PS Survivor Space",
                "PS Old Gen",
                "Metaspace",
                "PS Eden Space",
                "Code Cache"
            ]
        }
    ]
}
```

度量 API 的设计与实现要点如下：

- 获取度量信息一律用 HTTP GET 方法，响应最好采用结构化的 JSON 输出。
- 敏感信息需要认证和加密，必要时使用 HTTPS，并拒绝来自系统外部的请求。当然，尽量不要在度量 API 响应中放置敏感信息，尤其是个人身份识别信息（Personally Identifiable Information，PII）。
- 对度量数据信息一样要有流量控制，拒绝过于频繁的请求，并且最好不要在请求响应时去实时采集和查询度量信息，而应定时收集好放在内存中，当有请求时直接从内存中读出后返回。

命令行接口其实是另一种方式的 API。但在云计算平台大行其道的今天，微服务通过命令行接口来暴露度量信息的方式已经用得很少了，一切操作和查询最好都通过网络进行。我们在实际开发中习惯为每一个后台服务开发一个 Web monitor 模块，提供系统内部的度量信息。

当然，操作系统和中间件系统所提供的一些命令行接口还是非常有用的，比如我们之后提到的 Redis 的监控度量，它的命令行功能非常强大，通过 redis-cli info all 命令就能获得多数你需要的度量数据。一般情况下可以通过安装在服务器的代理软件来调用其命令行，再通过网络传输出来进行汇总分析。

### 4.4.6 阈值和采样率控制度量数据量

在输出度量信息时，有时需要平衡数据量和实际用途。有时，一些数据量很大，大多数数据实际上并没有用，但是需要时又可能找不到，针对这种情况，可以使用采样率（sample rate）和阈值（threadhold）来均衡数据和实际用途。

例如，对于DNS解析，大多数时候，DNS解析都很快，我们不需要度量指标来记录这些信息。但是有的时候，排除排查延时较大的情况，需要知道DNS是否是一个影响因素，这个时候，可以使用threadhold来控制。例如，超过500ms的DNS解析才需要记录，参见如下代码：

```
public class MetricsDnsResolver implements DnsResolver {

    private static final int THRESHOLD_IN_MS = 500;
    private static final Logger LOGGER = Logger.getLogger(MetricsDnsResolver.class);

    public InetAddress[] resolve(String host) throws UnknownHostException {
    long startTime = System.currentTimeMillis();
    InetAddress[] allByName = null;
    try {
        allByName = InetAddress.getAllByName(host);
    }finally {
        long duration = System.currentTimeMillis() - startTime;
        if(duration > THRESHOLD_IN_MS) {
            LOGGER.warn("DNS: " + host + ", take too long time(ms): " + duration);
            //write metric here
        }
    }
```

这样既避免了大多数无用的数据量，同时，在真正需要时又能有据可查。

采样率是另外一个常用的技术。度量数据及日志的传输与存储需要耗费流量和存储空间，我们当然应该只记录那些有意义、有价值的度量数据。以日志为例，通过我们记录API响应错误的细节以供诊断和分析，可是401/403这种认证和鉴权错误多数是由不合法的用户攻击请求造成的，没必要对每条请求都记录日志。尤其是遇到攻击的时候，大量的请求就会产生大量的日志，而到流量控制机制生效还需要一段时间。所以我们应该设置一个采样率，以一个设定的比率来记录详细的请求源地址、请求路径等信息到日志中。采样率的设定和判断当然可以按照请求计数，在到达一个比率时记录度量日志。例如，我们设定采样率为10%，每10条记录就记录1条。也可以简单一点，产生一个100之内的随机数，当产生的随机数小于10的时候进行记录，示例代码如下：

```
package com.github.walterfan.util;

import lombok.extern.slf4j.Slf4j;

import java.security.SecureRandom;
import java.util.Random;
import java.util.function.BooleanSupplier;

@Slf4j
public class LogSampler implements BooleanSupplier {

    private static final ThreadLocal<Random> randomNumberGenerator = new
```

```
ThreadLocal<Random>() {
            @Override
            protected Random initialValue() {
                return new SecureRandom();
            }
        };

        private final int logPercentage;

        public LogSampler(int logPercentage) {
            this.logPercentage = logPercentage;
        }

        @Override
        public boolean getAsBoolean() {
            if(logPercentage >= 100) return true;
            if(logPercentage <= 0) return false;

            int randomNumber = randomNumberGenerator.get().nextInt(100) ;
            //log.debug("randomNumber: {}", randomNumber);
            return randomNumber < logPercentage;
        }

        public static void main(String args[]) {
            LogSampler logSampler = new LogSampler(10);
            for(int i=0;i<100;i++) {
                if(logSampler.getAsBoolean()) {
                    log.info("write log {}", i);
                }
            }
        }
    }
    // 输出结果如下，100 次中大约 10% 的日志记录下来了，这种方法并不求精确
    write log 11
    write log 28
    write log 33
    write log 37
    write log 45
    write log 50
    write log 51
    write log 67
    write log 70
    write log 77
    write log 82
    write log 87
    write log 96
    write log 97
```

在实际工作中，阈值和采样率这两种方法常常结合起来使用。比如，对于 401 错误，我们可以设置成每小时至少记录 100 条错误，采样率为 10%。阈值和采样率在进行度量设

计时非常重要，既能保持数据的有效性，又可以节省资源。

### 4.4.7　利用简单网络管理协议提供度量查询和报警支持

简单网络管理协议（SNMP）是一种 Internet 标准协议，用于收集和组织有关 IP 网络上受管设备的信息，以及修改该信息以更改设备行为，广泛用于网络监控的网络管理。SNMP 以管理信息库（MIB）中组织的受管系统上的变量形式公开管理数据，该管理信息库描述系统状态和配置。然后，可以通过管理应用程序远程查询（并在某些情况下操纵）这些变量。起初 SNMP 广泛用于网络设备的监控，例如路由器、交换机、服务器、工作站、打印机等，后来逐渐扩展到众多联网设备上，包括服务器及运行在服务器中的软件服务。

微服务可以利用 SNMP 定时向共享内存中记录度量信息，并在出现错误时发出 trap 警告信息。这样做的好处是便于与传统的基于 SNMP 技术的监控系统集成，坏处是相比其他技术，它的限制比较多，实现起来也比较麻烦。SNMP 协议有 3 个版本，现在使用得较多的是在安全性上有所提升的 SNMPv3。如图 4-13 所示，SNMP Agent 即为微服务所在的服务器上的 SNMP 代理进程，SNMP Manager 即为我们的监控系统，SNMP Manager 可以向 SNMP Agent 发送 Get 或 Set 请求，我们一般只使用 Get。Get 请求包基于 UDP 从 SNMP Manager 发送到 SNMP Agent，SNMP Agent 就会将微服务记录在共享内存中的度量信息返回。Trap 是 SNMP Agent 主动向 SNMP Manager 发送的报警信息。

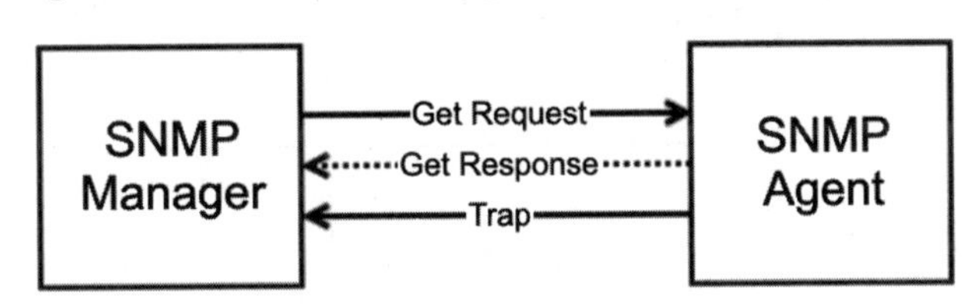


图 4-13　SNMP 技术的基本流程

早期项目中，我们主要是用 net-snmp 这个 C 语言库，Java 项目中也有用 snmp4j 的，后期没有特殊要求。微服务的监控大多已不再使用 SNMP，在此不再赘述。

### 4.4.8　综合利用以上技术

很多时候，上面介绍的技术都是综合在一起使用的。例如，将各种度量数据指标注册到度量注册表 MetricsRegistry 中，并以 JMX 的方式暴露出去，可以更加方便地对度量数据进行统计。以 Cassandra 的度量设计和实现为例，Cassandra 首先将若干统计指标注册到 org.apache.cassandra.metrics.CassandraMetricsRegistry 这个类中，该类的核心代码如下：

```
public class CassandraMetricsRegistry extends MetricRegistry {

    //……省略若干代码
    public void registerMBean(Metric metric, ObjectName name)
    {
```

```
            AbstractBean mbean;

            if (metric instanceof Gauge)
                mbean = new JmxGauge((Gauge<?>) metric, name);
            else if (metric instanceof Counter)
                mbean = new JmxCounter((Counter) metric, name);
            else if (metric instanceof Histogram)
                mbean = new JmxHistogram((Histogram) metric, name);
            else if (metric instanceof Timer)
                mbean = new JmxTimer((Timer) metric, name, TimeUnit.SECONDS,
TimeUnit.MICROSECONDS);
            else if (metric instanceof Metered)
                mbean = new JmxMeter((Metered) metric, name, TimeUnit.SECONDS);
            else
                throw new IllegalArgumentException("Unknown metric type: " + metric.
getClass());

            if (!mBeanServer.isRegistered(name))
                mBeanServer.registerMBean(mbean, name, MBeanWrapper.OnException.LOG);
        }
        //……省略若干代码
    }
```

通过这段源码，我们可以知道最终它是通过 MBean 暴露数据的。在具体构建关系上，可以参考图 4-14 和图 4-15 来了解详情。具体而言，类中定义了若干嵌套接口和类，将各种度量指标聚合到一起。

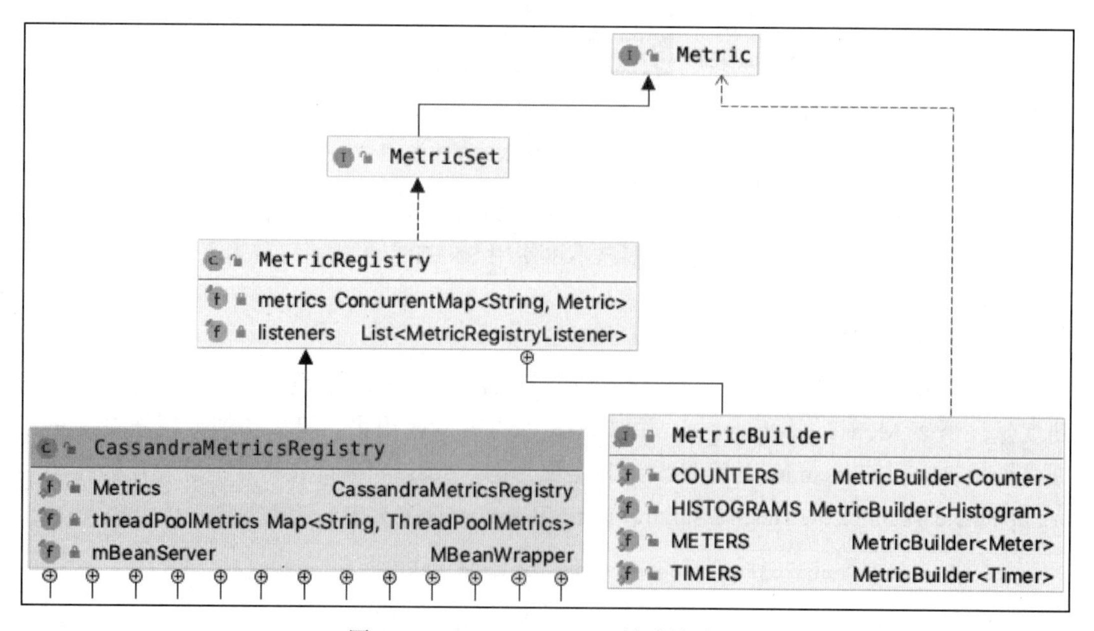


图 4-14 Cassandra Metrics 构建关系图

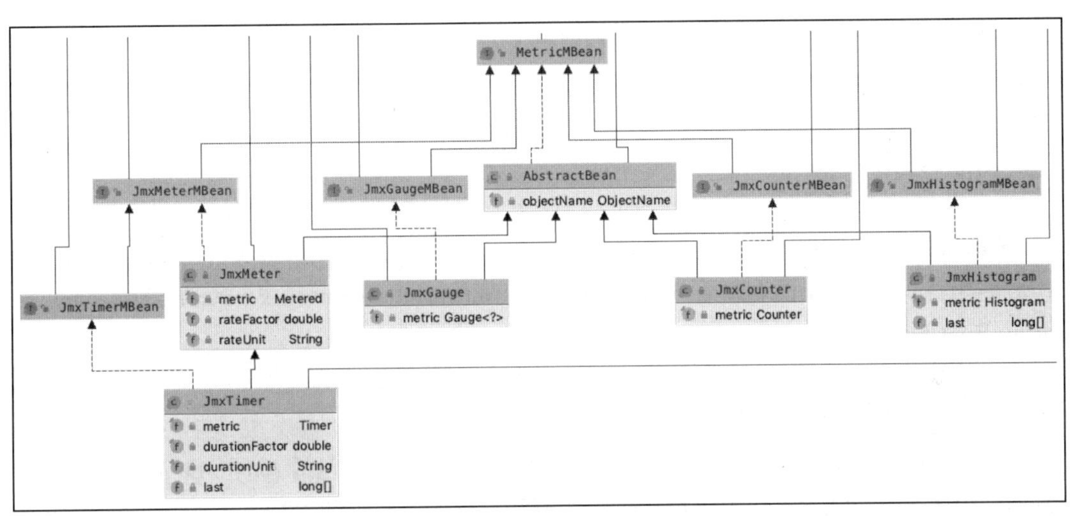


图 4-15　Cassandra Metrics 类型图

这样，当 Cassandra 启动之后，我们可以应用 JMX 管理应用程序来远程连接并观察其各种度量指标。例如，通过 Jconsole 来连接本地或远程启动的 Cassandra，可以看到如图 4-16 所示的度量指标。

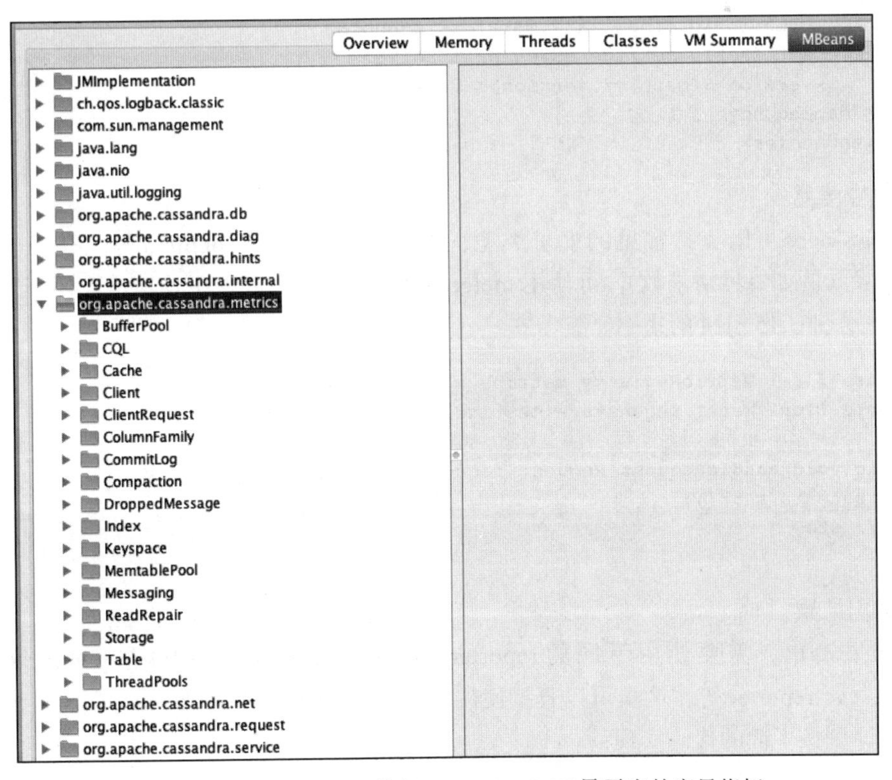


图 4-16　通过 Jconsole 观察 Cassandra JMX 暴露出的度量指标

通过综合使用这些技术，可以收集到各式各样的数据。但是也有很多拿来即用的类库供我们直接使用，下面来看一下。

## 4.5 度量常用类库

度量相关的类库不计其数，各种语言都有专门用于监控与度量的类库。这里仅以常用的 Java 类库为例，常见的有以下 3 种：Dropwizard 的 Metrics-core、Pivotal 的 Micrometer、Spring Boot Actuator。

### 4.5.1 Dropwizard 的 Metrics-core

Dropwizard 的 Metrics-core 应用广泛，提供了大多数应用，包括 Jetty、Logback、Log4j、Apache HttpClient、Ehcache、JDBI、Jersey 等开源组件的 metric 的支持。

#### 1. 添加依赖

将 Metrics-core 作为依赖项添加到 pom.xml。

```
<dependencies>
    <dependency>
        <groupId>io.dropwizard.metrics</groupId>
        <artifactId>metrics-core</artifactId>
        <version>${metrics.version}</version>
    </dependency>
</dependencies>
```

#### 2. 建立度量

Metrics-core 可以支持常见的度量类型，如 meter、timer、counters 等。举个例子，衡量事件速率（例如每秒请求数），可使用 meter，这样除了可以获取平均速度，还可获取最近 1 分钟、5 分钟、15 分钟的速率。

```
private final MetricRegistry metrics = new MetricRegistry();
private final Meter requests = metrics.meter("requests");

public void handleRequest(Request request, Response response) {
    requests.mark();
    // etc
}
```

#### 3. 输出结果

将结果输出，需要使用不同的 reporter，例如 jmx reporter、slf4j reporter、Graphite Reporter、cvs reporter 等。这里可以直接使用 console reporter 输出到 console 上，设定每秒打印一次，则按下面的代码实现：

```
ConsoleReporter reporter = ConsoleReporter.forRegistry(metrics)
```

```
        .convertRatesTo(TimeUnit.SECONDS)
        .convertDurationsTo(TimeUnit.MILLISECONDS)
        .build();
    reporter.start(1, TimeUnit.SECONDS);
```

完整的代码如下：

```
    package sample;
    import com.codahale.metrics.*;
    import java.util.concurrent.TimeUnit;

    public class GetStarted {
        static final MetricRegistry metrics = new MetricRegistry();
        public static void main(String args[]) {
            startReport();
            Meter requests = metrics.meter("requests");
            requests.mark();
            wait5Seconds();
        }

    static void startReport() {
        ConsoleReporter reporter = ConsoleReporter.forRegistry(metrics)
            .convertRatesTo(TimeUnit.SECONDS)
            .convertDurationsTo(TimeUnit.MILLISECONDS)
            .build();
        reporter.start(1, TimeUnit.SECONDS);
    }

    static void wait5Seconds() {
        try {
            Thread.sleep(5*1000);
        }
        catch(InterruptedException e) {}
    }
}
```

### 4. 扩展功能

Metrics-core 还提供了一个称为 metrics-healthchecks 的模块，可以用来集中化管理服务的健康状况。例如，创建 Health Check 来查询 database 的健康状态：

```
public class DatabaseHealthCheck extends HealthCheck {
    private final Database database;

    public DatabaseHealthCheck(Database database) {
        this.database = database;
    }

    @Override
    public HealthCheck.Result check() throws Exception {
```

```
            if (database.isConnected()) {
                return HealthCheck.Result.healthy();
            } else {
                return HealthCheck.Result.unhealthy("Cannot connect to " + database.
getUrl());
            }
        }
    }
```

创建 HealthCheckRegistry 并绑定 DatabaseHealthCheck：

```
final HealthCheckRegistry healthChecks = new HealthCheckRegistry();
healthChecks.register("database", new DatabaseHealthCheck(database));
```

这样就可以管理服务的健康状况了。

### 4.5.2 Pivotal 的 Micrometer

Pivotal 的 Micrometer 是一套基于 Java 的度量数据收集的库，除了提供与 Metrics-core 类似的基本功能以外，更多的是对当前流行的收集平台的支持，例如支持 tag 以适应 InfluxDB 等。现在它已经被很多开源软件作为内置支持，例如 Spring Boot、OkHttp 等。

#### 1. 添加依赖

如果仅仅是基于内存实现而不将度量数据输出到其他系统中，可以直接依赖 Micrometer 这个库。但在实际中，往往都是需要输出到第三方（如 InfluxDB、Prometheus 等）的，这个时候直接依赖集成的库即可。例如使用 InfluxDB，将 micrometer-registry-prometheus 作为依赖项添加到 pom.xml。

```
<dependencies>
    <dependency>
        <groupId>io.micrometer</groupId>
        <artifactId>micrometer-registry-influx</artifactId>
        <version>${micrometer.version}</version>
    </dependency>
</dependencies>
```

#### 2. 建立度量

Micrometer 也支持常见的类型的度量，如 meter、timer、counters 等，而且代码风格也大同小异。例如使用 counter 代码统计请求数。

```
SimpleMeterRegistry simpleMeterRegistry = new SimpleMeterRegistry();
Counter counter = simpleMeterRegistry.counter("totalRequests");
counter.increment();
```

#### 3. 输出结果

在上面的代码中，我们使用的是 SimpleMeterRegistry，这是一种基于内存的统计实现，常用于本地开发和测试，不输出度量数据到常用第三方。正如前文所述，可以使用其他的

Influx Register 将结果输出到 InfluxDB。

```
InfluxConfig influxConfig = new InfluxConfig() {

    public String db() {
        return "metric";
        }

    public String get(String key) {
        return null; // 接受其他默认设置
        }
    };

CompositeMeterRegistry registry = new CompositeMeterRegistry();
registry.add(new SimpleMeterRegistry());
registry.add(new InfluxMeterRegistry(influxConfig, Clock.SYSTEM));

Counter counter = registry.counter("totalRequests");
counter.increment();
```

另外，也可以使用 Dropwizard 的 reporter。例如：

```
@Bean
public MetricRegistry dropwizardRegistry() {
    return new MetricRegistry();
}

@Bean
public ConsoleReporter consoleReporter(MetricRegistry dropwizardRegistry) {
    ConsoleReporter reporter = ConsoleReporter.forRegistry(dropwizardRegistry)
            .convertRatesTo(TimeUnit.SECONDS)
            .convertDurationsTo(TimeUnit.MILLISECONDS)
            .build();
    reporter.start(1, TimeUnit.SECONDS);
    return reporter;
}

@Bean
public MeterRegistry consoleLoggingRegistry(MetricRegistry dropwizardRegistry) {
    DropwizardConfig consoleConfig = new DropwizardConfig() {

        @Override
        public String prefix() {
            return "console";
            }

            @Override
            public String get(String key) {
                return null;
            }
```

```
        };

        return new DropwizardMeterRegistry(consoleConfig, dropwizardRegistry,
HierarchicalNameMapper.DEFAULT, Clock.SYSTEM) {
            @Override
            protected Double nullGaugeValue() {
                return null;
            }
        };
    }
```

#### 4. 扩展功能

Micrometer 支持多种输出组件，但是不同组件的特性和概念可能不太一样（例如 InfluxDB 中的 tag），所以 Micrometer 还提供了一些额外的高级功能。例如，针对某类输出的过滤：

```
registry.config()
    .meterFilter(MeterFilter.acceptNameStartsWith("http"))
    .meterFilter(MeterFilter.deny()); (1)
}
```

再如，针对某类输出的转化：

```
new MeterFilter() {
    @Override
    public Meter.Id map(Meter.Id id) {
        if(id.getName().startsWith("test")) {
            return id.withName("extra." + id.getName()).withTag("extra.tag",
"value");
        }
        return id;
    }
}
```

通过过滤和转化功能，即可实现将同一度量数据个性化地输出到不同的第三方系统。

### 4.5.3 Spring Boot Actuator

Spring Boot Actuator 是 Spring Boot 的一个重要子模块，它可以提供用于生产环境的监视和管理功能，可选择使用 HTTP 端点或 JMX 来管理和监视你的服务。还可将审核、运行状况和指标收集功能应用于你的服务。

#### 1. 添加依赖

把 spring-boot-starter-actuator 加入你的依赖库即可“开箱即用”。由于有些端点的数据比较敏感，所以我们也可一并加入 spring-boot-starter-security。

```
<dependencies>
```

```
    <dependency>
        <groupId>org.springframework.boot</groupId>
        <artifactId>spring-boot-starter-actuator</artifactId>
    </dependency>
    <dependency>
            <groupId>org.springframework.boot</groupId>
            <artifactId>spring-boot-starter-security</artifactId>
        </dependency>
</dependencies>
```

### 2. 建立度量

Actuator 内置了许多度量，可以通过 actuator 端点监控应用程序并与之交互。Spring Boot 包含许多内置端点，你可以添加自己的端点，也可通过配置启用或禁用某个端点，以 JMX 或 HTTP 来公开你的端点。默认端点如下。

- /auditevents：列出与安全审计相关的事件，例如，用户登录 / 注销。此外，还可以按主要或类型等字段进行过滤。
- /beans：返回 BeanFactory 中所有可用的 bean。与 /auditevents 不同，它不支持过滤。
- /conditions：以前称为 /autoconfig，构建有关自动配置的条件报告。
- /configprops：允许我们获取所有 @ConfigurationProperties bean。
- /env：返回当前的环境属性。此外，可以检索单个属性。
- /flyway：提供有关 Flyway 数据库迁移的详细信息。
- /health：总结应用程序的健康状况。
- /heapdump：从应用程序使用的 JVM 构建并返回一个堆转储。
- /info：返回一般信息。它可能是自定义数据、构建信息或有关最新提交的详细信息。
- /liquibase：表现得像 /flyway，不过是针对 Liquibase 应用。
- /logfile：返回普通的应用程序日志。
- /loggers：能够查询和修改应用程序的日志记录级别。
- /metrics：详细说明应用程序的指标，这可能包括通用指标和自定义指标。
- /prometheus：返回与前一个类似的指标，但格式化为与 Prometheus 服务器一起使用。
- /scheduledtasks：提供有关应用程序中每个计划任务的详细信息。
- /sessions：列出正在使用 Spring Session 的 HTTP 会话。
- /shutdown：正常关闭应用程序。
- /threaddump：转储底层 JVM 的线程信息。

### 3. 输出结果

- JMX 端点：启动你的 Spring Boot 应用程序，打开 jconsole 通过 JMX 连接，如图 4-17 所示。

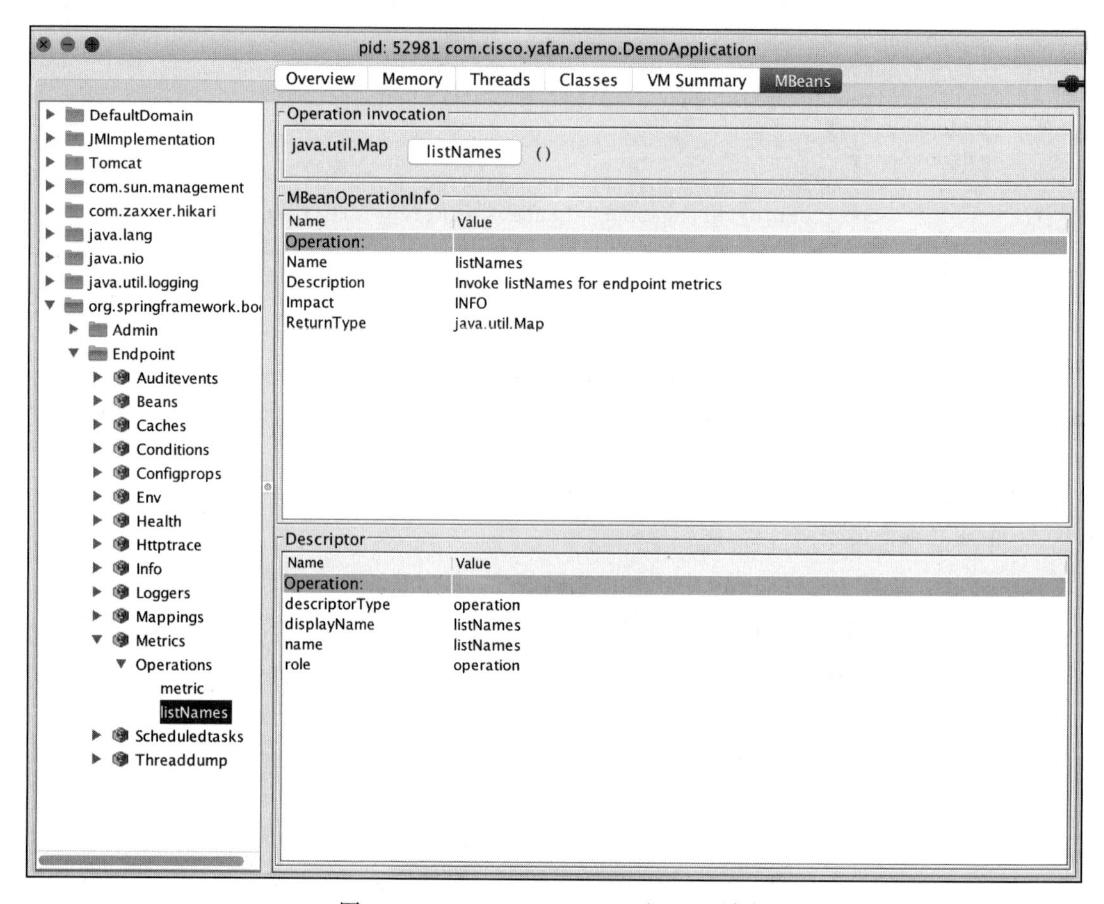


图 4-17 Spring Boot Actuator 之 JMX 端点

❑ HTTP 端点：http://localhost:8080/actuator，HTTP 的默认端点只有 health 和 info。

```
{
    - _links: {
        - self: {
              href: "http://localhost:8080/actuator",
              templated: false
          },
        - health: {
              href: "http://localhost:8080/actuator/health",
              templated: false
          },
        - health-component-instance: {
              href: "http://localhost:8080/actuator/health/{component}/
{instance}.",
              templated: true
          },
        - health-component: {
              href: "http://localhost:8080/actuator/health/{component}.",
```

```
                templated: true
            },
        - info: {
                href: "http://localhost:8080/actuator/info",
                templated: false
            }
    }
}
```

调整 application.properties 配置，如下所示：

```
logging.level.org.springframework: DEBUG

spring.security.user.name=admin
spring.security.user.password=pass1234
spring.security.user.roles=USER

management.endpoints.web.exposure.include=*
management.endpont.shutdown.enabled=true
management.endpont.health.show-details=when_authorized
```

可以看到所有的 HTTP Actuator 端点如下：

```
{
    "self": {
        "href": "http://localhost:8080/actuator",
        "templated": false
    },
    "auditevents": {
        "href": "http://localhost:8080/actuator/auditevents",
        "templated": false
    },
    "beans": {
        "href": "http://localhost:8080/actuator/beans",
        "templated": false
    },
    // 省略若干类似度量信息
    "scheduledtasks": {
        "href": "http://localhost:8080/actuator/scheduledtasks",
        "templated": false
    },
    "httptrace": {
        "href": "http://localhost:8080/actuator/httptrace",
        "templated": false
    },
    "mappings": {
        "href": "http://localhost:8080/actuator/mappings",
        "templated": false
    }
}
```

看看 http://localhost:8080/actuator/metrics，如下所示，有很多内置的度量数据条目：

```
{
    "names": [
        "jvm.memory.max",
        "jvm.threads.states",
        "http.server.requests",
        "jdbc.connections.active",
//省略若干信息
        "process.files.open",
        "jvm.buffer.count",
        "jvm.buffer.total.capacity",
        "tomcat.sessions.active.max",
        "hikaricp.connections.acquire",
        "tomcat.threads.busy",
        "process.start.time"
    ]
}
```

打开 http://localhost:8080/actuator/metrics/jvm.memory.used，可以看到 JVM 所使用的内存如下所示：

```
{
    "name": "jvm.memory.used",
    "description": "The amount of used memory",
    "baseUnit": "bytes",
    "measurements": [
        {
            "statistic": "VALUE",
            "value": 301460880
        }
    ],
    "availableTags": [
        {
            "tag": "area",
            "values": [
                "heap",
                "nonheap"
            ]
        },
        {
            "tag": "id",
            "values": [
                "Compressed Class Space",
                "PS Survivor Space",
                "PS Old Gen",
                "Metaspace",
                "PS Eden Space",
                "Code Cache"
            ]
        }
```

```
    ]
}
```

#### 4. 扩展功能

Actuator 的 /info 端点可以自定义内容，例如，做如下配置。

在 application.properties 中配置相关属性，如下所示：

```
management.endpoint.info.sensitive=false

info.app.name=Potato Service
info.app.description=This is Potato Service based on spring boot
info.app.version=1.0.0
```

也可以自定义一些端点的内容，比如 health 端点：

```
management.endpont.health.show-details=always
management.health.db.enabled=true
management.health.defaults.enabled=true
management.health.diskspace.enabled=true
```

## 4.6 土豆微服务度量实现

在第 3 章，我们介绍了土豆微服务的度量设计，本章前面的部分介绍了各种各样的度量技术，那么现在就可以结合我们的设计和技术，实现我们自己的土豆微服务。具体而言，我们可以实现如下方面的度量：

- ❑ 代码
- ❑ 服务健康程度
- ❑ 服务的资源使用率
- ❑ 服务的使用量和趋势
- ❑ 服务的性能
- ❑ 服务的错误率
- ❑ 关键业务指标（KPI）

### 4.6.1 为土豆微服务提供代码度量

为土豆微服务度量代码，可以使用 SonarQube，它是一个用于代码质量管理的开源平台，用于管理源代码的质量，能自动从源码中找出代码中的一些问题：未使用的代码、复杂的表达式、未覆盖的代码、糟糕的代码和重复的代码等。可支持包括 Java、C/C++、PL/SQL、JavaScript、Groovy 等在内的编程语言的代码质量管理与检测。

这里使用最流行的 SonarQube 对土豆微服务的代码进行度量，主要步骤如下。

#### 1. 安装

1）下载 SonarQube Community Edition。

2）解压（unzip），在 Windows 系统下，可以使用 C:\sonarqube，在 Linux 系统下则使用 /opt/sonarqube。

3）启动：

```
# On Windows, execute:
C:\sonarqube\bin\windows-x86-xx\StartSonar.bat

# On other operating systems, as a non-root user execute:
/opt/sonarqube/bin/[OS]/sonar.sh console
```

4）使用系统账号（默认 admin/admin）登录 http://localhost:9000，验证是否可以使用。这样就可以按照使用向导来使用。

在安装启动过程中，可能会遇到启动不了的情况，常见的错误是没有使用 root 来启动，所以应单独创建用户并赋予合适权限。

SonarQube 默认使用 H2 数据库。如果需要使用外部数据库，还需要额外的配置，例如使用 MySQL，需要如下配置：

```
#sonar.jdbc.url=jdbc:mysql://localhost:3306/sonar?useUnicode=true&characterEncoding=utf8&rewriteBatchedStatements=true&useConfigs=maxPerformance&useSSL=false
```

### 2. 使用

SonarQube 的使用也很简单，按照它的安装向导分两步进行，如图 4-18 所示。

1）提供一个令牌。

2）根据自己项目的情况（如 Java 项目、maven 构建方式）产生命令。

在编译（compile）代码的 mvn 命令中加上如下参数：

```
mvn compile sonar:sonar \
    -Dsonar.projectKey=mdd \
    -Dsonar.host.url=http://10.140.202.98:9000 \
    -Dsonar.login=b49759148a4dd173b83252af7e4167720420a746
```

使用命令执行本书土豆案例项目，可以看到如下输出信息：

```
[INFO] Analysis report generated in 103ms, dir size=299 KB
[INFO] Analysis report compressed in 289ms, zip size=173 KB
[INFO] Analysis report uploaded in 82ms
[INFO] ANALYSIS SUCCESSFUL, you can browse http://10.140.202.98:9000/dashboard?id=mdd
[INFO] Note that you will be able to access the updated dashboard once the server has processed the submitted analysis report
[INFO] More about the report processing at http://10.140.202.98:9000/api/ce/task?id=AWqvM3svmSS3hDG5-Uj4
[INFO] Analysis total time: 38.891 s
[INFO] ------------------------------------------------------------------------
[INFO] BUILD SUCCESS
[INFO] ------------------------------------------------------------------------
```

```
[INFO] Total time: 56.428 s
[INFO] Finished at: 2019-05-13T03:19:06+00:00
[INFO] Final Memory: 54M/832M
[INFO] ------------------------------------------------------------------------
```

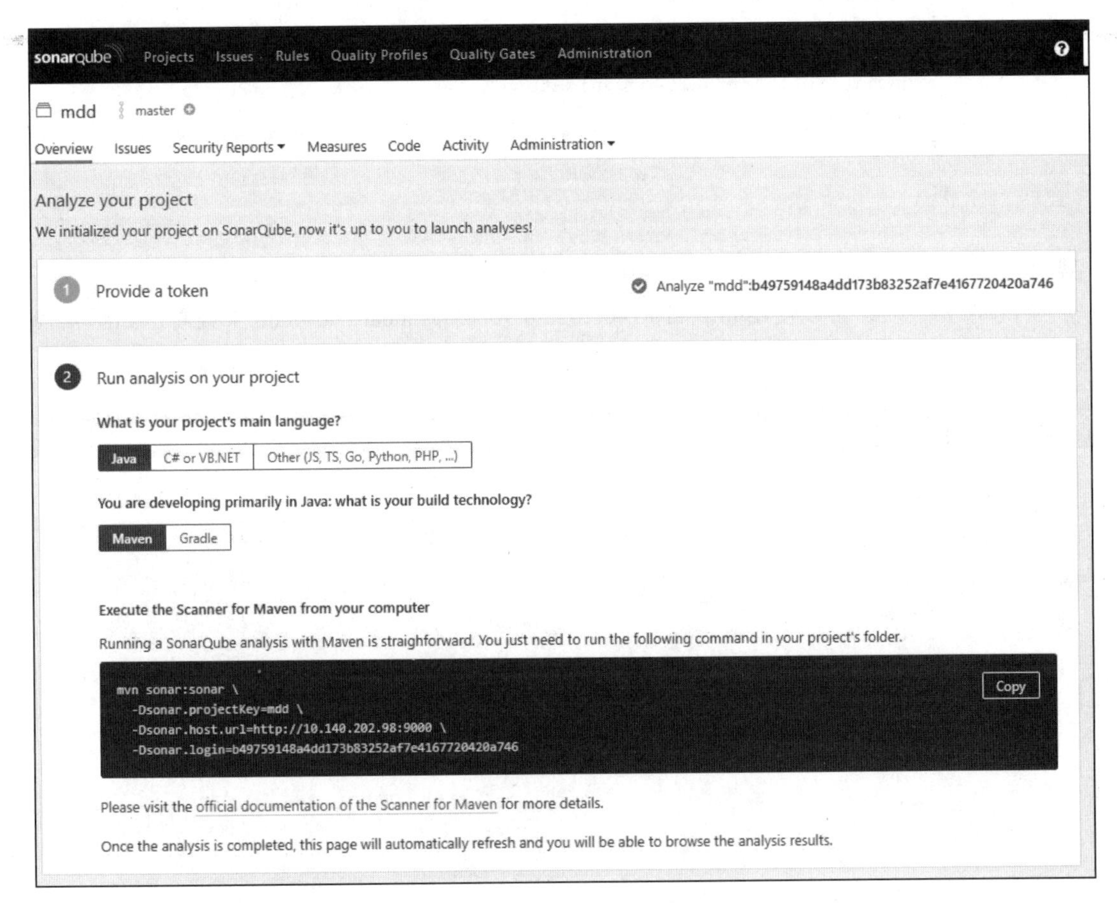


图 4-18　SonarQube 使用向导

其中 http://10.140.202.98:9000/api/ce/task?id=AWqvM3svmSS3hDG5-Uj4 是 SonarQube 的 task 进度信息，如下所示：

```
{
    task: {
        id: "AWqvM3svmSS3hDG5-Uj4",
        type: "REPORT",
        componentId: "AWqvGMCvmSS3hDG5-Ujy",
        componentKey: "mdd",
        componentName: "potato",
        componentQualifier: "TRK",
        analysisId: "AWqvM4Jetq4499cTkm23",
        status: "SUCCESS",
```

```
            submittedAt: "2019-05-13T11:19:07+0800",
            submitterLogin: "admin",
            startedAt: "2019-05-13T11:19:07+0800",
            executedAt: "2019-05-13T11:19:28+0800",
            executionTimeMs: 20208,
            logs: false,
            hasScannerContext: true,
            organization: "default-organization",
            warningCount: 0,
          warnings: [

            ]
        }
    }
```

当 task 完成后，可以使用 http://10.140.202.98:9000/dashboard?id=mdd 来查看，如图 4-19 所示。

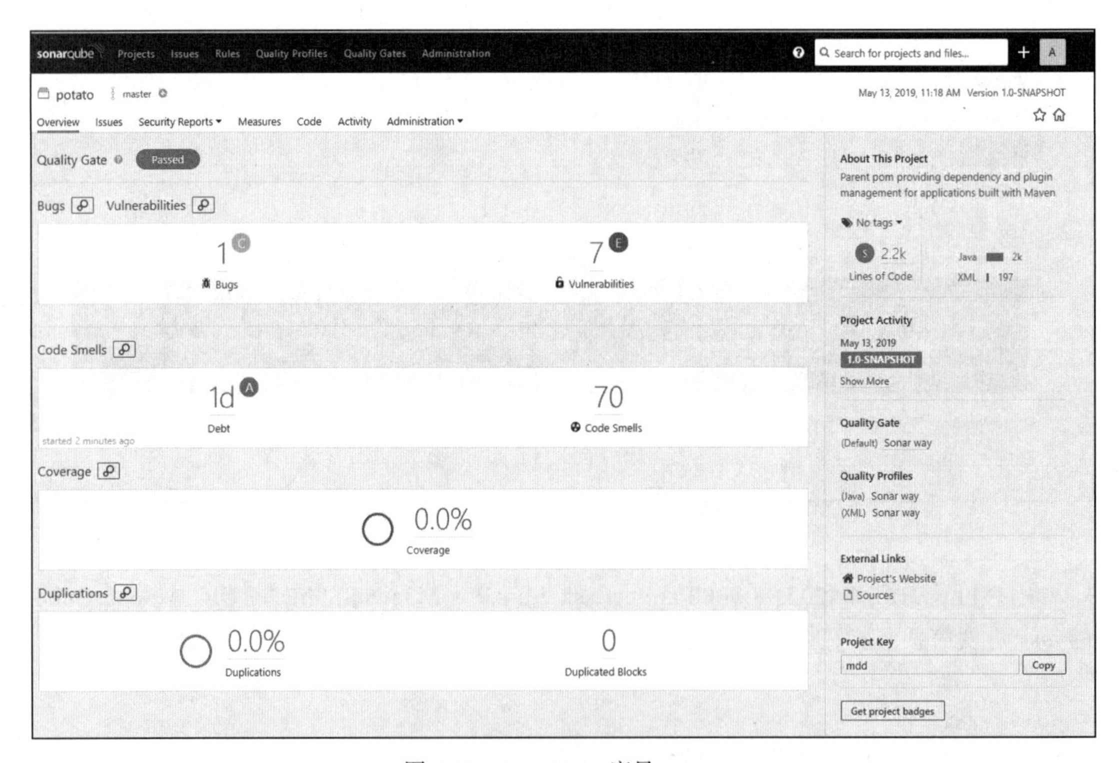


图 4-19 SonarQube 度量 potato

### 3. 持续集成

使用 SonarQube 等开源平台可以很好地反映、监控代码的质量，在实际使用中可以与 Jenkins 等持续集成平台集成到一起来使用。在具体使用上有以下两种方式。

（1）直接执行 mvn 命令

这种方式不需要安装额外的 Jenkins 插件，直接使用 maven sonar plugin 提供的功能即可。例如，使用 Jenkins 来完成 Sonar 的自动扫描，如图 4-20 和图 4-21 所示。

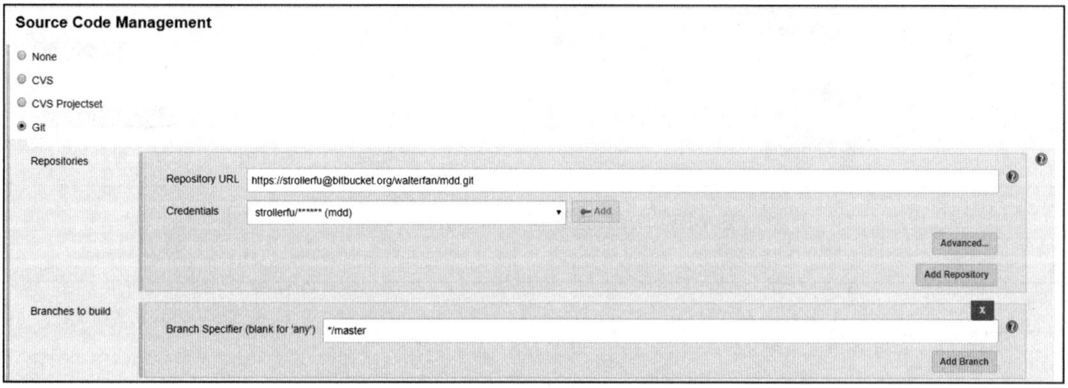

图 4-20 Jenkins 配置 Sonar 扫描的代码源

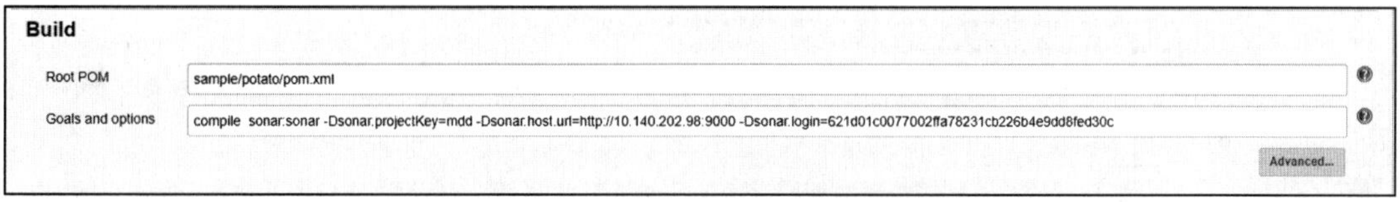

图 4-21 Jenkins 配置 Sonar 扫描的执行过程

（2）使用 SonarQube Scanner for Jenkins 插件

安装插件 SonarQube Scanner for Jenkins 并且配置 SonarQube server（路径：Jenkins->Manage Jenkins->Config System），如图 4-22 所示。

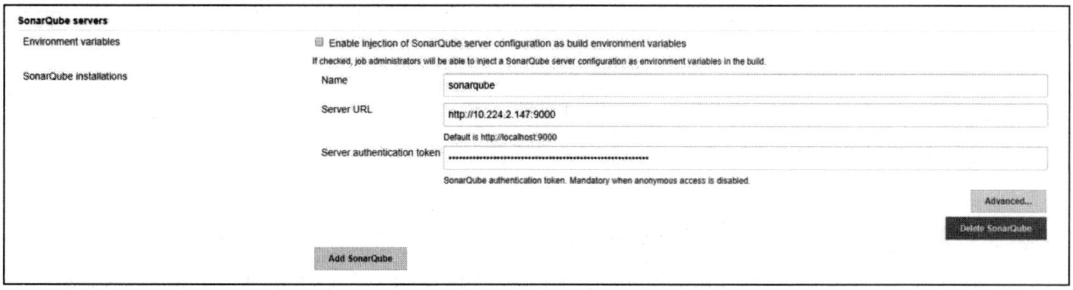

图 4-22 Jenkins 配置 SonarQube Server

配置 SonarQube Scanner 工具的位置（路径：Jenkins->Manage Jenkins->Global Tool Configuration），如图 4-23 所示。

新建配置 job、配置代码下载（参考图 4-20）及 Execute SonarQube Scanner（参考图 4-24），进行土豆案例扫描设置。

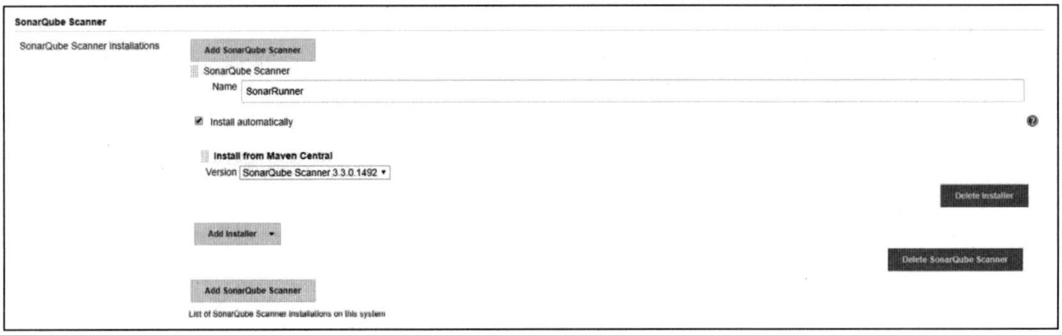

图 4-23　Jenkins 配置 SonarQube Scanner

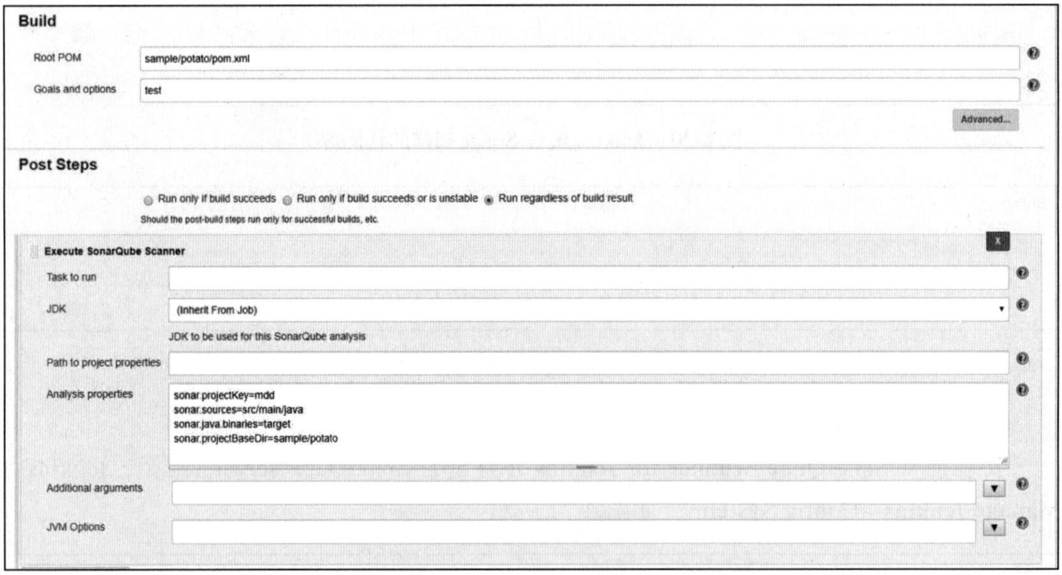

图 4-24　Jenkins job 配置 Execute SonarQube Scanner

通过以上的简单配置，即可与 Jenkins 集成。同时在代码质量的监控上，应该设置团队认可的统一标准，以便以后持续改进。

## 4.6.2　为土豆微服务添加健康检查 API

增加一个 Health 端点就可以检查所有微服务的健康状态。我们可以为每个微服务添加一个 Health 端点，显示服务的健康程度。一个服务的健康与否，主要取决于它所依赖的资源、中间件（包括数据存储、消息队列等）及其他服务。

Spring Boot Actuator 也提供了一个 Health 端点，通过访问这个 HTTP 或者 JMX 端点来检查微服务的健康情况。我们可以直接利用它的 Health 端点，也可根据自身需求构造一个自己的 Health 端点。

```
public class PotatoController {

// 省略无关代码
@Autowired
private ServiceHealthManager serviceHealthManager;

@RequestMapping(value = "/ping", method = RequestMethod.GET)
@ApiCallMetricAnnotation(name = "ping")
public ServiceHealth ping() {
    return serviceHealthManager.checkHealth();
}
```

然后我们构造一个 ServiceHealthManager 来揭示系统的健康状况，类图如图 4-25 所示。

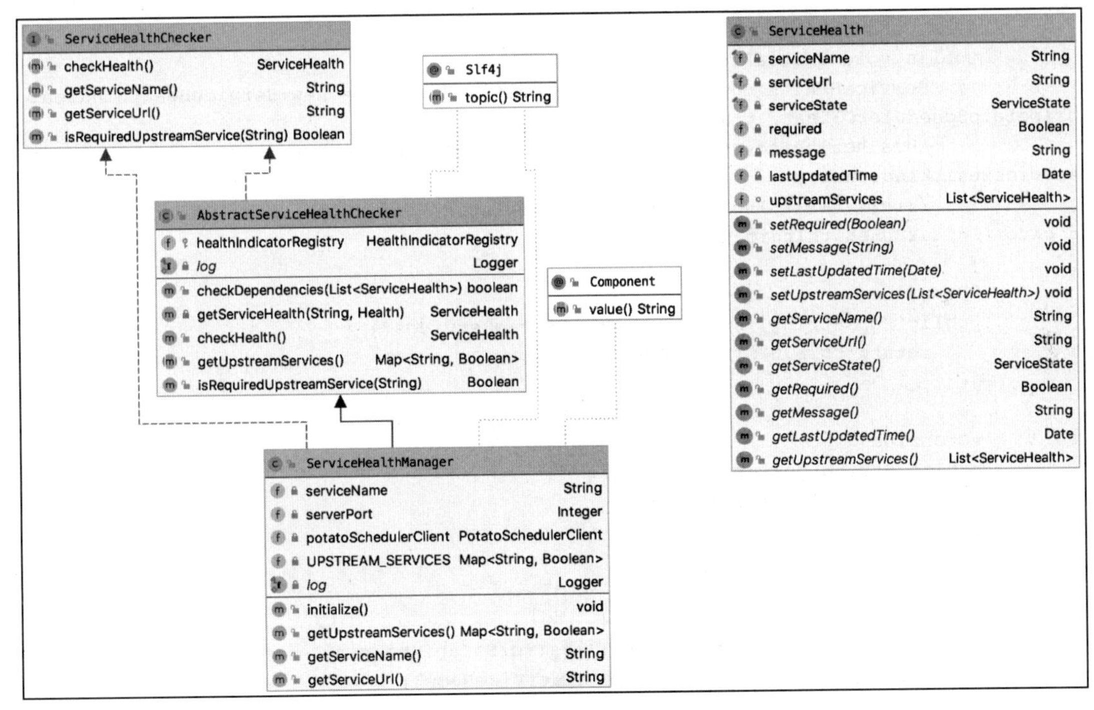


图 4-25　土豆微服务健康检查 API 的类图设计

ServiceHealthManager 的具体实现如下：

```
package com.github.walterfan.potato.server;

// 省略 import

@Slf4j
@Component
public class ServiceHealthManager extends AbstractServiceHealthChecker implements
ServiceHealthChecker {
    @Value("${spring.application.name}")
```

```
        private String serviceName;

        @Value("${server.port}")
        private Integer serverPort;


        @Autowired
        private PotatoSchedulerClient potatoSchedulerClient;

        private Map<String, Boolean> UPSTREAM_SERVICES = ImmutableMap.of(
                "diskSpace", true,
                "db", true,
                "schedulerService", true);

        @PostConstruct
        public void initialize() {
            ServiceHealthIndicator serviceHealthIndicator = new ServiceHealthIndicat
or(potatoSchedulerClient, true);
            this.healthIndicatorRegistry.register("schedulerService",
serviceHealthIndicator);
            //this.healthIndicatorRegistry.register("influxDB", new InfluxDbHealthIn
dicator(InfluxDbHealthIndicator));
        }
        @Override
        public Map<String, Boolean> getUpstreamServices() {
            return this.UPSTREAM_SERVICES;
        }

        @Override
        public String getServiceName() {
            return this.serviceName;
        }

        @Override
        public String getServiceUrl() {
            return String.format("http://%s:%d/$s/api/v1/ping" , NetUtils.
getLocalAddress() , this.serverPort, this.serviceName);
        }
    }
```

AbstractServiceHealthChecker 的 checkHealth 方法就会通过 Actuator 所提供的健康检查器及自己定义的针对上游服务的健康检查器做一个“全身检查”。

```
    public abstract class AbstractServiceHealthChecker implements ServiceHealthChecker {

        @Autowired
        protected HealthIndicatorRegistry healthIndicatorRegistry;

        public boolean checkDependencies(List<ServiceHealth> serviceHealths) {
```

```
            return  healthIndicatorRegistry
                .getAll()
                .entrySet()
                .stream()
                .filter( entry -> null != isRequiredUpstreamService(entry.getKey()))
                .allMatch((entry) -> {
                    HealthIndicator healthIndicator = entry.getValue();
                    log.info("{}, {}", entry.getKey(), healthIndicator.health());
                    serviceHealths.add(getServiceHealth(entry.getKey(), healthIndicator.
health()));
                    return healthIndicator.health().getStatus().equals(Status.UP);
                });
        }

        private ServiceHealth getServiceHealth(String name, Health health) {
            ServiceState serviceState = ServiceState.fromJson(health.getStatus().
getCode());
            ServiceHealth serviceHealth =  new ServiceHealth(name, "", serviceState);
            serviceHealth.setMessage(health.toString());
            serviceHealth.setRequired(isRequiredUpstreamService(name));
            return serviceHealth;
        }
        @Override
        public ServiceHealth checkHealth() {
            List<ServiceHealth> serviceHealthList = new ArrayList<>();

            ServiceState serviceState = checkDependencies(serviceHealthList)?
ServiceState.UP: ServiceState.DOWN;
            ServiceHealth serviceHealth = new ServiceHealth(this.getServiceName(),
getServiceUrl(), serviceState);
            serviceHealth.setLastUpdatedTime(new Date());
            serviceHealth.setUpstreamServices(serviceHealthList);
            serviceHealth.setMessage(serviceState.toString());
            return serviceHealth;
        }

        public abstract Map<String, Boolean> getUpstreamServices();

        @Override
        public Boolean isRequiredUpstreamService(String name) {
            return this.getUpstreamServices().get(name);
        }
    }
```

这样，我们就可以通过访问 /api/v1/ping 来获知整个微服务的健康状况，包括其上游微服务的健康状况。返回结果如下：

```
    {
    serviceName: "potato-service",
    serviceState: "up",
```

```
    message: "UP",
    lastUpdatedTime: "2019-09-08T03:41:08Z",
    upstreamServices:
    [
    {
    serviceName: "diskSpace",
    serviceState: "up",
    message: "UP {total=48197730304, free=8696365056, threshold=10485760}",
    lastUpdatedTime: "2019-09-08T03:41:08Z",
    upstreamServices: [ ],
    serviceUrl: "",
    required: true
    },
    {
    serviceName: "db",
    serviceState: "up",
    message: "UP {database=SQLite, hello=1}",
    lastUpdatedTime: "2019-09-08T03:41:08Z",
    upstreamServices: [ ],
    serviceUrl: "",
    required: true
    },
    {
    serviceName: "schedulerService",
    serviceState: "up",
    message: "UP {serviceName=potato-scheduler, serviceUrl=172.18.0.5:9002,
serviceState=UP, required=true, message=}",
    lastUpdatedTime: "2019-09-08T03:41:08Z",
    upstreamServices: [ ],
    serviceUrl: "",
    required: true
    }
    ],
    serviceUrl: "http://172.18.0.6:9003/potato/api/v1/ping",
    required: true
    }
```

### 4.6.3 为土豆微服务提供资源使用率度量

微服务所在服务器或者容器的系统资源是我们需要关心的，它涉及系统的稳定性和可用性。MetricBeat、Telegraph、Collectd 等都是常用的系统级度量工具，可以帮助我们收集系统资源使用情况，比如 CPU、内容、磁盘空间等，如图 4-26 所示。

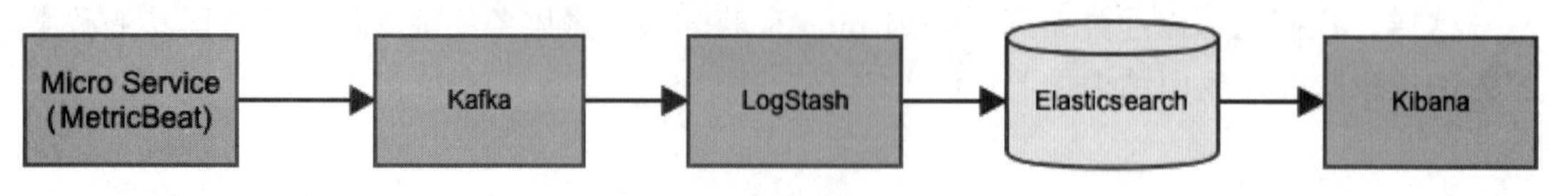


图 4-26　系统资源度量

在微服务所在服务器上安装 Collectd 或者 MetricBeat。下面以 MetricBeat 为例，安装步骤如下：

- 在微服务的宿主机上安装 MetricBeat。
- 配置 MetricBeat 发送系统的度量数据到 Kafka 或者直接发送到 Elasticsearch。
- 在 Kibana 上绘制系统的 CPU、内存、磁盘空间等信息。

以上方法具有普适性，其他微服务都可以这样做以实现资源使用率度量。

### 4.6.4　为土豆微服务提供使用量的度量

微服务的使用量主要是其 API 被调用的次数，这可以简单地通过 AOP 技术拦截对 API 的调用并记录日志事件，发送到 Kafka，再存入 InfluxD 或 Elasticsearch，这样可供查询统计的数据就存储到系统中了。

我们利用过滤器为每个 HTTP 请求进行计数，并计算其花费的时间，再将度量（metric）信息存储在 ThreadLocal 中，然后利用 AOP 技术在每个 Controller 的请求映射方法中先加一个 Annotation，指明是哪一个 API。

#### 1. MetricsFilter

过滤器在每个请求到来时，在 ThreadLocal 中创建一个度量事件，当请求处理完后，将相关信息（HTTP 路径、响应码、关键 ID 信息等）和耗费时间更新到度量事件中，并写到日志中。

```
@Component
@Order(Integer.MIN_VALUE)
public class MetricsFilter implements Filter {

    @Autowired
    private MetricsHandler metricsHandler;

    @Override
    public void init(FilterConfig filterConfig) throws ServletException {
    }

    @Override
    public void doFilter(ServletRequest request, ServletResponse response,
FilterChain chain)
            throws IOException, ServletException {
        if (!isHttpRequest(request)) {
            chain.doFilter(request, response);
            return;
        }
        HttpServletRequest httpServletRequest = (HttpServletRequest) request;
        ApiCallEvent.Builder builder = new ApiCallEvent.Builder(httpServletRequest.
getRequestURI(), httpServletRequest.getMethod(), UUID.randomUUID().toString());
        MetricThreadLocal.setCurrentMetricBuilder(builder);
```

```
            long startTime = System.currentTimeMillis();
            try {
                chain.doFilter(request, response);
            } finally {
                ApiCallEvent apiCallEvent = buildApiEvent(response, builder, startTime);
                metricsHandler.input(apiCallEvent);
            }

        }

        private boolean isHttpRequest(ServletRequest request) {
            return request instanceof HttpServletRequest;
        }

        private ApiCallEvent buildApiEvent(ServletResponse response, ApiCallEvent.
Builder builder, long startTime) {
            HttpServletResponse httpServletResponse = (HttpServletResponse) response;
            if (isSuccess(httpServletResponse)) {
                return builder.buildSuccessApiCall(System.currentTimeMillis() -
startTime, httpServletResponse.getStatus());
            }

            return builder.buildFailedApiCall(System.currentTimeMillis() - startTime,
httpServletResponse.getStatus(), String.valueOf(httpServletResponse.getStatus()));
        }

        public boolean isSuccess(HttpServletResponse httpServletResponse) {
            int status = httpServletResponse.getStatus();
            return status >= 200 && status < 400;
        }

        @Override
        public void destroy() {
        }

    }
```

### 2. 添加注解和相关的切面处理器

对于每个 API 处理方法添加注解，指明方法。

```
@RequestMapping(value = "/potatoes", method = RequestMethod.POST)
@ApiCallMetricAnnotation(name = "CreatePotato")
public PotatoDTO create(@RequestBody PotatoDTO potatoRequest) {
//…
}
```

添加针对注解的切面处理器，将 API 方法名写入 ThreadLocal 的度量事件。

```
@Component
@Aspect
```

```
@Slf4j
public class MetricsAspect {

    @Around("@annotation(apiCallMetricAnnotation)")
    public Object aroundDataService(ProceedingJoinPoint pjp, ApiCallMetricAnnotation
apiCallMetricAnnotation) throws Throwable {
        String name = apiCallMetricAnnotation.name();
        ApiCallEvent.Builder builder = MetricThreadLocal.getCurrentMetricBuilder();
        if (builder != null) {
            builder.setName(name);
        }
        return pjp.proceed();
    }


}
```

### 4.6.5 为土豆微服务提供性能度量

性能度量主要包括以下 3 个方面：

- 微服务对外提供的 API 的响应时间。
- 微服务内部主要计算单元的完成时间。
- 微服务调用第三方系统及其他服务所花费的时间，主要的性能指标就是 TPS 和 APDEX，前面已做过详细阐述。

这里，同样通过上文所述的过滤器、AOP 和 ThreadLocal 技术，对于每个 API 进行响应码和响应时间的记录，并对关键步骤和对外调用的方法加上注解，通过 AOP 进行面向切面的记录。例如 PotatoClient.java 的 CreatePotato 方法如下：

```
@ClientCallMetricAnnotation(name = "createPotato", component = "PotatoService")
public PotatoDTO createPotato (PotatoDTO potatoReques) {
    String url = getServiceUrl() + "/potatoes";
    log.info("createPotato to {} as {}", url, JsonUtil.toJson(potatoReques));
    return restTemplate.postForObject(url, potatoReques, PotatoDTO.class);
}
```

在切面处理中进行记录：

```
@Around("@annotation(clientCallMetricAnnotation)")
public Object aroundClientCall(ProceedingJoinPoint pjp, ClientCallMetricAnnotation
clientCallMetricAnnotation) throws Throwable {
    String name = clientCallMetricAnnotation.name();
    String component = clientCallMetricAnnotation.component();
    Step step = new Step();
    step.setStepName(name);
    step.setComponentName(component);
    log.info("-- aroundClientCall step: {}", step);
    StopWatch stopWatch = StopWatch.createStarted();
```

```
        try {
            return pjp.proceed();
        }finally {
            stopWatch.stop();
            step.setTotalDurationInMS(stopWatch.getTime(TimeUnit.MILLISECONDS));
            ApiCallEvent.Builder builder = MetricThreadLocal.getCurrentMetricBuilder();
            if(builder != null) {
                builder.addStep(step);
            }
        }
    }
```

在前面介绍的度量性能部分，我们在做性能和压力测试时，需要借助这些度量数据来进行性能调优。

### 4.6.6 为土豆微服务提供错误度量

因为我们所提供的是 HTTP Restful API，所有错误率的度量可以通过响应码和系统自己定义的错误码进行统计。在日志事件中我们同样记录了 Http Status Code，如果系统已经定义了自己的错误代码，也可一并记录 System Error Code。

上述代码所生成的度量事件如下：

```
{
    "application": {
        "service": "potato-service",
        "component": "potato-server",
        "version": "1.0"
    },
    "environment": {
        "name": "production",
        "address": "10.224.77.179"
    },
    "event": {
        "type": "interface",
        "name": "ListPotatos",
        "trackingID": "50b3aecf-bc1c-4173-a63d-4845463d3048",
        "timestamp": 1567909831553,
        "success": true,
        "responseCode": 200,
        "totalDurationInMS": 1158,
        "endpoint": "/potato/api/v1/potatoes",
        "method": "GET"
    }
}
```

### 4.6.7 为土豆微服务提供业务 KPI 度量

土豆微服务既然提供了待办事项的管理和提醒，那么每个待办事项的完成情况自然也应该记录到日志事件中。具体到土豆微服务，可有如下度量指标：

- 新创建的土豆（待办事项）。
- 土豆完成情况统计：准时完成率，拖延时长分布。
  - 准时完成的土豆。
  - 超时完成的土豆，即在截止时间到达之前仍未完成的待办事项：
    - 延时超过一天的。
    - 延时超过 3 天的。
    - 延时超过一周的。
  - 仍未完成的土豆。
- 超大土豆（计划时间超过一周的）。
- 土豆创建和完成的频率。

例如，我们可以使用下面的实现方法来完成新创建的土豆 KPI 度量。

1）定义 PotatoMetricEvent，在创建或更改时存入 ThreadLocal 对象，如图 4-27 所示。

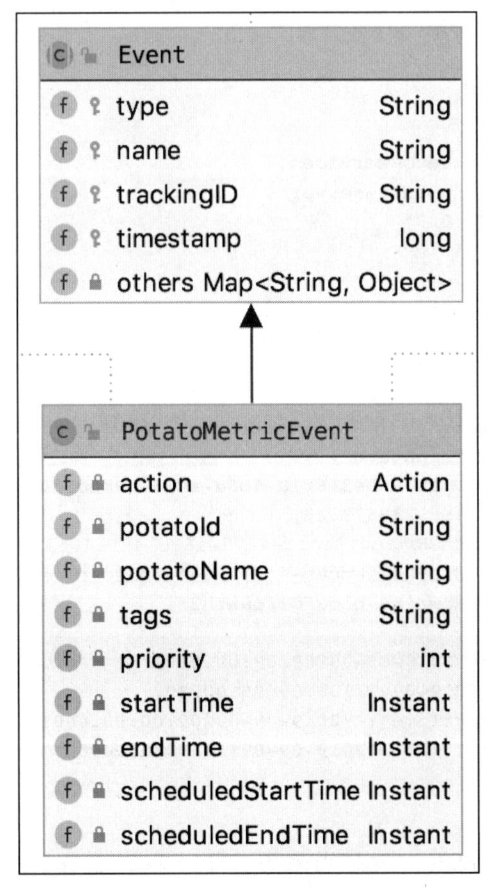


图 4-27　土豆微服务 KPI 度量类设计

为度量服务的 ThreadLocal 基本代码如下：

```
public class MetricThreadLocal {

    private static final ThreadLocal<PotatoMetricEvent> POTATO_METRIC_THREAD_LOCAL =
new ThreadLocal<PotatoMetricEvent>();

    public static void setPotatoMetricEvent(PotatoMetricEvent event){
        POTATO_METRIC_THREAD_LOCAL.set(event);
    }

    public static PotatoMetricEvent getPotatoMetricEvent(){
        return POTATO_METRIC_THREAD_LOCAL.get();
    }

    public static void cleanPotatoMetricEvent(){
        POTATO_METRIC_THREAD_LOCAL.remove();
    }
```

2）通过 MetricsFilter 在 API 返回时将度量事件从 ThreadLocal 中取出并写日志。日志内容如下：

```
{
    "application": {
        "service": "potato-service",
        "component": "potato-server",
        "version": "1.0.0"
    },
    "environment": {
        "name": "production",
        "address": "10.224.77.99"
    },
    "event": {
        "type": "potato",
        "name": "create_potato",
        "trackingID": "95785be3-6f10-4b6c-a836-b9b0c330792b",
        "timestamp": 1569239578327,
        "action": "CREATE",
        "potatoId": "b1c92441-cc8c-4c31-a644-fb34cab1edb1",
        "potatoName": "write blog of oauth2",
        "priority": 1,
        "startTime": "2019-09-09T09:09:00.000Z",
        "endTime": "2019-09-11T09:09:09.000Z",
        "scheduledStartTime": "2019-09-09T09:00:00.000Z",
        "scheduledEndTime": "2019-09-09T10:00:00.000Z"
    }
}
```

代码中的 Action 为 Create，就是用来服务于土豆微服务 KPI 度量之一：新创建土豆 KPI。

## 4.7　本章小结

软件核心都是由代码构成的，所以对代码的度量不仅仅展示代码的质量，同时也能反过来通过不断反馈、修改，促进代码质量的改善。本章首先介绍如何度量代码的质量，然后在度量代码的实现上，介绍了度量实现依赖的关键技术，最后重点介绍了如何利用这些技术实现土豆微服务的度量。度量驱动实现的要点就在于我们在实现服务时要有的放矢，根据设计在适当的地方进行埋点。通过上述常用的软件库和技术可产生各种各样的度量信息，下一章我们将介绍如何收集和展示这些度量数据。

**延伸阅读**

- 信息与软件质量联盟提出的代码质量标准，网址为 https://www.it-cisq.org/standards/code-quality-standards/。
- 深入解读 CISQ 代码质量标准，网址为 http://www.ciotimes.com/IT/135002.html。
- 基于生命周期期望的软件质量评估，网址为 http://www.sqale.org/。
- 软件克隆检测和重构，网址为 https://www.researchgate.net/publication/258389603_Software_Clone_Detection_and_Refactoring。
- 著名的代码质量检测软件 SonarQube 的官网，网址为 https://www.sonarqube.org/。
- Micrometer 软件库的文档，网址为 http://micrometer.io/docs。

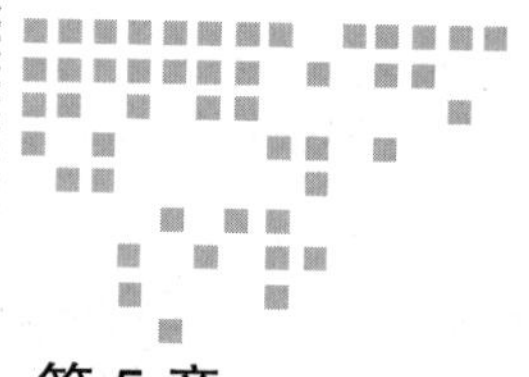

Chapter 5 第5章

# 度量数据的聚合与展示

在上一章的实现阶段，我们为土豆微服务产生和记录了大量的度量数据，如何充分利用这些度量数据呢？这就要用到本章所讲的度量数据的聚合和展示技术。首先我们详细介绍如何聚合和存储度量数据，对于度量数据如何清洗和处理，然后重点介绍度量的可视化技术，如何选择和绘制图表。在具体的聚合展示技术栈中，介绍最常用的TIG和ELKK技术栈，并结合我们的土豆微服务演示如何聚合和展示度量数据。

## 5.1 度量数据的聚合和存储

按照我们在第2章所提到的4A流程（Aggregration，Analysis，Alert/Report，Action），在度量数据的聚合中，获取和存储是首要的步骤。让我们先回答下面3个问题：

- **需要哪些数据？**

  对于微服务来说，度量数据无非包括系统级数据（CPU、Memory、Disk I/O、network等）、应用程序数据（Usage、Performance、Error等）和业务层的用户行为数据。详见第2章。

- **数据从哪里来？**

  数据产生于各个微服务实例，如来自本地日志文件、数据存储系统，或通过网络将这些数据发送到远程端进行进一步分析。

- **数据到哪里去？**

  数据最好放进数据仓库，在数据存储系统之上进行分析。ETL（Extract-Transform-Load）系统将数据从来源端经过萃取（extract）、转置（transform）、加载（load）到度量分析程序中进行分析，分析的结果也可以保存到数据存储系统中供今后检索查询。

这种方法适合于海量数据的离线非实时分析。

对于实时系统，实时性最重要，即要求数据能及时处理，及时反馈，但并不一定需要一个数据存储系统。比如，我们在实时网络会议系统中，必须时刻度量网络传输质量并做编码和发送速率的调整，这时只需要参与通信的各方（发送方、接收方、代理和中转方）拥有这个度量数据，并及时做出分析和反馈调整即可。

实时在线分析的场景还有很多，如军事、金融、图像和语音识别等。对于微服务来说，实时在线分析和非实时离线分析都是不可或缺的，度量数据放在哪里还需要根据具体的需要来定。下面是常见的一些数据库存储系统：

- 关系型数据库。将度量数据存储到传统的关系型数据库中，基于 SQL 做后续的分析和处理，其优点是简单有效，可是度量数据结构多变，且数据量极大，关系数据库结构不灵活、扩展性差的缺点会被放大，难以满足多数成熟产品的生产线需求。
- 分布式数据存储系统。随着 NoSQL 的兴起，出现了很多系统用来存储度量数据，比如 HBase、Cassandra 等。最引人注目的就是一些时间序列存储系统，比如我们后而会重点介绍的 InfluxDB。
- 搜索引擎。度量数据多而杂，在查询分析时需要应用各种过滤条件和统计方法，搜索引擎是不错的选择，既支持海量数据的索引，也有不错的性能。本章我们简单介绍 Elasticsearch 这款流行的产品，并基于它的准实时性在第 6 章构建一个实时分析报警系统。
- 分布式文件系统。以结构化的形式直接放在数据文件中固然简单，可是扩展性和可靠性往往满足不了要求。分布式文件系统是海量离线度量数据存储的首选，比如最流行的 HDFS，先用它将来自四面八方的度量数据落地，然后用 MapReduce 或 Apache Spark 之类的程序进行批量分析，分析结果可以保存在 SQL 或 NoSQL 的数据存储系统中。

本书推荐的度量数据聚合和存储方案如图 5-1 所示。

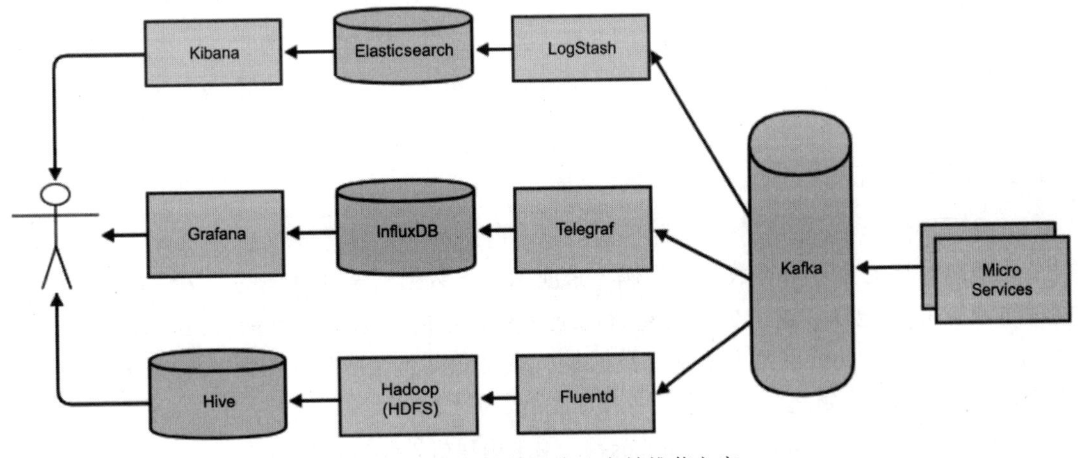


图 5-1　度量数据聚合和存储推荐方案

- 微服务和其所在的服务器所产生的度量数据由 MicroBeat 和 Logstash 这样的代理程序发送到 Kafka 这类消息队列中，也可由应用程序直接发送到 Kafka。
- Kafka 的度量日志数据由 Logstash 消费并发送到 Elasticsearch 中，由 Kibana 做进一步的展示。ELKK 技术栈的介绍参见 5.4 节。
- Kafka 中的部分度量数据由 Telegraf 消费并发送到 InfluxDB 中，由 Grafana 做进一步的分析。
- 将所有日志数据存入 HDFS 中，由 Hive 及其他大数据分析程序进行更多的分析。

## 5.2 度量数据的清洗和处理

### 5.2.1 数据清洗的方法

在数据科学中，Mason 和 Wingging 于 2010 年提出一个概念叫作 awesome 管道，其实是谐音，准确定义为 OSEMN。

- O—Obtaining（获取数据）
- S—Scrubbing（清洗数据）
- E—Exploring（探索数据）
- M—Modeling（建模数据）
- N—Interpreting（解释数据）

微服务产生的度量数据大体上是比较整齐的，因为它是由微服务自己产生的。当然也会有由意外的系统故障或用户行为导致的脏数据，这时就需要进行清洗和加工转换。数据清洗的方法大体如下：

- 过滤
- 填充
- 转换
- 去重
- 合并

### 5.2.2 数据清洗的案例

#### 1. 数据集介绍

这里以泰坦尼克号乘客数据集为例，来演示一下数据清洗和处理的方法。泰坦尼克号的故事大家耳熟能详，这个数据集包含船上所有乘客的详细信息及最终是否存活。可从 https://www.kaggle.com 网站上下载此数据集。该数据集和鸢尾花数据集一样，是机器学习中最常用的样例数据集之一。下载下来后有 3 个 csv 文件。

- 训练数据集：training set（train.csv），用来构建机器学习的模型。

```
    PassengerId,Survived,Pclass,Name,Sex,Age,SibSp,Parch,Ticket,Fare,Cabin,Embarked
    1,0,3,"Braund, Mr. Owen Harris",male,22,1,0,A/5 21171,7.25,,S
    2,1,1,"Cumings, Mrs. John Bradley (Florence Briggs Thayer)",female,38,1,0,PC
17599,71.2833,C85,C
    3,1,3,"Heikkinen, Miss. Laina",female,26,0,0,STON/O2. 3101282,7.925,,S
    4,1,1,"Futrelle, Mrs. Jacques Heath (Lily May Peel)",female,35,1,0,113803,53.1,C
123,S
    ...
```

- 测试数据集：test set（test.csv），可用来测试机器学习模型，与训练数据集数据结构相同。
- 预测结果样例：gender_submission.csv，一组假设所有和只有女性乘客存活的预测。

详细的解释请参见博文《机器学习数据集之泰坦尼克》（https://www.jianshu.com/p/d9945abaebcf）。

我们使用Python及相关的Pandas和Matplotlib来进行数据处理分析和绘图。没有相关背景的可以查阅相关资料，对于有经验的程序员来说基本上学习一两个小时就可上手编程了。

我们使用Anaconda（https://www.anaconda.com/distribution/）来安装所需要的Python环境及类库。它是一个一站式的软件包，安装好之后就可以开始用Python进行数据处理和分析了。

### 2. 数据集清洗和处理

首先，让我们来加载数据，并做简单的处理。这里我们主要用到了numpy和pandas这两个库。

```
import numpy as np
import pandas as pd
# 读取泰坦尼克号的数据集
titanic = pd.read_csv('./titanic/train.csv')
print('-'*20 , 'info', '-'*20)
print(titanic.info())
print('-'*20, 'isnull', '-'*20)
# 查看哪些记录包含无效数据(null)
print(titanic.isnull().sum())
```

输出如下，总共有891条乘客数据，包含上述12个字段，其中177个乘客没有年龄数据，687个乘客不知道座舱号码，2个乘客不知道登陆的港口。

```
-------------------- info --------------------
<class 'pandas.core.frame.DataFrame'>
RangeIndex: 891 entries, 0 to 890
Data columns (total 12 columns):
PassengerId     891 non-null int64
Survived        891 non-null int64
Pclass          891 non-null int64
```

```
Name            891 non-null object
Sex             891 non-null object
Age             714 non-null float64
SibSp           891 non-null int64
Parch           891 non-null int64
Ticket          891 non-null object
Fare            891 non-null float64
Cabin           204 non-null object
Embarked        889 non-null object
dtypes: float64(2), int64(5), object(5)
memory usage: 83.6+ KB
None
-------------------- isnull --------------------
PassengerId      0
Survived         0
Pclass           0
Name             0
Sex              0
Age            177
SibSp            0
Parch            0
Ticket           0
Fare             0
Cabin          687
Embarked         2
dtype: int64
```

**步骤 1**：过滤掉价值不大且不完整的字段。

有 687 条乘客的座舱号码不知道，这个字段缺失值太多，用处不大，干脆删除掉。

```
titanic = titanic.drop(['Cabin'], axis=1)
```

**步骤 2**：为缺失的年龄字段填充年龄区间的随机值。

将信息不详乘客的年龄赋以设定区间内的一个随机值，这个区间的最小值为年龄平均值减去方差，最大值为年龄平均值加上方差。

```
def assign_random_values(series):
    mean = series.mean()
    std = series.std()
    is_null = series.isnull().sum()
    # compute random numbers between the mean, std and is_null
    rand_values = np.random.randint(mean - std, mean + std, size = is_null)
    # fill NaN values with random values generated
    series_slice = series.copy()
    series_slice[np.isnan(series)] = rand_values
    series = series_slice
    #series[np.isnan(series)] = rand_values
    series = series.astype(int)
    return series
```

```
titanic["Age"].isnull().sum()
assign_random_values(titanic['Age'])
titanic["Age"].isnull().sum()
```

输出结果如下：

```
177
0
```

**步骤** 3：为缺失的港口字段填充最有可能的数值。

大部分的乘客从S南安普敦港口登陆，于是把这两条不知道登船港口的数据的Embarked字段设置为S。

将不知道登陆港口信息的两条数据中的登陆港口填充为登船人数最多的港口：

```
titanic.groupby('Embarked').count()
```

输出的中间处理结果如图5-2所示。

| | PassengerId | Survived | Pclass | Name | Sex | Age | SibSp | Parch | Ticket | Fare | Cabin |
|---|---|---|---|---|---|---|---|---|---|---|---|
| **Embarked** | | | | | | | | | | | |
| **C** | 168 | 168 | 168 | 168 | 168 | 168 | 168 | 168 | 168 | 168 | 69 |
| **Q** | 77 | 77 | 77 | 77 | 77 | 77 | 77 | 77 | 77 | 77 | 4 |
| **S** | 644 | 644 | 644 | 644 | 644 | 644 | 644 | 644 | 644 | 644 | 129 |

图5-2 泰坦尼克号案例的中间结果

现在，我们的数据集就比较整洁了，没有为null的字段了。

```
print(titanic.isnull().sum())
```

输出如下：

```
PassengerId     0
Survived        0
Pclass          0
Name            0
Sex             0
Age             0
SibSp           0
Parch           0
Ticket          0
Fare            0
Embarked        0
dtype: int64
```

通过以上几个步骤即可完成过滤和处理任务。另外，当我们通过InfluxDB这样的时序数据库，或者 Elasticsearch 这样的搜索引擎来做度量分析和统计时，最常用的是通过特定的 SQL 或查询语句进行过滤，转换或者去重，详情请参见 5.4 节。

## 5.3 度量数据的可视化

人是视觉动物，“一图胜千言”。而图和表又是密不可分的，图是数据表在不同维度的展示，表对数据进行了整理。下面就介绍如何更好地展示数据。

### 5.3.1 图表的结构

图表的结构大体如图 5-3 所示。这里主要说的是二维图表，以泰坦尼克号乘客的年龄分布图为例。

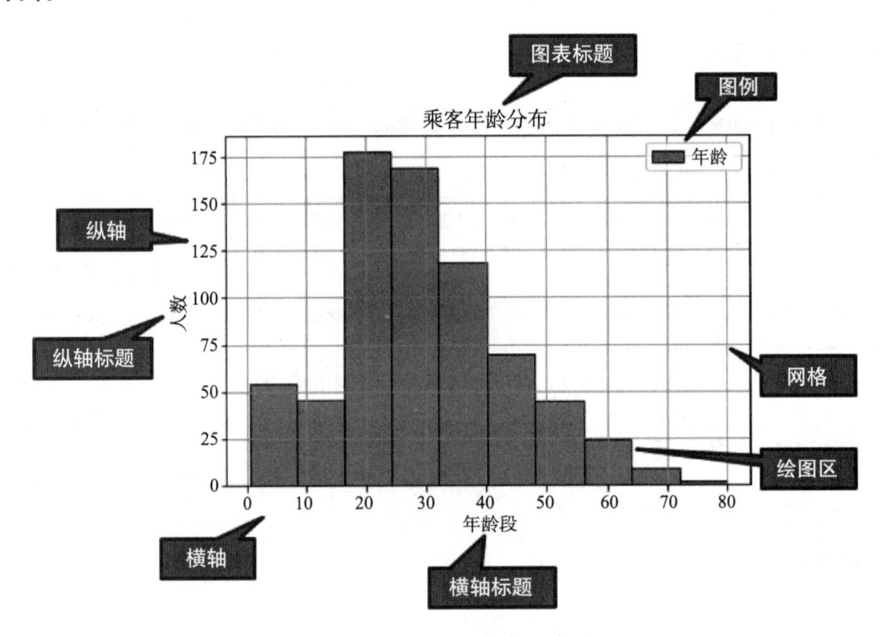


图 5-3 二维图表结构示例

### 5.3.2 图表的类型

在微服务度量中我们会用到很多图表，常用的图表有如下几种类型：折线图、柱状图、饼图、直方图、散点图、箱线图。

#### 1. 折线图

折线图用一个线将数据点连接起来，通常用来描述度量数据随着时间或其他因子变化的趋势。例如，最常见的是股票趋势图，我绘制的 Cisco 公司一个月内的股票变化趋势图如图 5-4 所示。

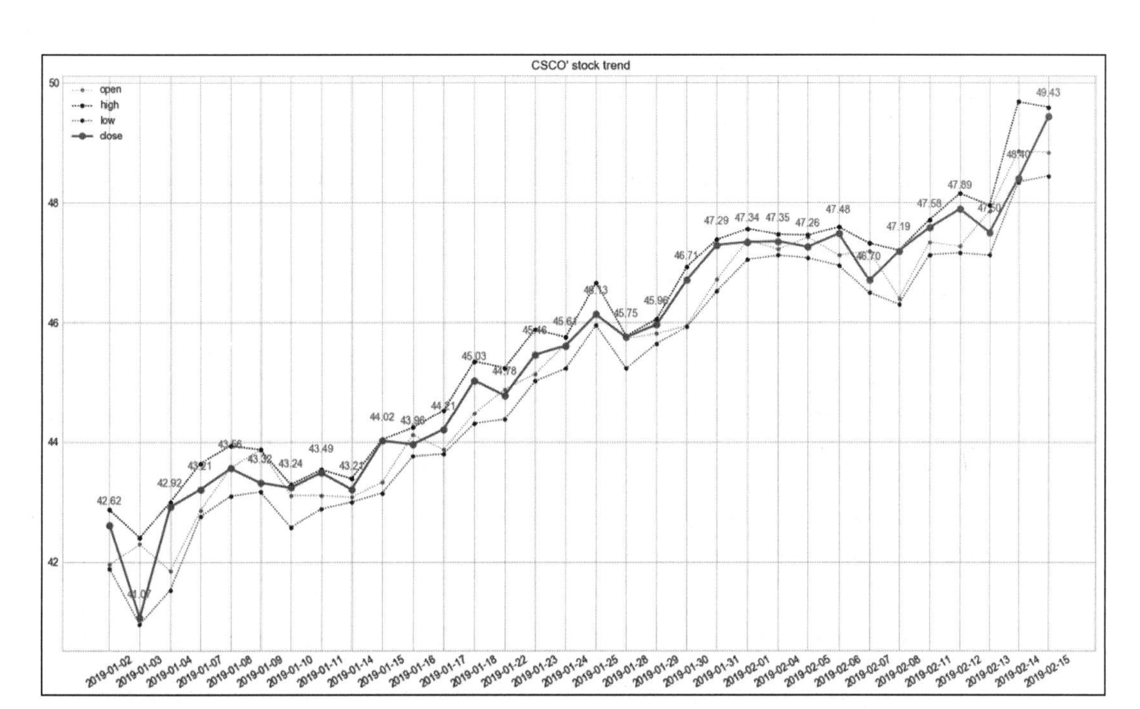


图 5-4　折线图

生成的代码也很简单，如下所示：

```
import matplotlib.pyplot as plt
import pandas as pd
pd.core.common.is_list_like = pd.api.types.is_list_like
import pandas_datareader.data as web
import matplotlib
import time
import matplotlib.pyplot as plt
import argparse

def drawStockTrend(inc, startDate, endDate, pngFile):
    fig = matplotlib.pyplot.gcf()
    fig.set_size_inches(18.5, 10.5)
    # 调用 IEX Web API 来读取指定公司 inc 的股票数据
    df = web.DataReader(name=inc, data_source='iex', start=startDate,
        end=endDate)
    print(df)
    plt.style.use('seaborn-whitegrid')
    plt.xticks(rotation=30)
    plt.plot(df.index, df['open'], label='open', marker='o', linestyle=':',
linewidth=1, markersize=3, color='gray')
    plt.plot(df.index, df['high'], label='high', marker='o', linestyle=':',
linewidth=1, markersize=3, color='green')
    plt.plot(df.index, df['low'], label='low', marker='o', linestyle=':',
linewidth=1, markersize=3, color='blue')
```

```
        plt.plot(df.index, df['close'], label='close', marker='o', linestyle='-',
linewidth=2, markersize=6, color='red')

        for x, y in zip(df.index, df['close']):
            plt.text(x, y + 0.3, '%.2f' % y, ha='center', va='bottom', color='red')

        plt.legend()
        plt.title("%s' stock trend" % company)
        plt.show(block=True)
        time.sleep(1)

        if(not pngFile):
            fig.savefig(pngFile)

        plt.close()

    if __name__ == "__main__":
        parser = argparse.ArgumentParser()

        parser.add_argument('-c', action='store', dest='company', help='specify company')
        parser.add_argument('-s', action='store', dest='start', help='specify start date')
        parser.add_argument('-e', action='store', dest='end', help='specify end date')
        parser.add_argument('-f', action='store', dest='file', help='specify the
filename')

        args = parser.parse_args()

        company = 'CSCO'
        startDate = '2019-01-01'
        endDate = '2019-02-19'
        pngFile = None

        if(args.company):
            company = args.company

        if (args.start):
            startDate = args.start

        if (args.end):
            endDate = args.end

        if (args.file):
            pngFile = args.file

        drawStockTrend(company, startDate, endDate, pngFile)

        #usage example:
        # python stock_trend.py -c GOOGL -s 2019-01-01 -e 2019-02-19 -f google_
stock_trend.png
        # python stock_trend.py -c CSCO -s 2019-01-01 -e 2019-02-19 -f cisco_stock_
trend.png
        # python stock_trend.py -c SINA -s 2019-01-01 -e 2019-02-19 -f sina_stock_
```

```
trend.png
        # python stock_trend.py -c BIDU -s 2019-01-01 -e 2019-02-19 -f baidu_stock_
trend.png
        # python stock_trend.py -c NTES -s 2019-01-01 -e 2019-02-19 -f netease_
stock_trend.png
```

### 2. 柱状图

柱形图可用来比较不同类型的数据大小，横轴代表类别，纵轴代表数据的刻度值。而条形图和柱状图类似，区别在于前者是垂直方向，后者是水平方向。

例如，我们有以下微服务调用成功、失败次数的统计数据：

```
time,successCount,failCount,data_center
2019-02-17T00:00,592,25,BeiJing
2019-02-18T00:00,637,628,BeiJing
2019-02-19T00:00,577,908,BeiJing
2019-02-20T00:00,654,984,BeiJing
2019-02-21T00:00,657,995,BeiJing
2019-02-22T00:00,662,823,BeiJing
2019-02-23T00:00,572,825,BeiJing
2019-02-17T00:00,288,90,ShangHai
2019-02-18T00:00,287,0,ShangHai
2019-02-19T00:00,346,22,ShangHai
2019-02-20T00:00,286,0,ShangHai
2019-02-21T00:00,281,0,ShangHai
2019-02-22T00:00,288,0,ShangHai
2019-02-23T00:00,273,0,ShangHai
2019-02-17T00:00,307,0,HangZhou
2019-02-18T00:00,366,4,HangZhou
2019-02-19T00:00,370,1,HangZhou
2019-02-20T00:00,293,3,HangZhou
2019-02-21T00:00,351,2,HangZhou
2019-02-22T00:00,430,0,HangZhou
2019-02-23T00:00,412,0,HangZhou
2019-02-17T00:00,288,0,HeFei
2019-02-18T00:00,290,0,HeFei
2019-02-19T00:00,289,3,HeFei
2019-02-20T00:00,289,1,HeFei
2019-02-21T00:00,288,0,HeFei
2019-02-22T00:00,306,0,HeFei
2019-02-23T00:00,288,0,HeFei
```

通过以下代码来生成一张柱状图：

```
import pandas as pd
from tabulate import tabulate
import matplotlib.pyplot as plt


def success_ratio(df):
    df1 = df.groupby(['time'])['failCount', 'successCount'].sum().reset_index()
    df1['totalCount'] = df1['successCount'] + df1['failCount']
```

```
    df1['success_ratio'] = df1['successCount'] / df1['totalCount']

    fig, ax = plt.subplots(figsize=(12, 8))
    plt.style.use('seaborn-whitegrid')
    chartDf = pd.DataFrame({'failCount': df1['failCount'].values,
                            'successCount': df1['successCount'].values,
                            'totalCount': df1['totalCount'].values
                            }, index=df1['time'])

    print(tabulate(chartDf, headers='keys', tablefmt="grid"))
    chartDf.plot.bar(rot=30, color=['r', 'g', 'b'], ax=ax)
    plt.show()
    fig.savefig('success_ratio.png')

if __name__ == '__main__':

    df = pd.read_csv('call_success_ratio.csv')
    print(tabulate(df, headers='keys', tablefmt="grid"))
    success_ratio(df)
```

柱状图可以一目了然地提示服务总调用次数，以及成功和失败的次数比较，如图 5-5 所示。

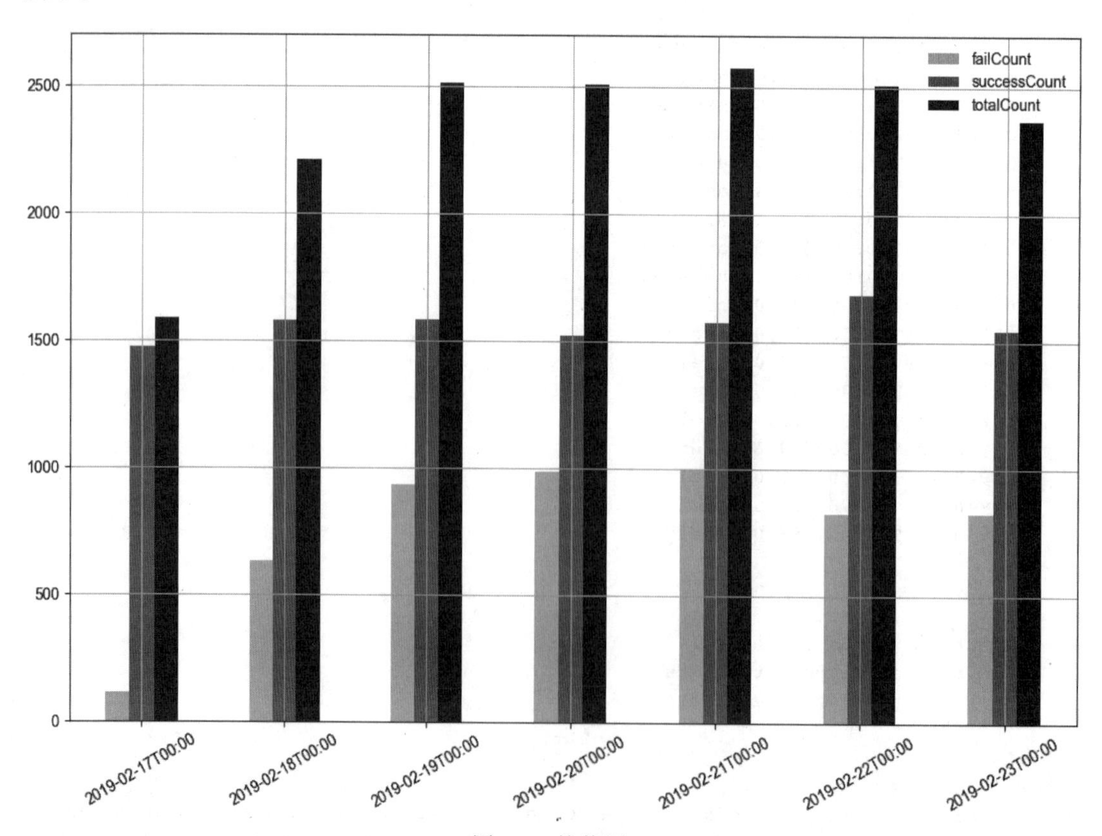


图 5-5　柱状图

### 3. 饼图

饼图一般用于展示一组数据中各个值所占的百分比，所有数值必须是正数，且数据个数不宜过多，否则难以直观地观察到过于细小的百分比。

例如，我们通过日志数据统计得出如下失败的电话呼叫数据：

```
errorReason,errorCount,dataCenter
"404, Not Found",5817,HeFei
"504, Gateway timeout",3346,HeFei
"503, Service unavailable",2631,HeFei
"486, Too many requests",2263,HeFei
"406, Not Acceptable",2021,HeFei
"403, Forbidden",1260,HeFei
"408, Request Timeout",1241,HeFei
"502, Bad Gateway",1216,HeFei
"401, Unauthorized",935,HeFei
"500, Internal Server Error",423,HeFei
```

可以通过以下代码做出一个统计：

```
import pandas as pd
from tabulate import tabulate
import matplotlib.pyplot as plt


def top_n_errors(df, topCount = 10):

    dfGroupByError = df.groupby(['errorReason'])['errorCount'].sum().reset_index()
    dfOfTopN = dfGroupByError.nlargest(topCount, 'errorCount', keep='first').
reset_index(drop=True)
    print(tabulate(dfOfTopN, headers='keys', tablefmt="plain"))

    fig, ax = plt.subplots(figsize=(14, 8))
    plt.style.use('seaborn-whitegrid')
    plt.title('Top %d Errors Distribution' % topCount)
    plt.pie(dfOfTopN['errorCount'], labels=dfOfTopN['errorReason'], autopct=
'%1.1f%%', counterclock=False, shadow=True)

    plt.show()
    fig.savefig('top_n_errors.png')

if __name__ == '__main__':

    df = pd.read_csv('top_n_errors.csv')
    print(tabulate(df, headers='keys', tablefmt="grid"))
    top_n_errors(df)
```

用饼图展示可使主要的失败原因一目了然，如图 5-6 所示。

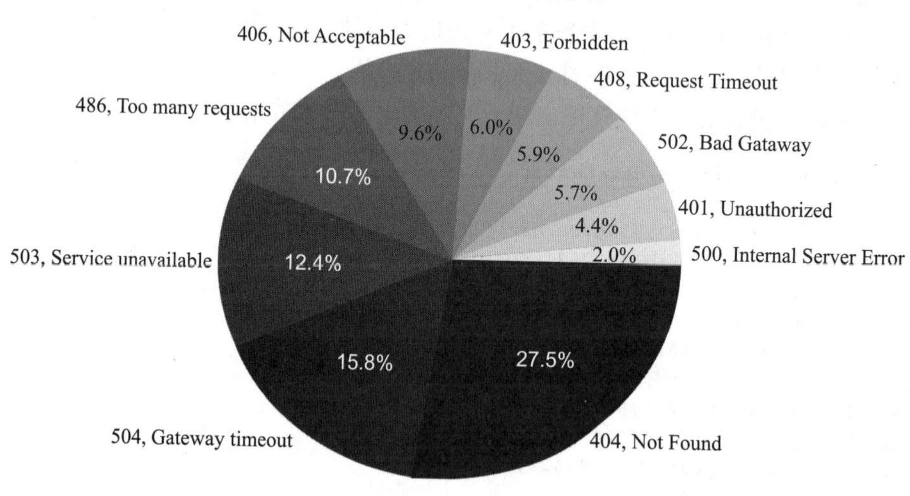


图 5-6 饼图

### 4. 直方图

直方图可以用来表示数据的分布情况。我们可以绘制直方图来揭示泰坦尼克号上乘客的年龄分布。

```
import numpy as np
import pandas as pd
import matplotlib.pyplot as plt
import matplotlib.mlab as mlab

from matplotlib.ticker import PercentFormatter

plt.title('Passenger Age Distribution')
plt.xlabel('Age')
plt.ylabel('Frequency')

# 读取泰坦尼克号的数据集
titanic = pd.read_csv('./titanic/train.csv')
# 去除无年龄数据的样本
titanic.dropna(subset=['Age'], inplace=True)


plt.hist(titanic.Age, # 绘图数据
        bins = 10 # 指定直方图的区间，划分为 10 组
        color = 'steelblue', # 指定填充色
        edgecolor = 'k', # 指定直方图的边界色
        label = 'age ',# 指定标签
        alpha = 0.7 )# 指定透明度

plt.legend()
```

```
plt.show()
```

横轴是样本分组，按照 bins 参数将年龄分为 10 个区间，每组区间为 10 岁；纵轴是样本频次。看起来 20 到 30 岁之间的乘客人数较多，儿童的人数也不少，如图 5-7 所示。

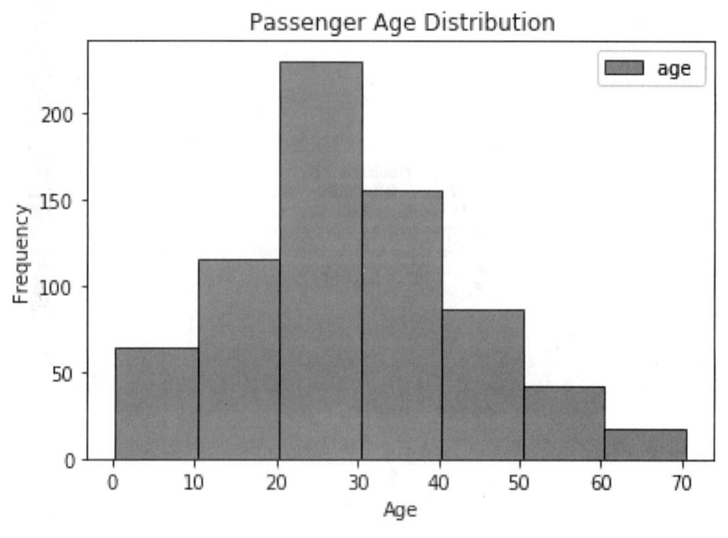


图 5-7　乘客年龄分布直方图

### 5. 散点图

散点图是由一些散乱的点组成的图表，这些点在哪个位置是由其 X 值和 Y 值确定的。所以也叫作 XY 散点图。

例如，鸢尾花数据集，根据花萼（Sepal）的长度和宽度来绘制散点图。

```
from sklearn.datasets import load_iris
import matplotlib.pyplot as plt

iris = load_iris()
features = iris.data.T


plt.figure(figsize=(12, 8))
plt.rcParams.update({'font.size': 22})

_ = plt.scatter(features[0], features[1], alpha=0.9,
            s=100*features[3], c=iris.target, cmap='viridis')
_ = plt.xlabel(iris.feature_names[0])
_ = plt.ylabel(iris.feature_names[1])
_ = plt.colorbar() # show color scale

plt.show()
```

结果如图 5-8 所示。从图中可以看到，不同种类的花萼长度和宽度有着明显的差别。

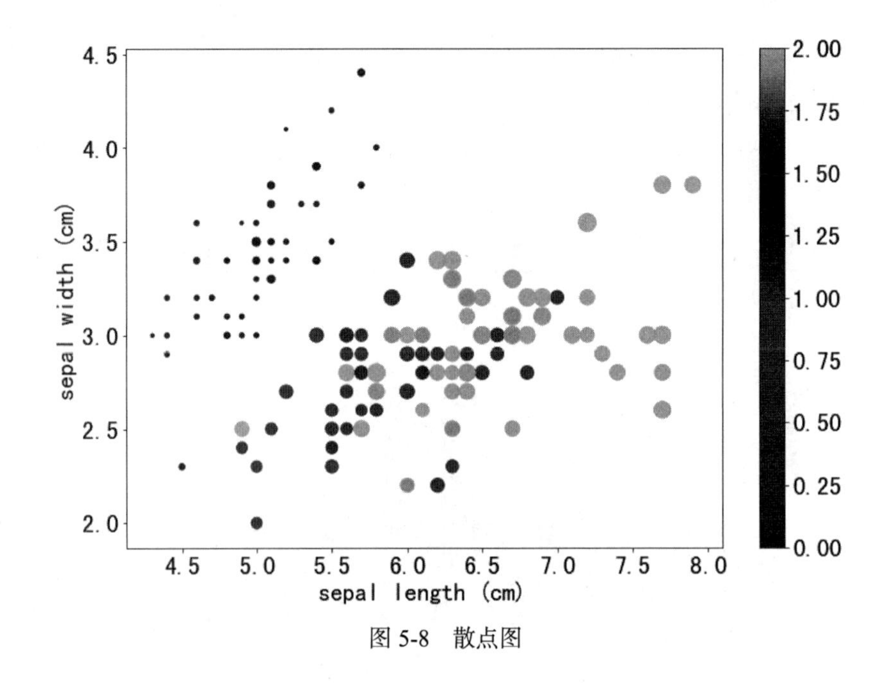


图 5-8 散点图

### 6. 箱线图

箱线图（Boxplot）也称箱须图（Box-whisker Plot），是利用数据中的 5 个统计量：最小值、第一四分位数、中位数、第三四分位数与最大值来描述数据的一种方法。通过它也可以粗略地看出数据是否具有对称性、分布的分散程度等信息，特别适合于对几个样本进行比较。

再以鸢尾花数据集为例，我们使用以下代码来绘制一个箱线图。

```
import pandas as pd
import numpy as np
import matplotlib.pyplot as plt

from sklearn import datasets
from pandas.plotting import scatter_matrix

iris = datasets.load_iris()

# Create box plot with Seaborn's default settings
_ = sns.boxplot(x='species', y='petal length (cm)', data=iris.data)

# Label the axes
_ = plt.xlabel('species')
_ = plt.ylabel('petal length (cm)')


# Show the plot
plt.show()
```

绘制的效果图如图 5-9 所示。图中，纵轴是花瓣长度，横轴是 3 个鸢尾花的分类，可以看到 3 种花的花瓣长度范围有明显的不同。

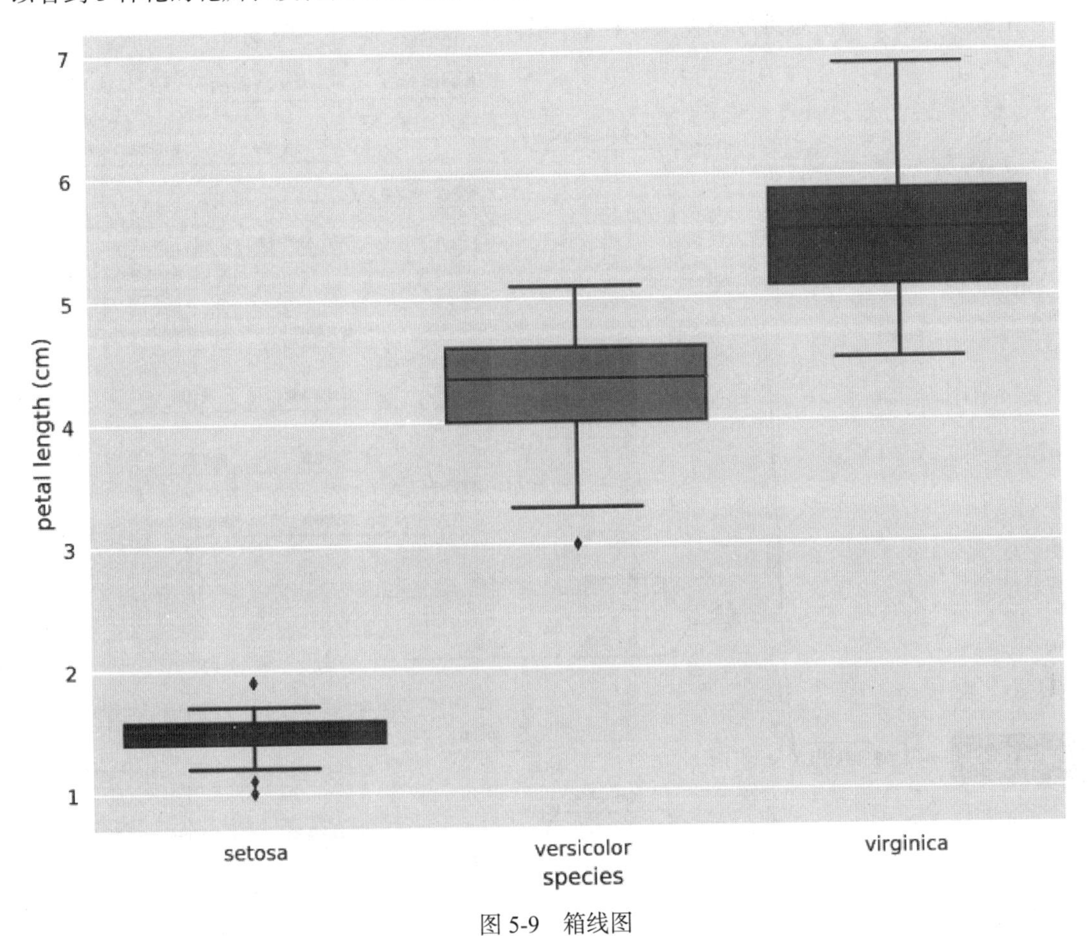


图 5-9 箱线图

微服务度量中常用的图形主要是这 6 种。当然还有许多其他的图表，比如区域图、热点图等。关于图表，我们主要讨论图形，而表格通常就是图形背后的数据来源，也就是原始数据经过统计加工以供绘图的数据表，这里就不再单独讨论了。

### 5.3.3 如何选择图表

“一图胜千言”，好的图表可以快速、简单地揭示枯燥的数字背后有价值的信息和思想。图表的种类很多，不同的图表各有特点，适用场景和范围各不相同，所以选择什么样的图表颇有讲究。这里推荐由 Andrew Abela 博士开发的极限演示中介绍的方法，大家可以参考他画的一张“如何选择图表”的图[⊖]，其核心思想是根据你想要展示的信息的关系——“关联，

⊖ https://extremepresentation.typepad.com/blog/2006/09/choosing_a_good.html

比较，组合，分布”，再根据数据的自变量与因变量的维度进行分类，帮大家找到适合自己的那一类。

由此，我画了一个思维导图供大家在选择图表时参考，如图 5-10 所示。

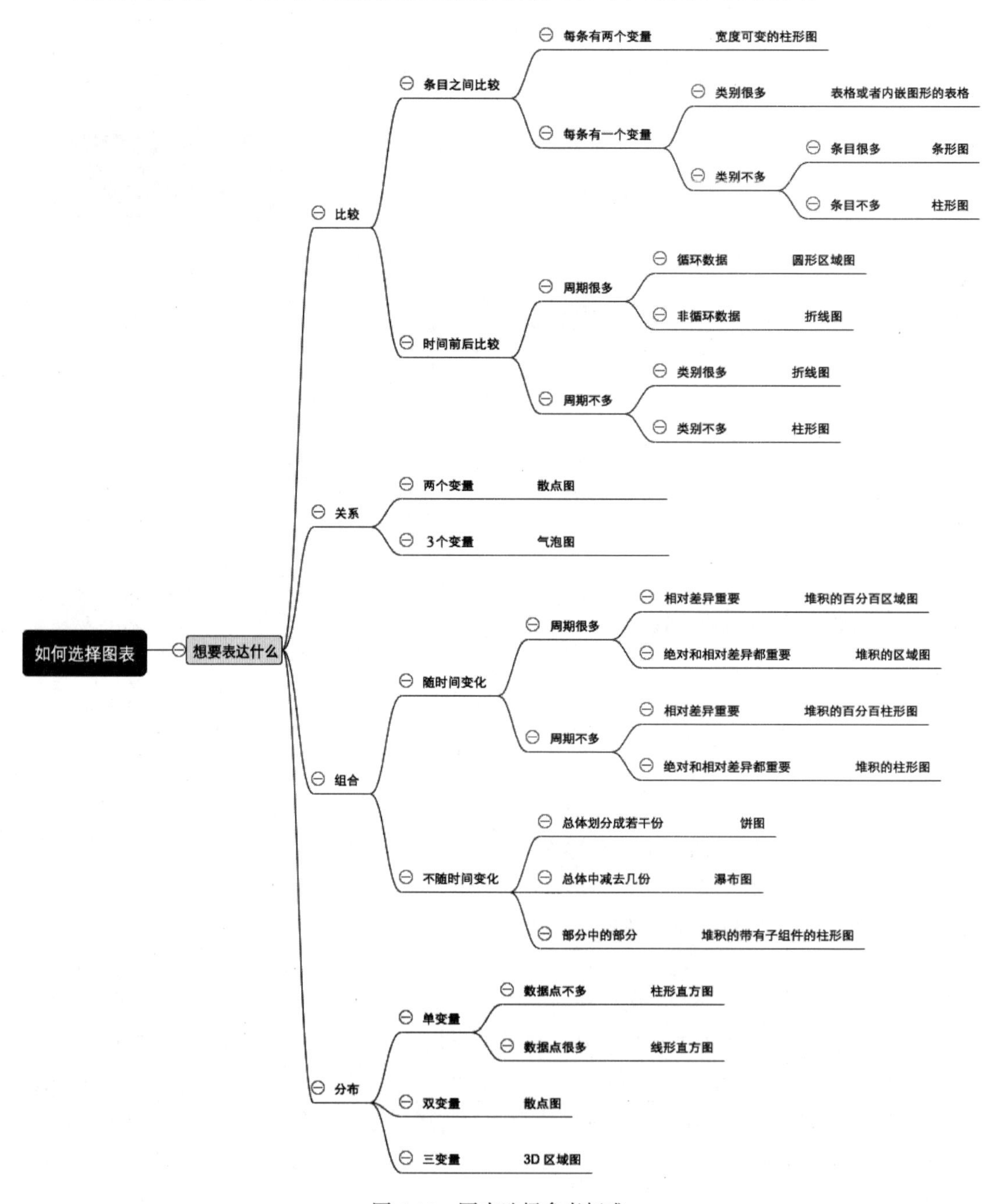


图 5-10 图表选择参考标准

# 5.4　常用度量聚合与展示方案

前面我们学习了很多理论知识：如何聚合和存储数据，如何画各种各样的图表。其实业界也有许多开源的度量与展示方案，能很好地帮我们完成工作。下面介绍几个典型的通用解决方案。

## 5.4.1　TIG 方案

TIG 方案不仅能收集系统级别的数据，也能收集应用层的数据，同时对常见开源软件（Redis、Tomcat 等）的监控也支持得很好。TIG 技术栈主要包括以下三大组件。

- Telegraf：收集度量数据。
- InfluxDB：存储度量数据，并提供强大的分析检索功能。
- Grafna：展示度量数据，基本数据流向如图 5-11 所示。

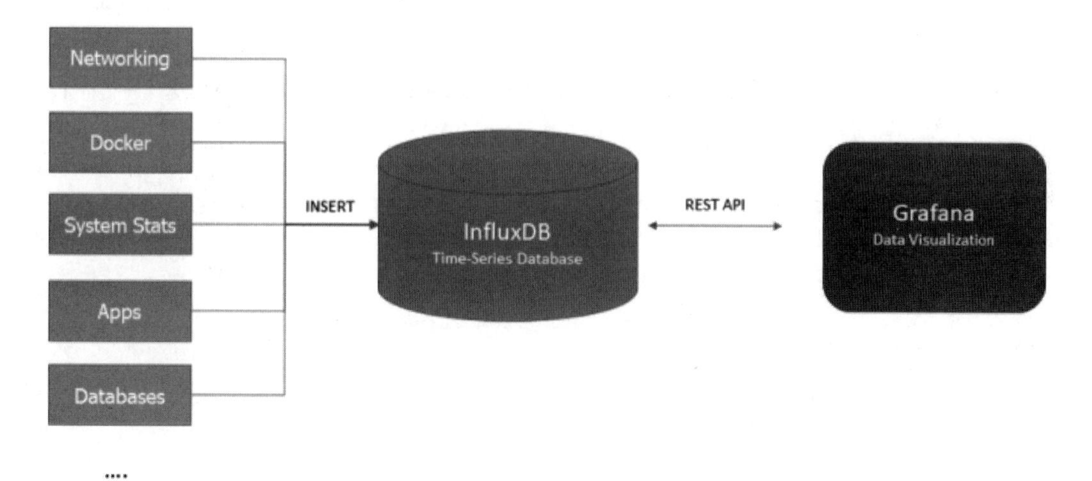


图 5-11　TIG 聚合与展示方案基本构成

### 1. Telegraf

Telegraf 是用 Go 语言编写的一个代理，主要用来收集度量指标，然后报告给 InfluxDB 等输出组件。它是一个插件驱动的代理，提供了丰富的输入插件，用来收集各种指标，不仅能直接从运行的机器上收集，也能通过第三方 API（如 Kafka 等）来抓取数据。同时也提供了足够的输出插件（如 InfluxDB、Graphite、OpenTSDB 等）用来存储度量数据。Telegraph 的安装是非常简单的，参见源码目录中的 oss/tig/README.md 和其官网上的介绍。其默认配置文件为 /etc/telegraf/telegraf.conf，也可以通过网址 https://github.com/influxdata/telegraf/blob/master/etc/telegraf.conf 来查看。Telegraf 是通过输入、转化、输出插件方式来管理的，所以采用默认配置，什么都不修改时，Telegraf 收集的信息如下：

```
    inputs.disk inputs.diskio inputs.kernel inputs.mem inputs.processes inputs.swap
inputs.system inputs.cpu
```

而输出采用的是 InfluxDB 方式。这点可以通过启动日志来观察到。

```
    2018/09/17 01:31:19 I! Using config file: /etc/telegraf/telegraf.conf
    2018-09-17T01:31:19Z I! Starting Telegraf v1.7.4
    2018-09-17T01:31:19Z I! Loaded inputs: inputs.disk inputs.diskio inputs.kernel
inputs.mem inputs.processes inputs.swap inputs.system inputs.cpu
    2018-09-17T01:31:19Z I! Loaded aggregators:
    2018-09-17T01:31:19Z I! Loaded processors:
    2018-09-17T01:31:19Z I! Loaded outputs: influxdb
```

如果需要修改或者定制，可以直接修改 /etc/telegraf/telegraf.conf 达到目标。但是这个默认配置里面往往会含有太多我们并不想要的插件，所以 Telegraf 提供了一种简洁的方式来生成配置文件。

```
    $ telegraf --input-filter redis:cpu:mem:net:swap --output-filter influxdb:kafka
config  // 采集多个指标

    $ telegraf --input-filter redis --output-filter influxdb config  // 采集一个指标
```

例如，产生一个 redis.conf 的配置：

```
    $ telegraf -sample-config -input-filter redis:mem -output-filter influxdb >
redis.conf
```

产生后的配置内容如下：

```
    # Read metrics about memory usage
    [[inputs.mem]]
        # no configuration


    [[inputs.redis]]
        ## specify servers via a url matching:
        ##  [protocol://][:password]@address[:port]
        ##  e.g.
        ##    tcp://localhost:6379
        ##    tcp://:password@192.168.99.100
        ##    unix:///var/run/redis.sock
        ##
        ## If no servers are specified, then localhost is used as the host.
        ## If no port is specified, 6379 is used
        servers = ["tcp://localhost:6379"]


   ##############################################################################
```

```
#                                OUTPUT PLUGINS                                #
###############################################################################

# Configuration for sending metrics to InfluxDB
[[outputs.influxdb]]
    ## The full HTTP or UDP URL for your InfluxDB instance.
    ##
    ## Multiple URLs can be specified for a single cluster, only ONE of the
    ## urls will be written to each interval.
    # urls = ["unix:///var/run/influxdb.sock"]
    # urls = ["udp://127.0.0.1:8089"]
    # urls = ["http://127.0.0.1:8086"]

    ## The target database for metrics; will be created as needed.
    # database = "telegraf"
    # username = "telegraf"
    # password = "metricsmetricsmetricsmetrics"
```

要使用定制的配置，只要以这个文件作为启动配置文件启动即可：

```
$ telegraf --config /etc/telegraf/redis.conf
```

启动效果如下：

```
[root@telegraf ~]# telegraf --config /etc/telegraf/redis.conf
2018-09-17T02:43:08Z I! Starting Telegraf v1.7.4
2018-09-17T02:43:08Z I! Loaded inputs: inputs.redis inputs.mem
2018-09-17T02:43:08Z I! Loaded aggregators:
2018-09-17T02:43:08Z I! Loaded processors:
2018-09-17T02:43:08Z I! Loaded outputs: influxdb
2018-09-17T02:43:08Z I! Agent Config: Interval:10s, Quiet:false, Hostname:"",
Flush Interval:10s
```

此时，InfluxDB 会收到如下请求：

```
2018-09-17T02:43:08.060799Z info Executing query {"log_id": "0AaMBDO0000",
"service": "query", "query": "CREATE DATABASE telegraf"}
[httpd] 127.0.0.1 - - [17/Sep/2018:02:43:08 +0000] "POST /query HTTP/1.1" 200 57
"-" "telegraf" 68dafe05-ba23-11e8-8001-000000000000 108642
[httpd] 127.0.0.1 - - [17/Sep/2018:02:43:20 +0000] "POST /write?db=telegraf
HTTP/1.1" 204 0 "-" "telegraf" 7026fecd-ba23-11e8-8002-000000000000 595855
[httpd] 127.0.0.1 - - [17/Sep/2018:02:43:30 +0000] "POST /write?db=telegraf
HTTP/1.1" 204 0 "-" "telegraf" 761ceb12-ba23-11e8-8003-000000000000 149522
[httpd] 127.0.0.1 - - [17/Sep/2018:02:43:40 +0000] "POST /write?db=telegraf
HTTP/1.1" 204 0 "-" "telegraf" 7c12cd50-ba23-11e8-8004-000000000000 326783
[httpd] 127.0.0.1 - - [17/Sep/2018:02:43:50 +0000] "POST /write?db=telegraf
HTTP/1.1" 204 0 "-" "telegraf" 820892ba-ba23-11e8-8005-000000000000 101009
[httpd] 127.0.0.1 - - [17/Sep/2018:02:44:00 +0000] "POST /write?db=telegraf
HTTP/1.1" 204 0 "-" "telegraf" 87fe77d9-ba23-11e8-8006-000000000000 86017

[httpd] 127.0.0.1 - - [17/Sep/2018:02:44:10 +0000] "POST /write?db=telegraf
HTTP/1.1" 204 0 "-" "telegraf" 8df464b0-ba23-11e8-8007-000000000000 85689
```

接下来，我们再介绍如何通过 InfluxDB 的 API 和命令行查询收集到的信息。

2. InfluxDB

InfluxDB 是一种时间序列数据库。时间序列数据（time series data）是指在不同时间上收集到的数据，用于所描述现象随时间变化的情况。这类数据反映了某一事物、现象等随时间的变化状态或程度。我们当然可以使用传统的数据库来存储时间序列数据，比如 Oracle、MySQL 等，或者一些 NoSQL 的键值存储系统（如 Cassandra、Riak 等），但是用时间序列数据库存储更合适，因为时间序列数据库往往针对这种数据的特征做了优化。目前，这种时间序列化数据库种类也越来越多，比如 InfluxDB、OpenTSDB（Runs on top of Hadoop and HBase）、KDB+ 和 Graphite 等。而 InfluxDB 是其中的佼佼者，它是由 InfluxData 开发的一个开源的时间序列数据库，由 Go 语言编写，为快速并且高可靠性的时间序列数据存取做了一些优化，应用范围包括操作监视、应用度量、物联传感器数据以及实时分析等方面。

InfluxDB 是基于时间序列来组织数据的，例如 CPU 占用率、温度等度量数据，在时间序列上有一个或多个数据在连续的时间间隔上的采样。一般来说，你可以认为 InfluxDB 的存储单元 – 度量表（measurement）就像传统数据库中的表（table）一样，它的主键永远是时间（time），而标签（tag）和域（field）就类似于数据库表中的字段，其中标签（tag）是有索引的字段，域（field）是无索引的字段。

横向比较一下 InfluxDB、Oracle 和 Cassandra 中的术语，如表 5-1 所示。

表 5-1 InfluxDB、Oracle 和 Cassandra 中的术语名称比较

| 术语 / 数据库 | InfluxDB | Oracle | Cassandra |
|---|---|---|---|
| 表 | 度量表 Measurement | 数据库表 Table | 列族 Column Family |
| 主键 | 主键是时间 Timestamp as PK | 自定义类型的主键 Customized PK | 分区键 Parition Key |
| 索引 | 标签 Tag | 索引字段 Indexed field | 分区列 Clustering column |
| 非索引 | 域 Field | 无索引字段 Not Indexed field | 普通列 Column |

还有重要的一点区别在于，InfluxDB 中可以有数百万的度量表（measurement），无须事先定义模式 schema，不会有 null 类型的数据。

一份时间序列数据取样称为一个数据点（point），它写到 InfluxDB 中是采用一种称作 Line 的简单的文本协议，即如下格式：

```
[,=...] =[,=...] [unix-nano-timestamp]
```

下面就是一个例子：

```
    cpu,host=serverA,region=us_west
    value=0.64payment,device=mobile,product=Notepad,method=credit
    billed=33,licenses=3i  1434067467100293230stock,symbol=AAPL bid=127.46,ask=127.48
temperature,machine=unit42,type=assembly
    external=25,internal=37 1434067467000000000
```

InfluxDB v1.3 之前有一个 Web 控制台，在 v1.3 之后取消了，v2.0 应广大用户的要求

又加回来了，而命令行及通过 Web API 的访问方式一直都支持。下面是 InfluxDB 的一些操作方式。

创建数据库：

```
curl -i -XPOST http://localhost:8086/query --data-urlencode "q=CREATE DATABASE mydb"
```

或者：

```
influx -execute 'create database mydb'
```

查询数据结构：

```
$ influx
Connected to http://localhost:8086 version 1.7.7
InfluxDB shell version: 1.7.7
# 查看 databases
> show databases
name: databases
name
----
_internal
potato
mydb

# 查看 retention policies
SHOW RETENTION POLICIES

查看 series
SHOW SERIES

查看 measurements
SHOW MEASUREMENTS

查看 tag keys
SHOW TAG KEYS

查看 tag values
SHOW TAG VALUES

查看 field keys
SHOW FIELD KEYS
```

插入数据：

```
curl -XPOST 'http://localhost:8086/write?db=mydb' \\\\\\\\\\\\\\\\-d 'cpu,host=server01,region=uswest load=42 1434055562000000000'curl -XPOST 'http://localhost:8086/write?db=mydb' \\\\\\\\\\\\\\\\-d 'cpu,host=server02,region=uswest load=78 1434055562000000000'curl -XPOST 'http://localhost:8086/write?db=mydb' \\\\\\\\\\\\\\\\-d 'cpu,host=server03,region=useast load=15.4 1434055562000000000'
```

或

```
    influx -execute 'INSERT into mydb.autogen cpu,host=serverA,region=us_west
value=0.64'
```

查询数据：

```
influx -execute 'show databases'
influx -execute 'show measurements' -database mydb
influx -execute 'SELECT host, region, value FROM cpu' -database mydb
```

或

```
    curl -G 'http://localhost:8086/query?db=mydb' --data-urlencode "q=SHOW
MEASUREMENTS"

    curl -G http://localhost:8086/query?pretty=true --data-urlencode "db=mydb"
--data-urlencode "q=SELECT * FROM cpu WHERE host='server01' AND time < now() - 1d"
```

分析数据：

```
    curl -G http://localhost:8086/query?pretty=true --data-urlencode "db=mydb"
--data-urlencode "q=SELECT mean(load) FROM cpu WHERE region='uswest'"
```

### 3. Grafana

Grafana 是一个开源的度量分析与可视化套件，它为不同的数据源提供不同的语法编辑界面，可以创建各种类型丰富的图表，同时也可以通过插拔式插件进行更多的功能扩展。

Grafana 支持如下数据源：

- ❑ CloudWatch
- ❑ Elasticsearch
- ❑ Graphite
- ❑ InfluxDB
- ❑ OpenTSDB
- ❑ Prometheus

先用 Docker 将其快速启动：

```
docker run -d -p 3000:3000 --name grafana grafana/grafana
```

然后就可以在 Grafana 上建立各种仪表。Grafana 将整个仪表盘分为若干行，每个行中可以添加不同的面板。面板可以是如下这几种类型：

- ❑ 报警列表（alert list）
- ❑ 仪表盘列表（dashboard list）
- ❑ 图形（graph）
- ❑ 热图（heatmap）

- ❑ 日志（log）
- ❑ 单个统计值（singlestat)
- ❑ 表格（table）
- ❑ 文本（text）

Grafana 官方网站[⊖]上提供了大量的仪表盘样例，可以参考并复制到自己的环境中。例如，我们选择一款五星好评的仪表盘 Telegraf - system metrics，可以将其仪表盘的 json 文件下载下来。具体步骤如下：

1）选择左上角的加号，展开后再选择 import 选项。

2）单击 Upload json file 按钮，将刚才下载下来的 json 文件上传到自己的 Grafana 中。

3）如图 5-12 所示，单击 Import 按钮，导入仪表盘。

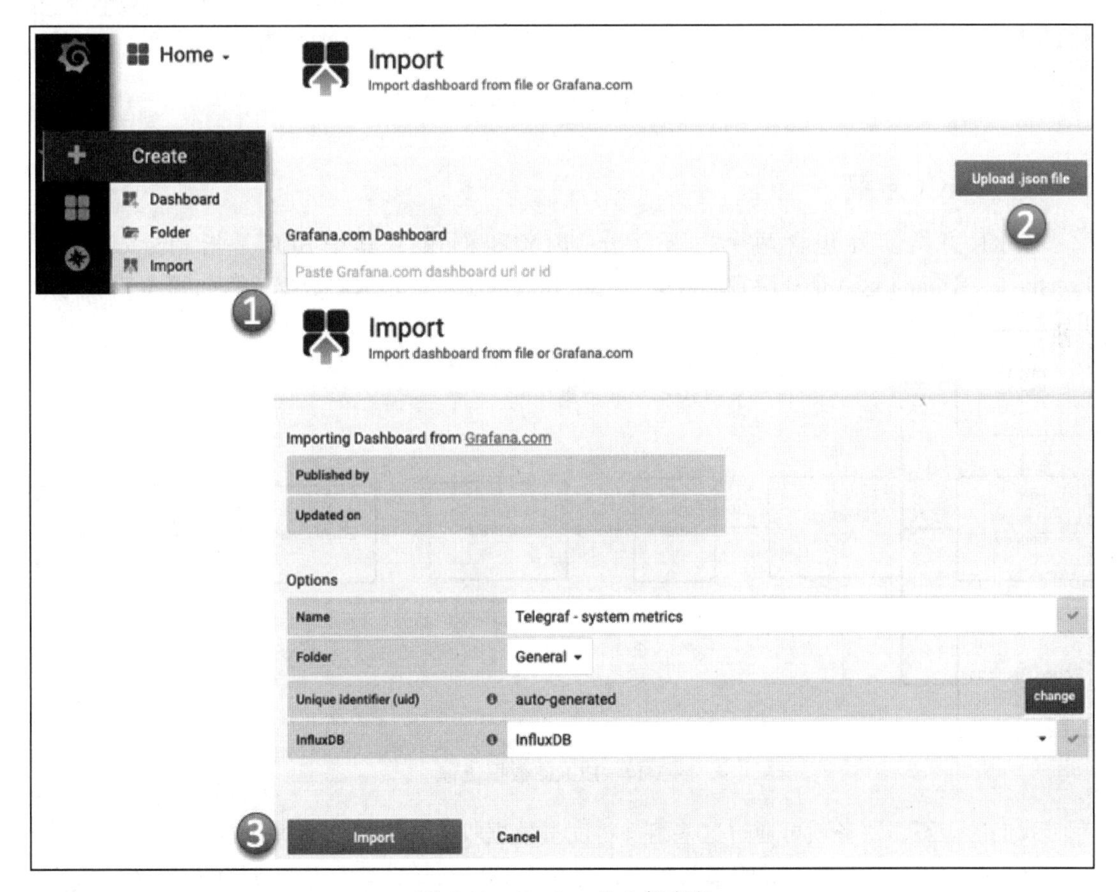


图 5-12　Grafana 导入仪表盘

这样，非常简单地就得到了一个功能强大、图表丰富的仪表盘，如图 5-13 所示。

⊖ https://grafana.com/grafana/dashboards

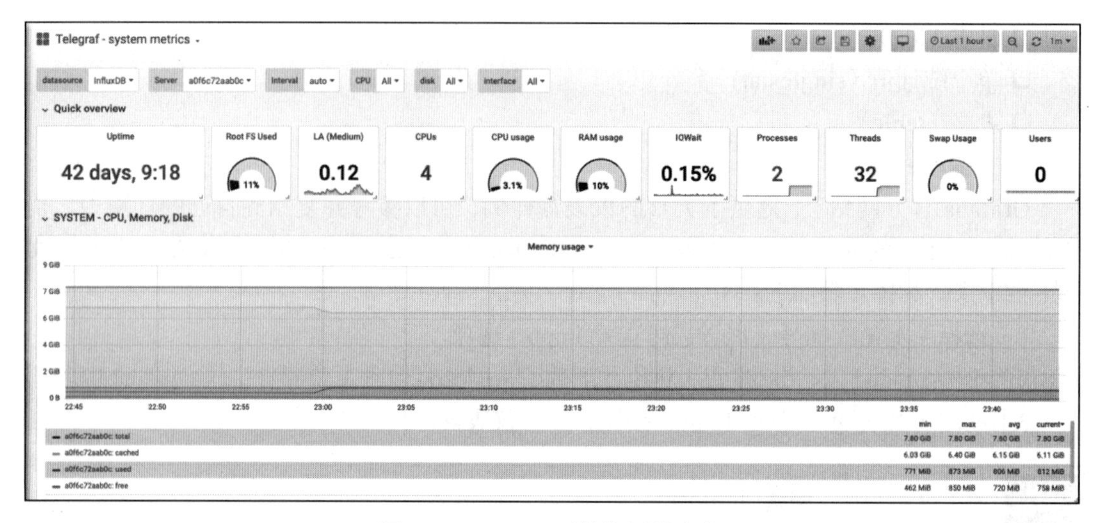


图 5-13 Telegraf 系统资源仪表盘

## 5.4.2 ELKK 方案

ELKK 方案实际包含两个主要部分：ELK 和 Kafka，其中 ELK 是指 Elasticsearch、Logstash、Kibana 这 3 个开源日志收集、分析和展现工具。ELKK 数据流程如图 5-14 所示。

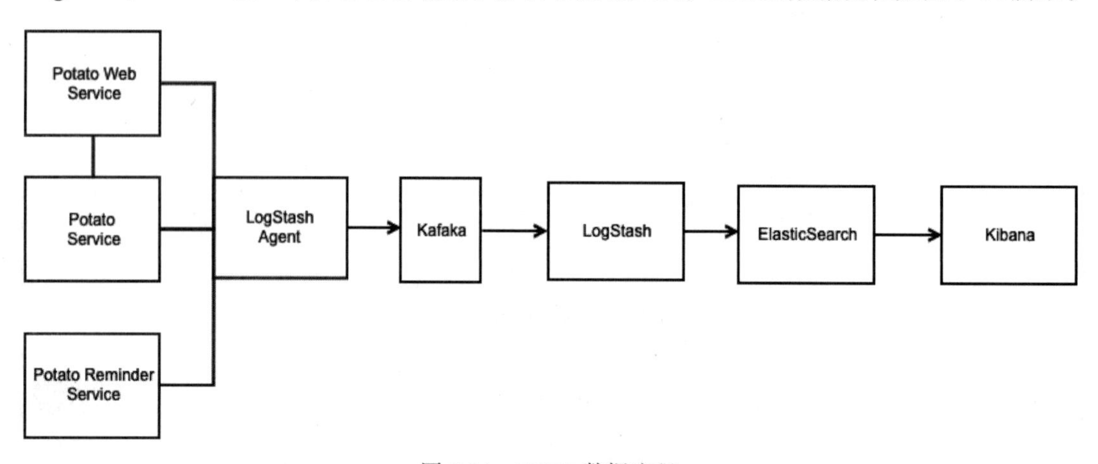


图 5-14 ELKK 数据流程

我们的土豆微服务就可通过这些组件将度量数据收集、聚合、分析和展示。

- ❑ Logstash：度量数据的收集和解析，也可由 FileBeat 之类的更轻量级的工具代替。
- ❑ Elasticsearch：度量数据的存储及索引的存储，提供强大的检索分析功能。
- ❑ Kibana：度量数据的分析显示。
- ❑ Kafka：消息队列系统，用于度量数据的转储和分发。

让我们逐个详细介绍。

### 1. Logstash 和 Beats

Logstash 是一个开源的服务器端数据处理管道工具，它可以同时从多个源中提取数据，并对其进行各种转换，然后将其发送到你最喜欢的目的地，最常见的就是 Elasticsearch。在实际应用中，为了避免在流量高峰时对 Elasticsearch 的并发请求过多，常用 Kafka 来中转一下。Logstash 的安装步骤参见源码目录 oss/elkk/README.md 和其官网上的介绍。

Logstash 基于 jruby 开发，虽然占用的系统资源稍微多点，但是它最大的优点在于插件丰富，可以满足你的大多数需求。插件分为以下 3 类。

- Input：输入插件
- Output：输出插件
- Filter：过滤器插件

实际应用中，我们用 Kafka 来做日志中转，在应用服务器上安装一套 Logstash 作为 Kafka 的生产者（producer），而在日志分析服务器安装另一套 Logstash 作为 Kafka 的消费者（consumer）。

在应用服务器上直接安装 Logstash 并且使用如下两个插件配置：

- input 使用 file input plugin，最重要的配置是日志文件的路径。
- output 使用 Kafka 插件。

```
input {
    file {
        type => "metric"
        path => [ "/opt/application/logs/*.log*" ]
        exclude => [ "*.gz", "*.gzip" , "*.bzip" , "*.bzip2","*metrics*.log" ]
        exclude => [ "*.gz", "*.gzip" , "*.bzip" , "*.bzip2", "temp.*", "debug.*"]
        add_field => [ "component", " test_component " ]
        close_older => -1
        start_position => "end"
    }
}
  output {
                kafka {
                topic_id => "logstash_%{component} "
                client_id => "client"
                retry_backoff_ms => 60000
                bootstrap_servers => "10.227.101:9092,10.227.102:9092"
                codec => "json"
                reconnect_backoff_ms => 60000
            }
}
```

而将 Kafka 里面存储的信息转化到 ELK 里面，可以使用以下两个插件配置：

- input 使用 Kafka，主要是指定度量指标存储的主题（topic）名。
- output 使用 Elasticsearch，主要是指定索引（index）名。

```
input {
    kafka {
        add_field => [ "eventtype", "metrics" ]
        bootstrap_servers=> "10.227.151:9092"
        group_id =>"logstash_consumer"
        topics =>["logstash_component1_hdfs","logstash_component2_hdfs "]
        consumer_threads =>20
        decorate_events =>true
      }
}
  output {
          elasticsearch {
            hosts =>"10.227.159:9200"
            index =>"metric-%{[message][type]}-%{+YYYY.MM.dd}"
            codec => "json"
        #document_type => "%{[message][type]}"
          }
}
sr/local/logstash/bin/logstash
```

### 2. Elasticsearch

Elasticsearch（ES），是 ELK 技术栈中的核心组件。它是基于 Apache Lucene 的一个高度可扩展的开源全文搜索和分析引擎。它可以快速、近实时地存储、搜索和分析大量数据。它通常用作底层引擎技术，为具有复杂搜索功能和要求的应用程序提供支持，可以用来存储、搜索和分析海量的数据。它的处理速度很快，性能接近于实时的秒级。

其基本概念如下。

- Cluster（集群）：存储索引数据的节点的集合。
- Node（节点）：一个 Elasticsearch 的运行实例，根据 node 的 master 属性和 data 属性不同，可以分为以下 3 种类型的节点。
  - 主节点：node.master=true, node.data=false
  - 数据节点：node.master=false, node.data=true
  - 路由节点：node.master=false, node.data=false
- Document（文档）：被索引的信息的基本单位，它可表示一个 JSON 文档。
- Mapping（映射）：文档中字段的定义称为映射。
- Index（索引）：具有共同特征的数据集，包含许多个映射。
- Type（类型）：对索引的逻辑分区，一个索引可以有多个类型，在新的 6.0 之后的版本中去除了这一概念。
- Shards & Replicas（分片和副本）：索引文件会分别存储在一些分片（shard）中，并且复制到不同节点上相应的副本（Replicas）中，从而保证了 Elasticsearch 的高可用性。

安装步骤参见源码目录中的 oss/elkk/README.md 及其官网上的介绍。

在 Elasticsearch 启动后可以直接访问 http://localhost:9200/ 来查看是否正常服务，以及角色、集群名等信息，如图 5-15 所示。

```
← → C ⌂  ⓘ Not Secure | 10.224.77.176:9200

{
    name: "ub14",
    cluster_name: "elasticsearch",
    cluster_uuid: "57bnOO5RR_SifmZ0pcDl_A",
  - version: {
        number: "7.4.0",
        build_flavor: "default",
        build_type: "tar",
        build_hash: "22e1767283e61a198cb4db791ea66e3f11ab9910",
        build_date: "2019-09-27T08:36:48.569419Z",
        build_snapshot: false,
        lucene_version: "8.2.0",
        minimum_wire_compatibility_version: "6.8.0",
        minimum_index_compatibility_version: "6.0.0-beta1"
    },
    tagline: "You Know, for Search"
}
```

图 5-15　Elasticsearch 响应

### 3. Kibana

Kibana 是一个开源分析和可视化平台，旨在与 Elasticsearch 协同工作。通过 Kibana 进行搜索，查看并与存储在 Elasticsearch 索引中的数据进行交互，可以轻松地执行高级数据分析，并用各种图表、表格和地图可视化数据。Kibana 使用户可以轻松理解大量数据，具有简单的、基于浏览器的界面，使你能够快速创建和共享动态仪表盘，实时显示 Elasticsearch 查询的结果。

安装步骤参见 oss/elkk/README.md 和其官网上的介绍。

打开 http://10.224.77.175:5601/app/kibana，即可看到 Kibana 的主界面。创建 index 后即可使用 index 来查询或者绘制各种各样的图表，如图 5-16 所示。

Dashboard（仪表盘）也就是诸多可视化图表的组合，常规的类型如图 5-17 所示。

对于微服务来说，我们一般需要在仪表盘中创建如下几个方面的图表。我把它总结为 UPE：Usage（用量）、Performance（性能）、Error（错误）。

- Usage：最常用的指标是微服务的各个 API 端点的请求次数，区间可以设置为每小时、每天、每周的成功、失败与总次数，适合使用柱状图、条形图和线型图。由于 Kibana 的限制，秒级的 QPS（Query Per Second）不太好统计，每 5 分钟的统计是可以做的。还有上到业务级别某个功能点的用量统计，下到系统资源的 CPU、MEM、Disk、JVM Heap 用量指标等，适合使用线型图和饼图。

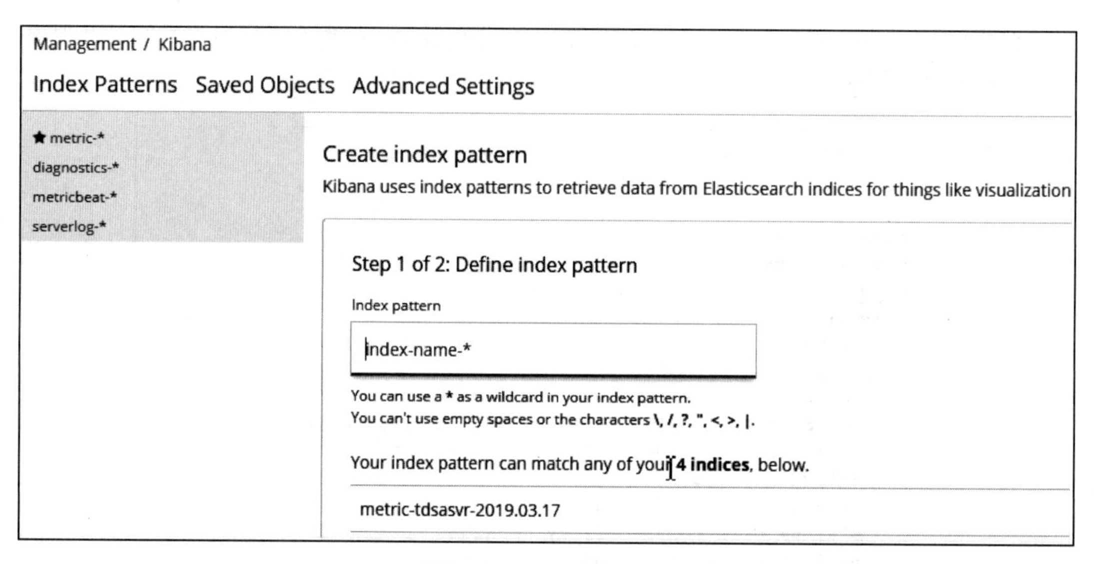


图 5-16　Kibana 主界面

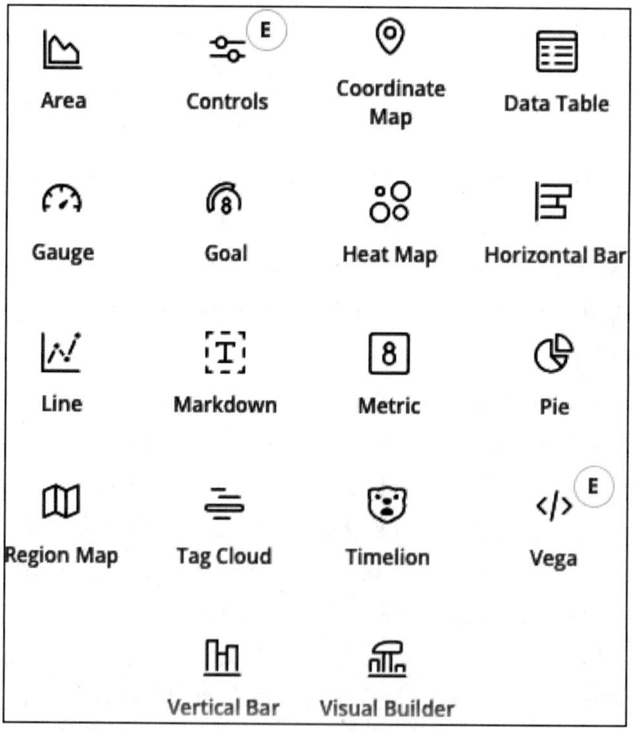

Area　Controls　Coordinate Map　Data Table
Gauge　Goal　Heat Map　Horizontal Bar
Line　Markdown　Metric　Pie
Region Map　Tag Cloud　Timelion　Vega
Vertical Bar　Visual Builder

图 5-17　Kibana 常规图表类型

- Performance：最常用的有响应时间（Response Time）和关键步骤的完成时间，其次就是内部的性能关键指标，执行任务的线程数、线程池队列中等待的任务数等。

- Error：错误有很多种类，采用 HTTP（Restful）或 SIP 的自然需要对于 4xx 和 5xx 的错误状态码进行统计，业务层面的错误类型就更多了，不能一一枚举。微服务的仪表盘必须包含这部分内容。

除此之外，不同业务领域需要建立其业务相关的关键业绩指标 KPI（Key Performance Indicator）图表。

#### 4. Kafka

Kafka 是一个高性能的消息队列系统，它实际上包含两个部分：一个是 ZooKeeper，用来提供协调服务；一个是 Kafka 本身。同时为了更便于管理 Kafka，还可以安装 kafka-manager 来管理 Kafka 集群，具体的安装步骤可参见源码库中的 oss/elkk/readme 文档或其官网上的详细说明。

如图 5-18 所示，我们的 LogStash Agent 或各种 beats 作为度量数据的生产者（producer)，将收集到的数据发送到 Kafka 的代理服务器（broker）上的某个主题（topic）中，Kafka 会将度量数据持久化存储，而 logstash 或 fluentd 这些的数据收集器作为消费者（connsumer）则可以订阅相关主题，从 Kafka 的代理服务器（broker）中获取度量数据，并存储到 Elasticsearch、InfluxDB 这些存储系统中供进一步分析。这样做的好处是解耦生产者和消费者，解决生产者和消费者处理性能和容量不匹配的问题。

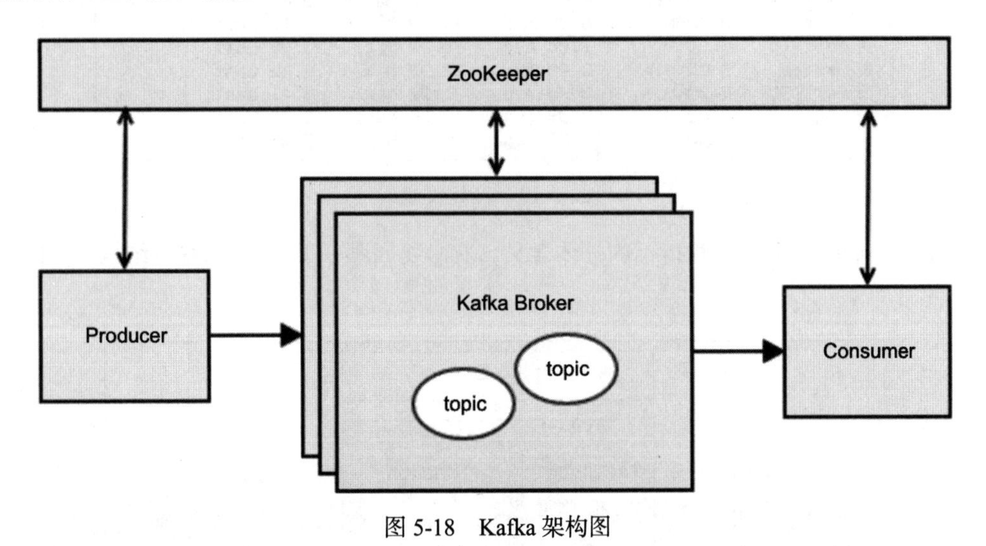


图 5-18　Kafka 架构图

### 5.4.3　Collectd 方案

Collectd 是一个守护程序，它定期收集系统和应用程序性能指标，并提供以各种方式存储值的机制。Collectd 从各种来源收集指标，例如操作系统、应用程序、日志文件和外部设备，存储这些信息或通过网络传输。这些统计数据可用于监视系统、发现性能瓶颈（即性能分析）和预测未来的系统负载（即容量规划）。它是用C语言编写的，具有高性能和可移植性，允许在没有脚本语言或cron守护程序的系统上运行，例如嵌入式系统。它还包括处理数十万个指标的优化和功能。该守护进程包含100多个插件，从标准案例到非常专业和高级的主题。它提供强大的网络功能，并且可以通过多种方式进行扩展。最后但同样重要的是，Collectd工具本身在开源社区得到了积极的开发和支持。Collectd详细的安装和配置可参见源代码中的oss/collected/README.md和其官网上的介绍。它支持的组件很多，涵盖了服务器及网络众多资源的度量，下面主要讲讲CPU和内存的度量细节。

### 1. CPU度量

一图胜千言，看看CPU使用率的图表，如图5-19所示。

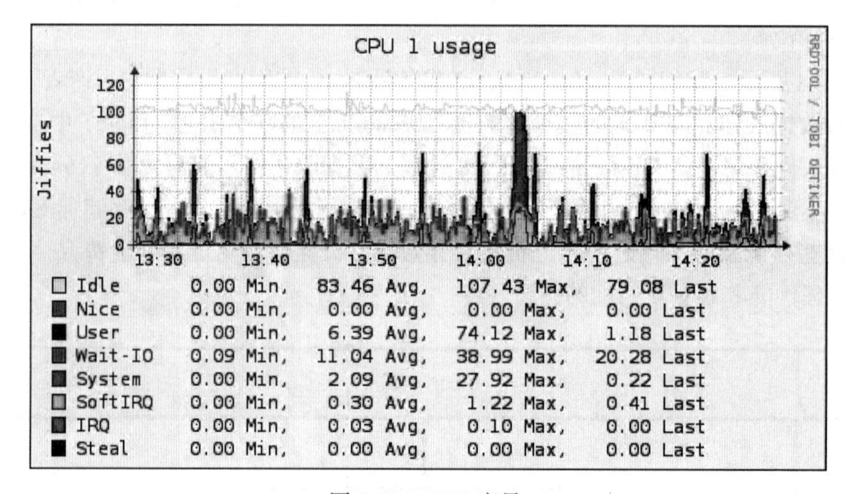


图5-19 CPU度量

一上来我们搞不清楚这些指标的具体含义，有必要回顾一下CPU的基本结构，如图5-20所示。

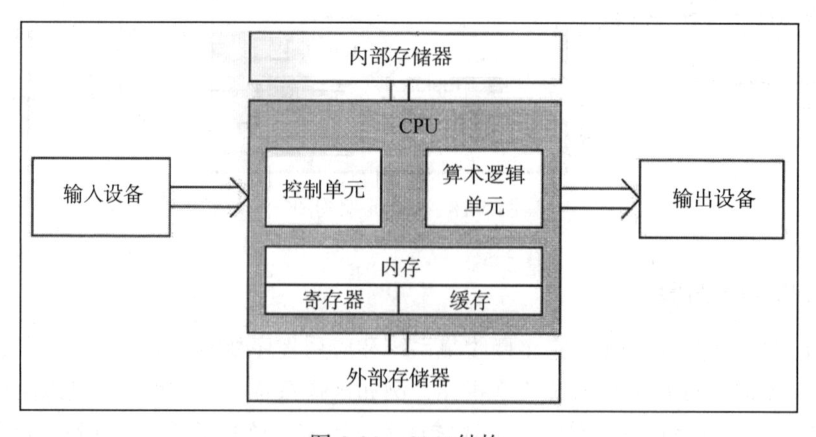


图5-20 CPU结构

CPU 是以一个特定的时钟频率执行的，比如 5GHz 的 CPU 每秒运行 50 亿个时钟周期。一般来说时钟频率越快，CPU 性能越好。对应的指标是 CPI（Cycles Per Instruction），即每指令时钟周期数。

CPU 指令的执行包括如下步骤：

1）指令预取

2）指令解码

3）执行

4）内存访问

5）寄存器写回

CPU 的忙闲比即使用率为 busy_time/total_time，CPU 会忙于运行用户态应用程序线程，或者其他的内核线程，或者在处理中断。

CPU 使用率分为内核时间和用户时间。

- 用户时间：CPU 花在用户态应用程序代码上的时间。
- 内核时间：CPU 花在系统调用、内核线程和中断上的时间。

用户时间和内核时间之比揭示了应用程序运行的负载类型。

- 计算密集型应用程序：用户时间和内核时间比接近 99/1。
- I/O 密集型的系统调用频率较高，它要通过执行内核代码进行 I/O 操作，如一般 Web 服务器的用户时间和内核时间比约为 70/30。

常用的 CPU 检查命令有 uptime、vmstat、mpstat、top、pidstat、perf 等。

比如，top 命令的输出如下：

```
top - 05:01:09 up 107 days, 19:09,  1 user,  load average: 0.00, 0.01, 0.05
Tasks: 111 total,   1 running, 110 sleeping,   0 stopped,   0 zombie
%Cpu(s):  0.2 us,  0.0 sy,  0.0 ni, 99.8 id,  0.0 wa,  0.0 hi,  0.0 si,  0.0 st
KiB Mem:   4047288 total,  3825860 used,   221428 free,   241544 buffers
KiB Swap:  4190204 total,   632600 used,  3557604 free.  1656504 cached Mem

  PID USER      PR  NI  VIRT    RES     SHR S  %CPU %MEM  TIME+ COMMAND
 3459 jenkins   20   0 3580416 831472  11752 S   0.0 20.5 134:10.70 java
 1727 999       20   0 2755632 527880  18976 S   0.0 13.0 271:58.04 java
 1200 mysql     20   0 1136664  32288   3484 S   0.3  0.8  65:25.30 mysqld
24300 root      20   0  138644  22488   5952 S   1.0  0.6 159:03.78 python
```

vmstat 的输出如下：

```
# vmstat
procs -----------memory---------- ---swap-- -----io---- -system-- ------cpu-----
 r  b   swpd   free   buff  cache   si   so    bi    bo   in   cs us sy id wa st
 0  0 632600 220636 241544 1656512    0    0     0    22    1    1  1  0 99  0  0
```

所有指标都和图表上的一致。

- r 为运行队伍长度。
- us 为用户态时间。
- sy 为系统态时间。
- id 为空闲时间。
- wa 为等待 I/O 时间。
- st 为偷取（未显示）时间，虚拟化环境下其他租户的开销。

### 2. 内存度量

内存一般是指主存 DRAM，也就是常驻内存。广义的内存还包括虚拟内存，虚拟内存是操作系统向进程所提供的一个线性的私有地址空间，映射到主存和磁盘上的交换空间。

页是指操作系统所使用的基本内存单位。当主存不够用时，操作系统会将页面换入和换出。一个页可能处于如下一个状态：

- 未分配。
- 已分配，未映射（未填充且未缺页）。
- 已分配，已映射到主内存（RAM）。
- 已分配，已映射到物理交换空间（磁盘）。

从状态 b 到 c 的转换就是缺页，如果需要读写磁盘，则是严重缺页，否则就是轻微缺页。

- RSS（常驻集合大小）：已分配的主存页 c。
- 虚拟内存大小：所有已分配的区域（b + c + d）。

内存指标最主要看以下两个。

- 使用率：内存使用的百分比。
- 饱和度：也就是看“换页”“内存交换”发生的频率，以及有没有内存不可用的错误（常见的有 "OOM: Kill process"，表示内存不可用，中止进程）。

vmstat 命令可以快速浏览内存的使用情况（输出结果默认以 KB 为单位）：

```
$ vmstat
procs -----------memory---------- ---swap-- -----io---- -system-- ------cpu-----
 r  b   swpd   free   buff  cache   si   so    bi    bo   in   cs us sy id wa st
 0  0      0 1875060 162564 1757308    0    0     0     1    2    3  0  0 100  0  0
```

输出结果中，一些重要的指标含义解释如下：

- swpd 为交换出的内存量。
- free 为空闲的可用内存
- buff 用于缓冲缓存的内存。
- cache 用于页缓存的内存。
- si 为换入的内存（换页）。
- so 为换出的内存（换页）。

free 命令是最方便查看内存使用率的工具（输出结果默认以 MB 为单位），例如：

```
# free -t -m
             total       used       free     shared    buffers     cached
Mem:          3952       3735        217          0        235       1616
-/+ buffers/cache:       1883       2069
Swap:         4091        617       3474
Total:        8044       4353       3691
```

一般来说，buffers/cache 的内存可以被程序使用，所以 free 空间不仅是 217MB，而是 2069MB，把 buffers/cache 也算成可用内存，已使用内存为 1883MB。

```
内存使用率 = 已用内存 / 总内存 = 1883/3952 = 0.48
```

内存的度量可与 InfluxDB 集成，本质上其实就是为 InfluxDB 添加 Collectd 支持：

```
$ vi /etc/influxdb/influxdb.conf

[[collectd]]
  enabled = true
  bind-address = ":25826"
  database = "collectd"
  # retention-policy = ""
  #
  # The collectd service supports either scanning a directory for multiple types
  # db files, or specifying a single db file.
  typesdb = "/usr/share/collectd/types.db"
  #
  # security-level = "none"
  # auth-file = "/etc/collectd/auth_file"
```

配置 Collectd 收集内存数据的方式如下：

```
vi /etc/collectd/collectd.conf
LoadPlugin network

<Plugin network>
    Server "10.224.76.178" "25826"
</Plugin>

$ influx -execute 'show series' -database collectd
$ influx -execute 'select * from memory_value limit 10' -database collectd
name: memory_value
time                host type   type_instance value
----                ---- ----   ------------- -----
1546672069335186832 ub14 memory used          1987960832
1546672069335187797 ub14 memory buffered      224665600
1546672069335188176 ub14 memory cached        1642242048
1546672069335188551 ub14 memory free          289554432
1546672079335258226 ub14 memory used          1988050944
1546672079335259194 ub14 memory buffered      224669696
```

```
1546672079335260020 ub14 memory cached        1642242048
1546672079335260681 ub14 memory free          289460224
1546672089335281171 ub14 memory used          1988050944
1546672089335282242 ub14 memory buffered      224669696
$ influx -execute 'select * from cpu_value limit 10' -database collectd
name: cpu_value
time                host instance type type_instance value
----                ---- -------- ---- ------------- -----
1546672069334501460 ub14 0        cpu  user          8922189
1546672069334509003 ub14 0        cpu  nice          91148
1546672069334527235 ub14 0        cpu  system        1981116
1546672069334530939 ub14 0        cpu  idle          918718139
1546672069334533948 ub14 0        cpu  wait          105511
1546672069334536611 ub14 0        cpu  interrupt     0
1546672069334537537 ub14 0        cpu  softirq       33480
1546672069334538435 ub14 0        cpu  steal         0
```

### 5.4.4 Prometheus 方案

Prometheus 是近年来随着 Docker 容器和 Kubernetes 的兴起逐渐流行的新一代度量方案。Prometheus 是最初在 SoundCloud 上构建的开源系统监视和警报工具包。自 2012 年以来，许多公司和组织都采用了 Prometheus，该项目拥有非常活跃的开发人员和用户社区。现在，它是一个独立的开源项目，并且独立于任何公司进行维护。为了强调这一点并阐明项目的治理结构，Prometheus 于 2016 年加入了 Cloud Native Computing Foundation，这是继 Kubernetes 之后的第 2 个托管项目。Prometheus 方案架构如图 5-21 所示。

Prometheus 的主要特点是：

- 一个多维数据模型，其中包含通过度量标准名称和键 / 值对标识的时间序列数据。
- PromQL，一种灵活的查询语言，可利用此维度。
- 不依赖分布式存储，单服务器节点是自治的。
- 时间序列收集通过 HTTP 上的拉模型进行。
- 通过中间网关支持推送时间序列。
- 通过服务发现或静态配置发现目标。
- 多种图形和仪表盘支持模式。

Prometheus 生态系统包含多个组件，其中许多是可选的。

- Prometheus 主服务器，它会抓取并存储时间序列数据。
- 客户端库，用于检测应用程序代码。
- 一个支持短期 job 的推送网关。
- HAProxy、StatsD、Graphite 等服务的专用导出器 exporter。
- 警报经理以处理警报。
- 各种支持工具。

Prometheus 给人印象最深的就是，使用拉（pull）的方式以一个个 job 来抓取和聚合度量数据，前提是你的微服务提供一个 API 来让它抓取数据。当然，如果你的微服务没有这样的 API，它还有众多插件和库可以帮你来快速构建一个导出器（exporter），以此来提供一个 API，暴露服务器内部的度量数据。Prometheus 结合 Kubernetes 与容器集群有非常好的集成，之前提到的 Grafana 也可以 Prometheus 为数据源进行度量分析。

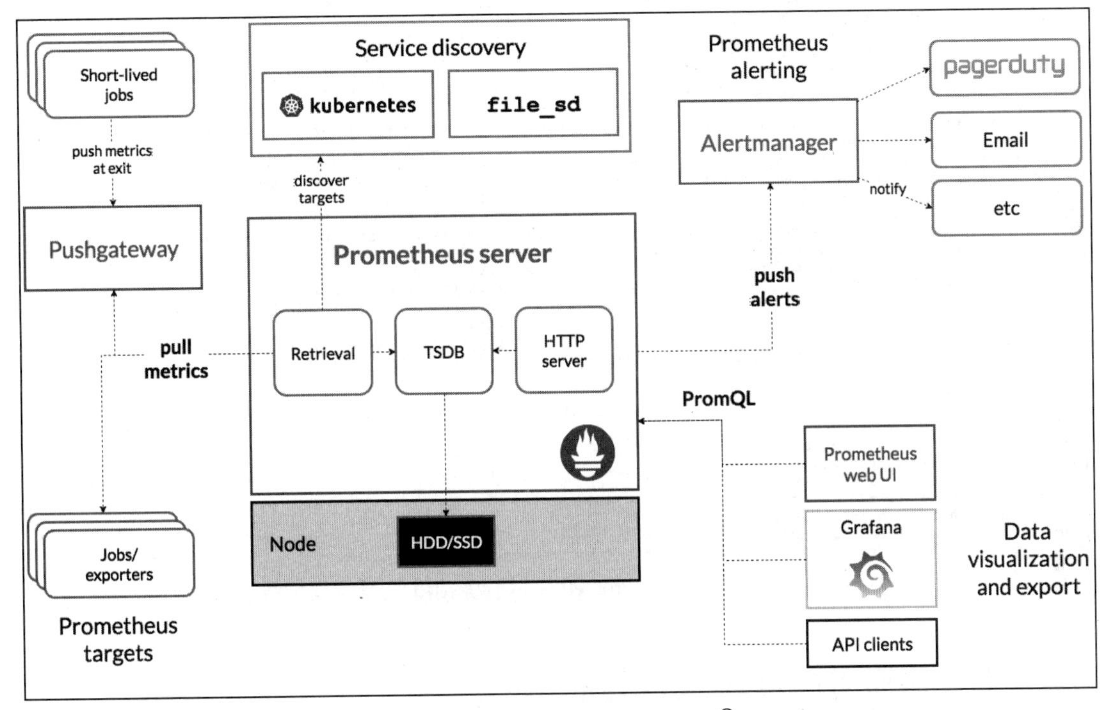


图 5-21　Prometheus 方案架构图[⊖]

在我们的土豆微服务中添加对 Prometheus 的支持也很方便。在 pom.xml 中添加如下依赖项：

```
<dependency>
    <groupId>io.micrometer</groupId>
    <artifactId>micrometer-registry-prometheus</artifactId>
</dependency>
```

重启微服务，打开 Spring actuator 的 Promethues 端点，即可看到暴露出来的度量数据，如图 5-22 所示。

除了以上的几种技术方案以外，业界还有其他很多不同的技术方案，但是 TIG 和 ELKK 以其简单、易用、扩展性好等优势深得业界“宠爱”。同时这两种度量的聚合与展示方案现在仍然在不断演进中，提供了更丰富的功能供大家深入挖掘。

⊖ https://prometheus.io/docs/introduction/overview/

```
localhost:9005/actuator/prometheus

# HELP tomcat_sessions_active_current_sessions
# TYPE tomcat_sessions_active_current_sessions gauge
tomcat_sessions_active_current_sessions 0.0
# HELP jvm_buffer_count_buffers An estimate of the number of buffers in the pool
# TYPE jvm_buffer_count_buffers gauge
jvm_buffer_count_buffers{id="direct",} 11.0
jvm_buffer_count_buffers{id="mapped",} 0.0
# HELP hystrix_execution_total Execution results. See https://github.com/Netflix/Hystrix/wiki/Metrics-and-Monitoring
# TYPE hystrix_execution_total counter
hystrix_execution_total{event="thread_pool_rejected",group="potato",key="listPotatoes",terminal="false",} 0.0
hystrix_execution_total{event="fallback_missing",group="potato",key="listPotatoes",terminal="true",} 0.0
hystrix_execution_total{event="semaphore_rejected",group="potato",key="listPotatoes",terminal="false",} 0.0
hystrix_execution_total{event="cancelled",group="potato",key="listPotatoes",terminal="true",} 0.0
hystrix_execution_total{event="collapsed",group="potato",key="listPotatoes",terminal="false",} 0.0
hystrix_execution_total{event="short_circuited",group="potato",key="listPotatoes",terminal="false",} 7.0
hystrix_execution_total{event="command_max_active",group="potato",key="listPotatoes",terminal="false",} 0.0
hystrix_execution_total{event="response_from_cache",group="potato",key="listPotatoes",terminal="true",} 0.0
hystrix_execution_total{event="bad_request",group="potato",key="listPotatoes",terminal="true",} 0.0
hystrix_execution_total{event="fallback_rejection",group="potato",key="listPotatoes",terminal="true",} 0.0
hystrix_execution_total{event="fallback_success",group="potato",key="listPotatoes",terminal="true",} 14.0
hystrix_execution_total{event="exception_thrown",group="potato",key="listPotatoes",terminal="false",} 0.0
hystrix_execution_total{event="emit",group="potato",key="listPotatoes",terminal="false",} 0.0
hystrix_execution_total{event="fallback_failure",group="potato",key="listPotatoes",terminal="true",} 0.0
hystrix_execution_total{event="fallback_emit",group="potato",key="listPotatoes",terminal="false",} 0.0
hystrix_execution_total{event="failure",group="potato",key="listPotatoes",terminal="false",} 7.0
hystrix_execution_total{event="success",group="potato",key="listPotatoes",terminal="true",} 0.0
hystrix_execution_total{event="timeout",group="potato",key="listPotatoes",terminal="false",} 0.0
# HELP system_cpu_count The number of processors available to the Java virtual machine
# TYPE system_cpu_count gauge
system_cpu_count 4.0
# HELP jvm_threads_states_threads The current number of threads having NEW state
# TYPE jvm_threads_states_threads gauge
jvm_threads_states_threads{state="runnable",} 20.0
jvm_threads_states_threads{state="blocked",} 0.0
jvm_threads_states_threads{state="waiting",} 29.0
jvm_threads_states_threads{state="timed-waiting",} 10.0
jvm_threads_states_threads{state="new",} 0.0
jvm_threads_states_threads{state="terminated",} 0.0
```

图 5-22　Spring Actuator Prometheus 端点输出的一部分度量数据

## 5.5　土豆微服务的度量聚合与展示

前面我们介绍了两种通用的技术方案，那么这一节我们介绍如何使用它们将土豆微服务的度量数据绘制出来。

### 5.5.1　土豆微服务支持多种度量聚合与展示系统的设计

有了前几章介绍的土豆微服务的度量数据定义和收集，这时我们就可以根据不同的度量方案输出度量数据了。这里我们首先定义一个接口：

```
public interface MetricOutputerable {

    public boolean isNeedOutput(Metric metrics);

    public void output(Metric metrics);

}
```

有了这层接口后，我们分别针对 ELKK 和 TIG 实现两个“输出”类。

针对 TIG 方案的实现：

```
package com.github.walterfan.potato.metrics.handler.output;


@Slf4j
public class OutputMetricByInfluxdb extends AbstractOutputMetric {

    private InfluxDB influxDB;

    public OutputMetricByInfluxdb(String influxdbUrl, String userName, String
password, String database) {
        this.influxDB = InfluxDBFactory.connect(influxdbUrl, userName, password);
        this.influxDB.setDatabase(database);
        this.influxDB.disableBatch();
        createDatabaseIfNeed(database);
    }

    @SuppressWarnings("deprecation")
    private void createDatabaseIfNeed(String database) {
        if (!this.influxDB.databaseExists(database)) {
            this.influxDB.createDatabase(database);
            log.info("created influxdb database: " + database);
        }
    }

    @Override
    public void output(Metric metrics) {

        //省略组装数据
          Point point = measurement.build();
          influxDB.write(point);
    }

}
```

然后针对 ELKK，直接把度量数据打印成 Json 即可：

```
@Slf4j
public class OutputMetricByLog extends AbstractOutputMetric {

    @Override
    public void output(Metric metrics) {
        log.info(JsonUtil.toJson(metrics));
    }

}
```

最后统一注册这些 Output 方法，并集中输出[1]。

```
for (MetricOutputerable metricOutputerable : metricOutputerables) {
    try {
```

[1] 参考 com.github.walterfan.potato.metrics.handler.MetricsHandlerImpl#output。

```
            if (metricOutputerable.isNeedOutput(metrics)) {
                metricOutputerable.output(metrics);
            }
        } catch (Exception e) {
            log.error("write metric fail for: " + e.getMessage(), e);
        }
    }
```

通过这样的编码方案，可以达到在不修改度量数据的情况下，同时支持多种可插拔式的技术方案的效果。

### 5.5.2 基于 TIG 的土豆微服务度量聚合与展示

搭建好 TIG 系统，然后部署好本书实例，再做些 UI 操作来产生各种度量指标，即可用来绘制和展示出土豆微服务的一些基本图形。包括以下两个方面。

- 应用相关的度量信息：可以通过代码 influxdb java client 直接发送到 InfluxDB 来存储，具体可参考本书附带代码。
- 系统层面的度量信息：可以通过安装 Telegraf 到所运行的机器上来发送 CPU、存储等系统级别数据到 InfluxDB。绘制方法大体可以按照以下两步。

**步骤 1**：创建数据源。

Grafana 支持很多种数据源，例如常见的 Prometheus、InfluxDB、Elasticsearch 和 MySQL 等，我们可以从中选择自己的数据源，如图 5-23 所示。

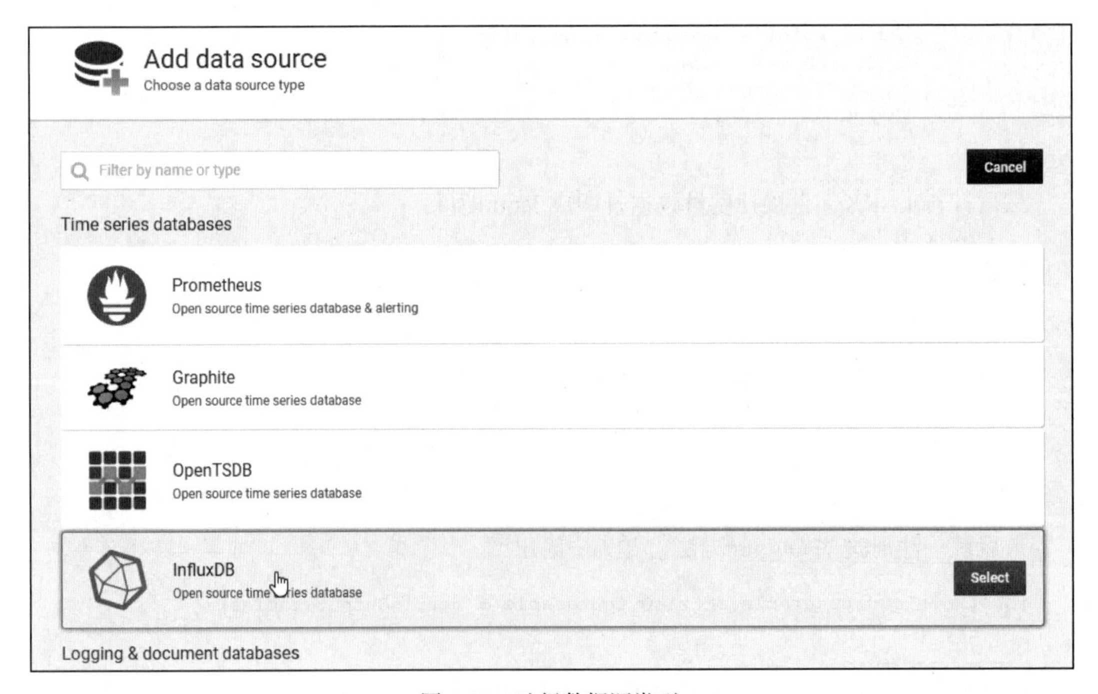


图 5-23 选择数据源类型

例如，配置默认数据源是 InfluxDB，如图 5-24 所示。

图 5-24　配置 InfluxDB 数据源

**步骤 2**：创建图表。

要点就是选择步骤 1 创建的数据源，然后绘制各种图形，如图 5-25 所示。

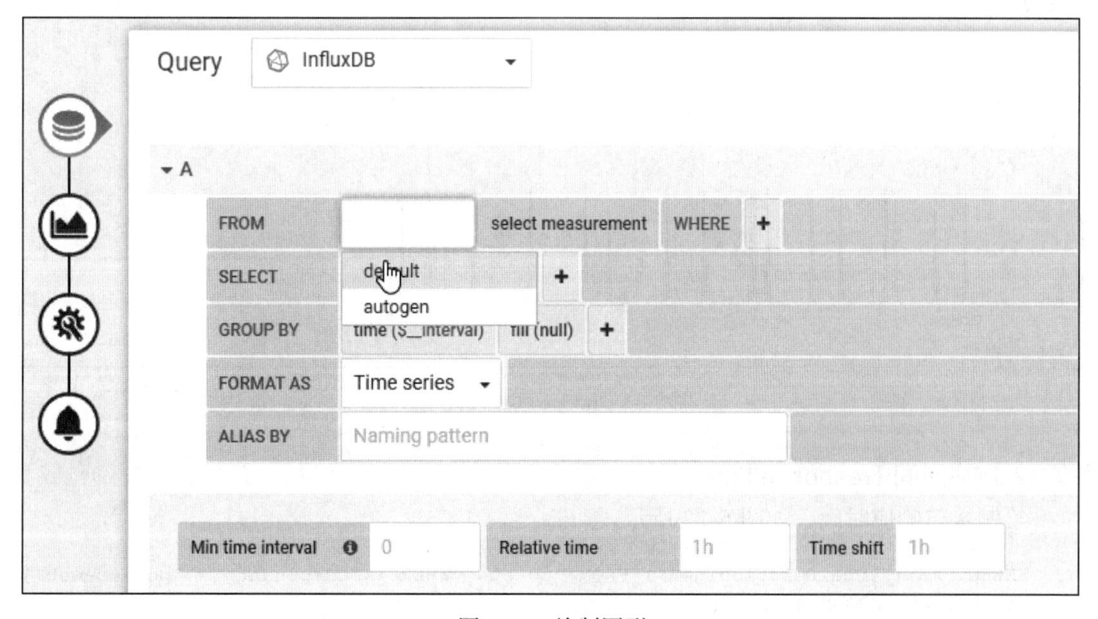


图 5-25　绘制图形

例如，选择数据源后使用 InfluxDB SQL 来创建 Dashboard 和 Diagram。

```
SELECT sum("count") FROM "http.response" WHERE "environment" = 'bts' AND "servicename" =~ /(?i)kanban/ AND $timeFilter GROUP BY time($interval), "method", "path" fill(0)
```

```
SELECT mean("duration") FROM "http.response" WHERE "environment" = 'bts' AND "servicename" =~ /(?i)kanban/ AND $timeFilter GROUP BY time($interval), "method", "path" fill(none)
```

```
SELECT sum("count") FROM "http.response" WHERE "environment" = 'bts' AND "servicename" =~ /(?i)kanban/ AND "response.code" =~ /^[0-9][0-9][0-9]$/ AND $timeFilter GROUP BY time($interval), "response.code" fill(0)
```

在代码中可以做一些切面，调用 InfluxDB 的 API 或程序库，将所需数据写入 InfluxDB。

通过上面两步即可完成基本操作，然后可以基于绘制的数据创建警告，不做赘述。下面是绘制的方法和效果图。

### 1. 每秒事务数（TPS）

绘制出接口调用的频度，即每秒的事务数（TPS），如图 5-26 所示。

```
SELECT count("trackingId") FROM "potato" WHERE ("component" = 'potato-web') AND $timeFilter GROUP BY time($interval)
```

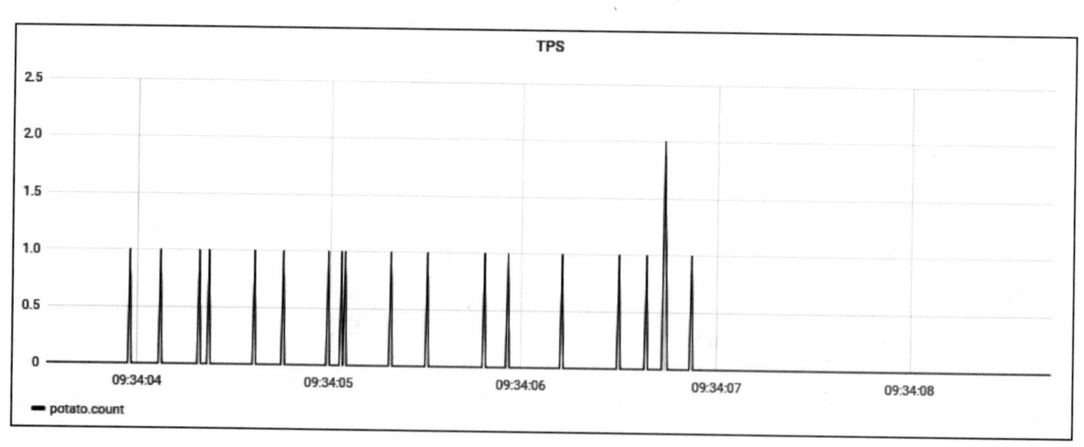


图 5-26　potato 实例 TPS 图

### 2. 响应时间（response time）

绘制接口响应时间，如图 5-27 所示。

```
SELECT max("totalDurationInMS") FROM "potato" WHERE ("component" = 'potato-web') AND $timeFilter GROUP BY time(1s) fill(0)
```

### 3. 成功率（success ratio）

尝试绘制接口调用的成功率，这可以通过饼图来展示。而在 grafana 中绘制饼图需要安装插件。

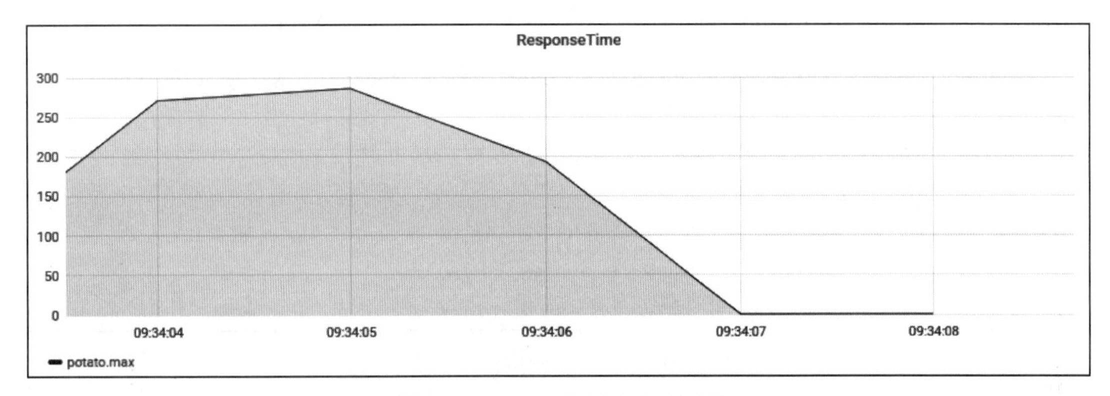


图 5-27　potato 实例响应时间图

```
[root@ ~]# grafana-cli plugins install grafana-piechart-panel
installing grafana-piechart-panel @ 1.3.6
from url: https://grafana.com/api/plugins/grafana-piechart-panel/versions/1.3.6/
download
into: /var/lib/grafana/plugins

✔ Installed grafana-piechart-panel successfully

Restart grafana after installing plugins . <service grafana-server restart>

[root@ ~]# service grafana-server restart
```

然后写以下两个查询语句，分别代表成功和失败。

```
SELECT count("trackingId") FROM "potato" WHERE ("component" = 'potato-web' AND
"success" = 'true') AND $timeFilter
SELECT count("trackingId") FROM "potato" WHERE ("component" = 'potato-web' AND
"success" = 'false') AND $timeFilter
```

然后即可绘制如图 5-28 所示的土豆服务的请求成功率。

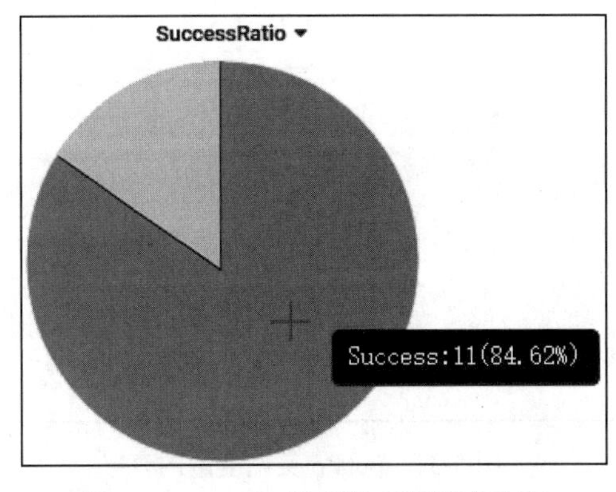


图 5-28　potato 实例接口调用成功率

### 4. 失败请求（fail request）

列出失败请求的 trackingId 等重要信息，以便于查询系统故障或者错误，如图 5-29 所示。

```
SELECT "name", "trackingId","responseCode"  FROM "potato" WHERE ("component" =
'potato-web' and "success" = 'false')
```

FailRequests

| Time ▾ | potato.name | potato.trackingId | potato.responseCode |
|---|---|---|---|
| 2019-12-05 12:42:29 | CreatePotato | 257f4ad3-5795-434d-8963-25adca28085c | 500.00 |
| 2019-12-05 12:42:29 | CreatePotato | b1b36c44-8e11-4cda-ae61-87fddeadbda4 | 500.00 |
| 2019-12-05 12:39:41 | CreatePotato | cc17af2f-cb53-4cd6-b7ed-5db77abb31b3 | 401.00 |

图 5-29 potato 实例接口失败请求

### 5. 系统层度量数据（system metric）

绘制各种系统层面的指标，例如 CPU（见图 5-30）和内存（见图 5-31）。

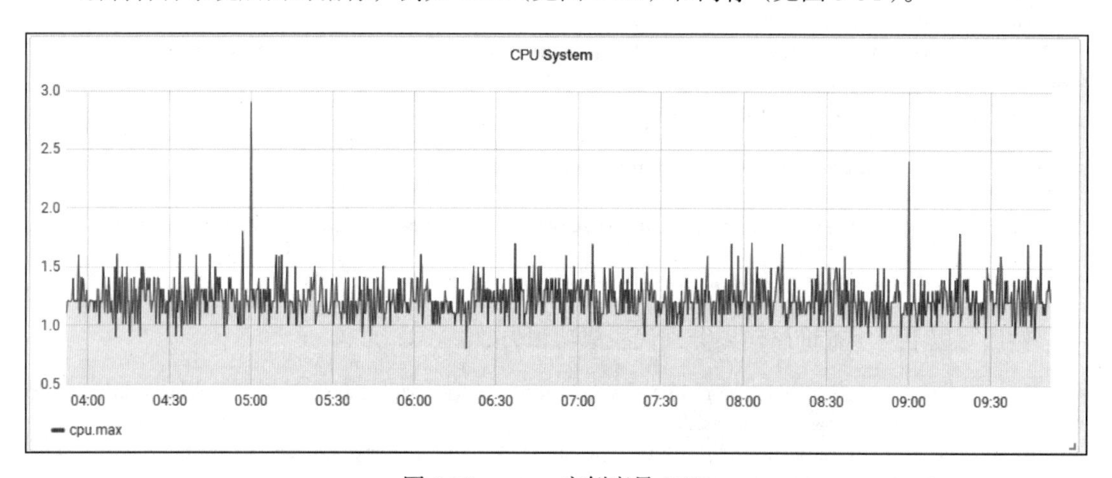


图 5-30 potato 实例度量 CPU

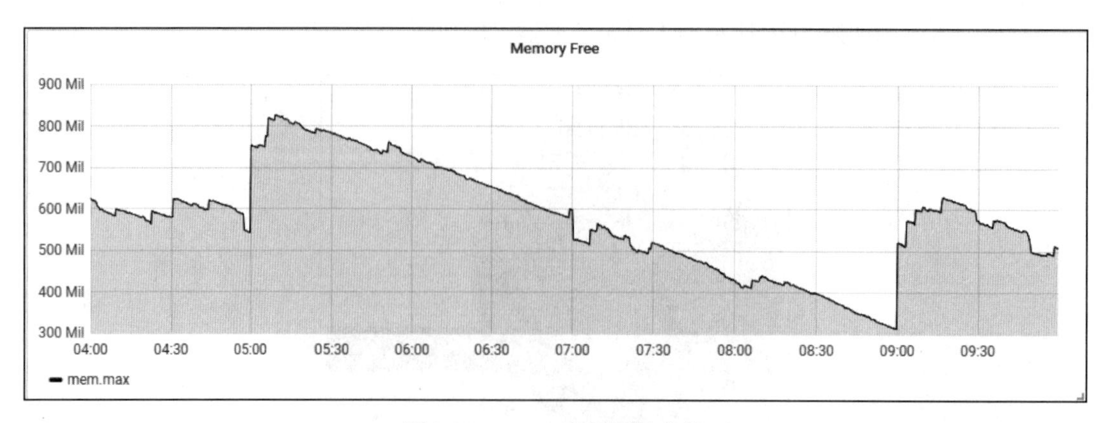


图 5-31 potato 实例度量内存

以上即为基于 TIG 绘制的方法及土豆微服务的绘制效果。

### 5.5.3　基于 ELKK 的土豆微服务度量聚合与展示

ELKK 安装好后，笔者按照以下拓扑配置了一个小型的 ELKK 系统，如图 5-32 所示。

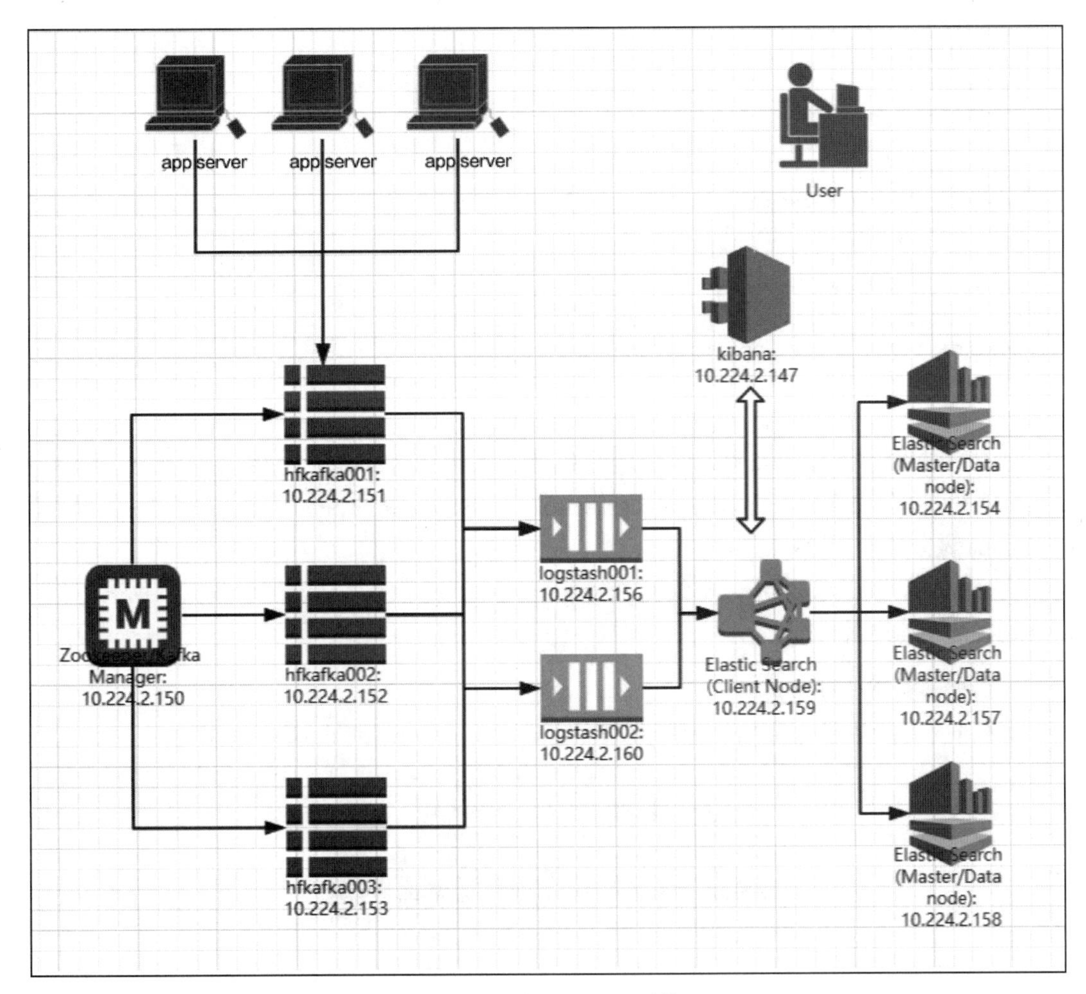


图 5-32　小型 ELKK 系统

在本书中的配套源码中也提供了一个 oss/elkk/docker-compose.yml，了解 Docker 的读者也可以通过 docker compose 简单地使用 docker-compose up -d 命令一键部署 Elasticsearch 和 Kibana。部署完 ELKK 系统和本书的例子程序后，在 potato-web（http://localhost:9005）的界面上做些待办事项的增删改查操作，就会在度量日志文件中产生一些度量数据。例如：

```
{
"metrics": {
"application": {
```

```
"component": "potato-web",
"version": "1.0",
"service": "potato"
},
"environment": {
"environment": "production",
"address": "10.224.2.143"
},
"event": {
"responseCode": 200,
"type": "interface",
"method": "GET",
"name": "SearchPotato",
"success": true,
"timestamp": 1553074294504,
"totalDurationInMS": 66,
"trackingID": "50bb79db-fbfd-4599-b901-54e2b43db4aa",
"endpoint": "/api/v1/potatoes/search"
}
}
```

这个日志会被 Logstash（部署在运行机器上）送到 Kafka 中的相应主题中，然后由 Logstash（可以单独部署）把 Kafka 中的信息拉到 Elasticsearch 中进行存储和索引，以提供给 Kibana 做分析和展示。

这样我们就可以在 Kibana 中绘制基于 Elasticsearch 中所存储的度量数据的图表。例如以下这些基本的度量指标。

### 1. 每秒事务数（TPS）

每秒事务数反映了服务的处理能力和吞吐量，如图 5-33 和图 5-34 所示。

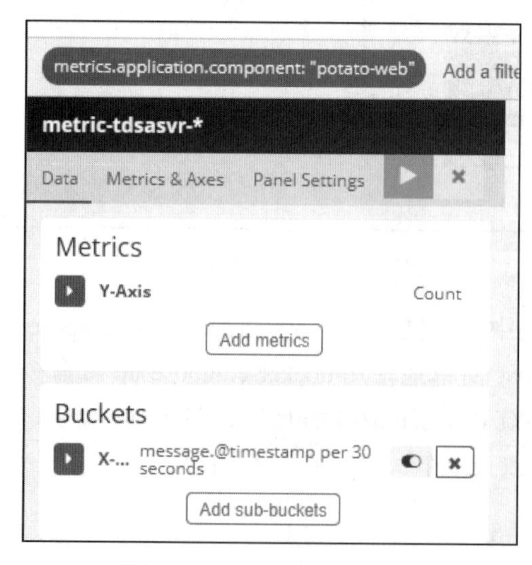


图 5-33 potato 吞吐量配置

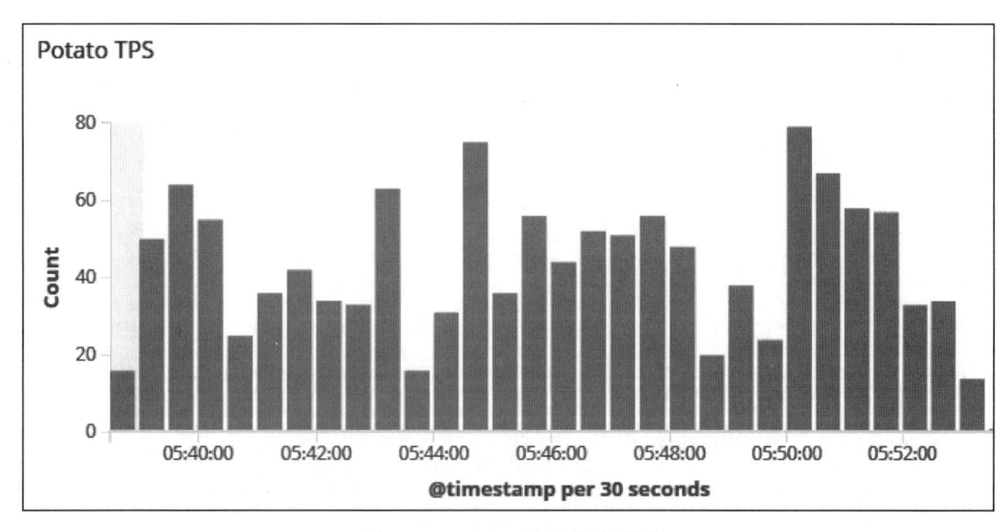


图 5-34　potato 吞吐量效果图

### 2. 响应时间（response time）

响应时间是衡量性能的重要指标。因为时间可能跨度比较大，所以使用统计指标最大值、平均值、分位值等来减少数据量，而不是显示所有请求，如图 5-35 和图 5-36 所示。

图 5-35　potato 响应时间图配置

### 3. 成功率（success ratio）

绘制成功率，记录成功比率 / 失败比率，如图 5-37 和图 5-38 所示。

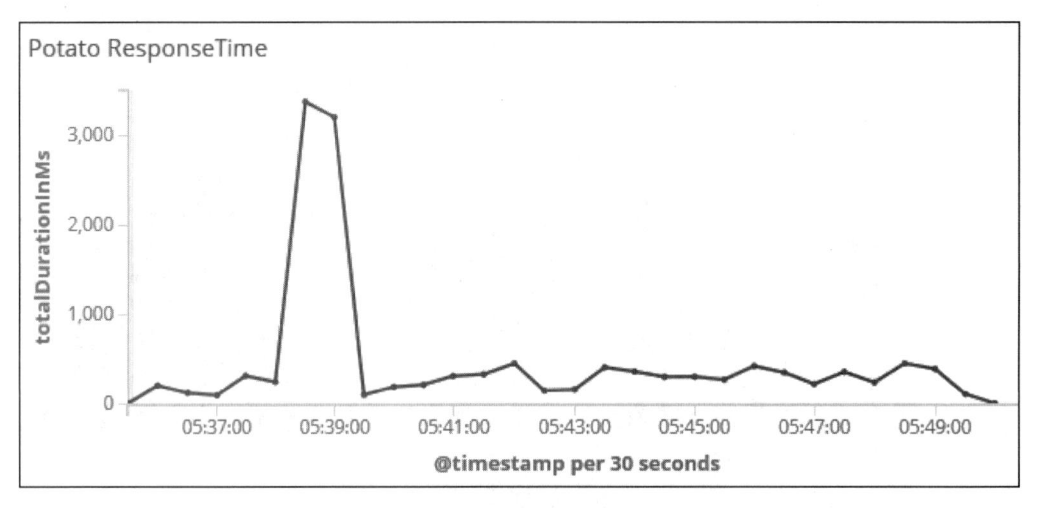


图 5-36　potato 响应时间效果图

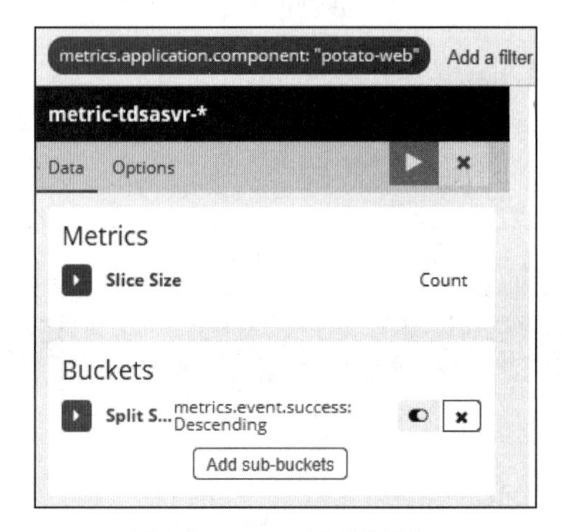


图 5-37　potato 成功率配置

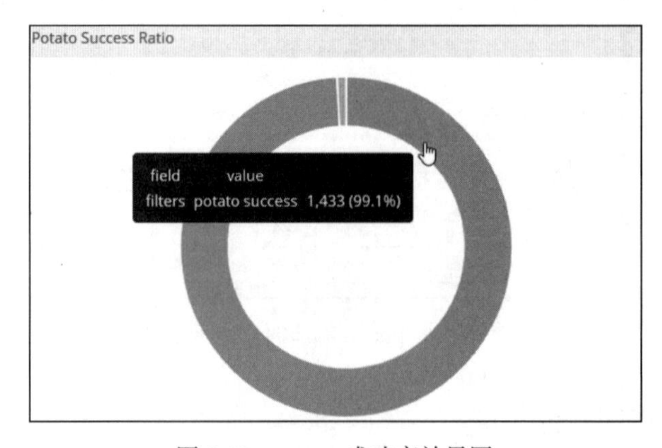


图 5-38　potato 成功率效果图

### 4. 失败请求（fail request）

可以绘制失败请求及相关信息，以便于后续跟踪、诊断这些问题：判断是基础依赖组件问题还是软件缺陷，如图 5-39 和图 5-40 所示。

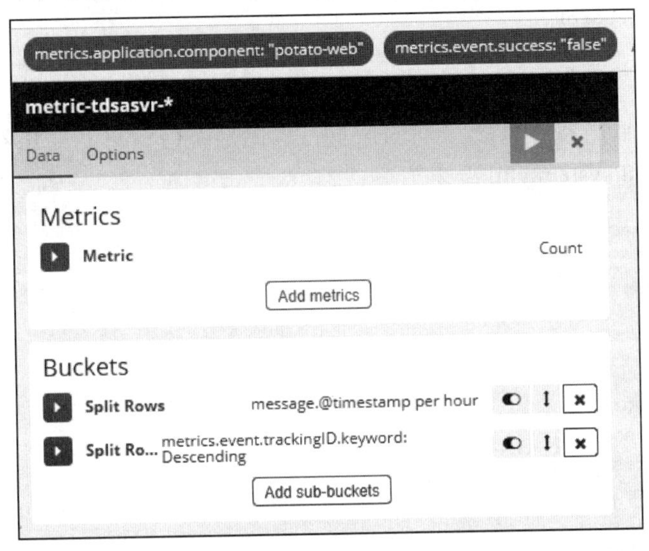


图 5-39　potato 失败请求列表配置

Potato Fail Requests

| Time | Trackingid | Count |
|---|---|---|
| December 5th 2019, 06:44:08.577 | 1de0a8cb-421c-4387-ac89-15ed1082a4b6 | 2 |
| December 5th 2019, 06:44:08.577 | ee3edb8e-812a-41d2-96d0-ebb108b78beb | 2 |
| December 5th 2019, 06:44:09.252 | 1de0a8cb-421c-4387-ac89-15ed1082a4b6 | 4 |
| December 5th 2019, 06:44:09.579 | 1de0a8cb-421c-4387-ac89-15ed1082a4b6 | 4 |
| December 5th 2019, 06:48:51.940 | 5021bcd4-a4e2-4a28-a512-591209f91486 | 4 |
| December 5th 2019, 06:44:40.442 | 1de0a8cb-421c-4387-ac89-15ed1082a4b6 | 3 |

图 5-40　potato 失败请求列表

### 5. 系统层（system level）度量数据

对于系统级别的监控，可以结合 MetricBeat（Elastic 产品中的一员，用于从系统和服务收集指标。MetricBeat 能够以一种轻量型的方式，输送各种系统和服务统计数据，从 CPU 到内存，从 Redis 到 Nginx，不一而足），安装、配置即可直接输出监控指标信息到 Elasticsearch 来完成监控。下面是如何使用的简单介绍。

安装和启动如下：

```
yum install metricbeat

chkconfig metricbeat on
```

```
service metricbeat start
```

配置上，主要是直接在 /etc/metricbeat/metricbeat.yml 中配置一个 Elasticsearch 的 url。

```
#-------------------------- Elasticsearch output ------------------------------
output.elasticsearch:
    # Array of hosts to connect to.
    hosts: ["10.224.2.159:9200"]
```

这样就能默认输出各种系统级别的信息，具体是哪些信息及输出频率可以查看 /etc/metricbeat/modules.d/system.yml。

```
- module: system
    period: 10s
    metricsets:
        - cpu
        - load
        - memory
        - network
        - process
        - process_summary
        #- core
        #- diskio
        #- socket
    processes: ['.*']
    process.include_top_n:
        by_cpu: 5      # include top 5 processes by CPU
        by_memory: 5   # include top 5 processes by memory

- module: system
    period: 1m
    metricsets:
        - filesystem
        - fsstat
    processors:
    - drop_event.when.regexp:
        system.filesystem.mount_point: '^/(sys|cgroup|proc|dev|etc|host|lib)($|/)'

- module: system
    period: 15m
    metricsets:
        - uptime
```

配置完启动后，就可以在 Elasticsearch 上看到存储起来的索引，如图 5-41 所示。

最后可以在 Kibana 上看到两种 Dashboard（仪表盘）。

- Metricbeat System Overview：展示所有监控机器的总体情况，如机器数目、CPU、内存、磁盘等，如图 5-42 所示。
- Metricbeat System Host Overview：展示当前机器的所有的硬件监控指标信息，如图 5-43 所示。

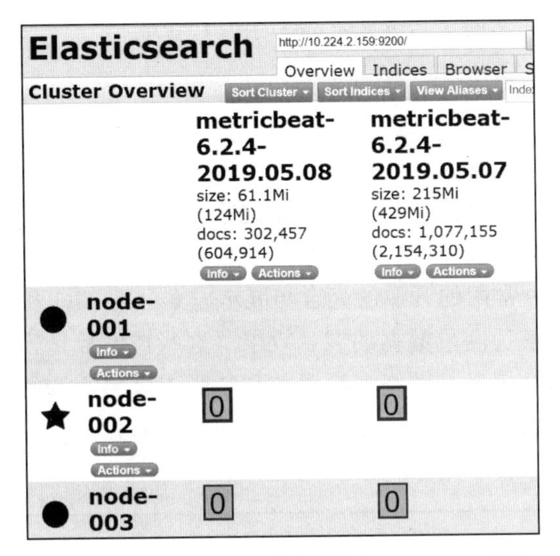


图 5-41　Elasticsearch 中存储的 MetricBeat 索引

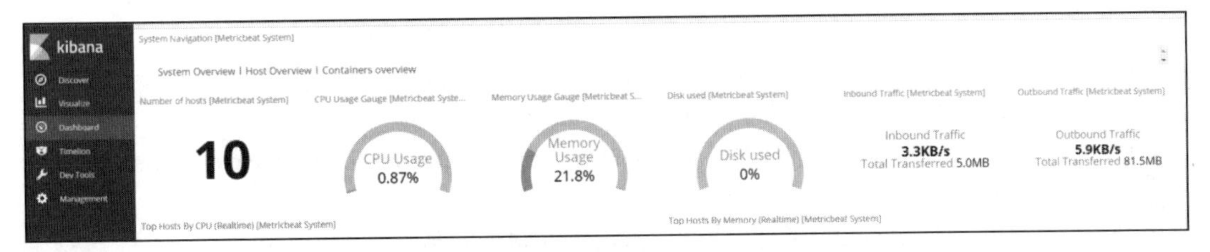


图 5-42　Kibana 中监控所有主机的总体情况

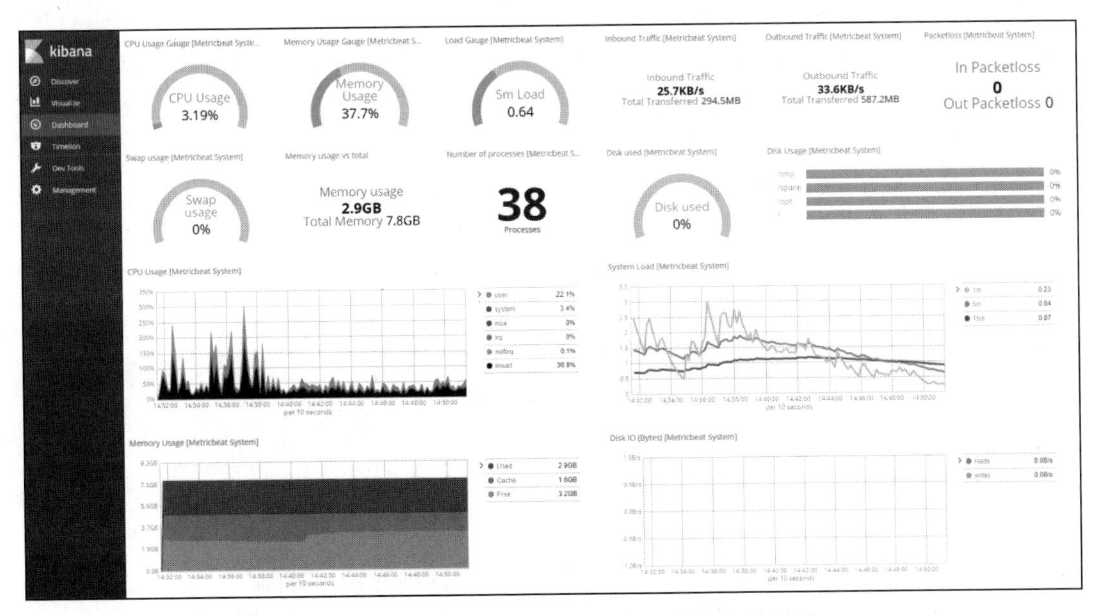


图 5-43　Kibana 中监控指定主机指标信息的效果图

以上即为基于 ELKK 绘制土豆微服务的方法以及效果。

## 5.6 本章小结

本章主要介绍了度量数据产生后，怎么把这些数据聚合、存储起来，并以案例的方式介绍了度量数据清洗与处理的方法，然后介绍了数据展示中经常用到的图表类型及选择标准。最后重点介绍了两种常用的开源的聚合与展示方案，即 TIG 和 ELK，并基于这两个方案展示了土豆微服务的各种度量数据的展示效果。这些技术都是为了从大量的度量指标数据中提炼、挖掘出有用的信息，围绕着微服务和其所支撑的业务的关键业绩指标，利用这些强大的数据统计和图表工具，我们就可以做有针对性的分析。下一章我们就开始介绍度量的分析与报警相关的技术与实践。

**延伸阅读**

- 流行的 NoSql 数据库，网址为 https://www.improgrammer.net/most-popular-nosql-database/。
- Collectd 的 Redis 插件，网址为 https://github.com/powdahound/redis-collectd-plugin。
- Kafka Manager，网址为 https://github.com/yahoo/kafka-manager。
- Kafka 监控 https://docs.confluent.io/current/kafka/monitoring.html。
- 软件度量之 TIG 技术栈，网址为 https://hackernoon.com/monitor-your-infrastructure-with-tig-stack-b63971a15ccf。
- 开源数据收集工具 Telegraf，网址为 https://docs.influxdata.com/telegraf/v1.10/。
- 开源数据可视化工具 grafana，网址为 https://grafana.com/grafana。
- Influxdb 的 Java 客户端，网址为 https://github.com/influxdata/influxdb-java。
- Elastic 技术栈中的 metricbeat，网址为 https://www.elastic.co/cn/products/beats/metricbeat。
- 开源分析与可视化平台 Kibana，网址为 https://www.elastic.co/products/kibana。
- 消息队列 Kafka，网址为 http://kafka.apache.org/。
- 泰坦尼克号数据集，网址为 https://www.kaggle.com/c/titanic/data。

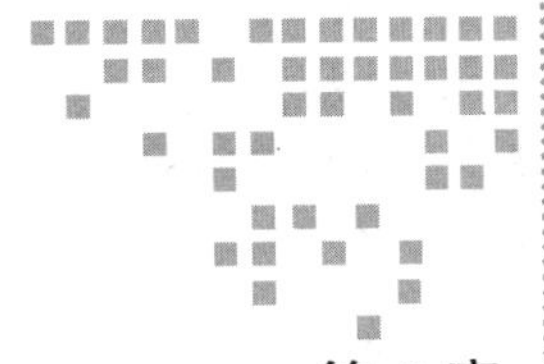

第 6 章 Chapter 6

# 度量数据的分析与报警

在第 5 章，我们已经成功地对度量数据进行了聚合，并绘制了一些图表进行展示。接下来，也是最重要的，是分析这些图表背后蕴含的意义，从而确定哪些需要立刻采取措施，哪些需要调整设计，哪些需要触发报警。在本章中，我们先分析一些常见图表，揭示其背后的秘密，然后利用 Elasticsearch 所提供的 API，结合我们存储在其中的度量数据，从零打造一个度量报警系统。

## 6.1 度量数据的分析

在第 5 章我们绘制了很多图表，画出这些图表的目标不是为了美观，而是为了有针对性地发现问题。这节我们讨论如何分析度量数据，并介绍一些常见问题的案例。

### 6.1.1 确定数据分析的目标

要做数据分析，首先要针对微服务的关键业绩指标进行分析。除了这些与业务紧密相关的关键业绩度量指标外，我们还可以对以下一些常见的系统层面的度量指标进行分析。

#### 1. 分析负载均衡数据

负载是否均衡是系统是否稳定的基石，所以我们需要对负载均衡（load balance）数据绘制图表并进行分析。例如，我们可以分析如图 6-1 所示的负载均衡数据。假定 X 轴为主机名，Y 轴为请求总数，不同颜色表示不同类型的请求。

#### 2. 分析 API 调用次数

API 也是有生命周期的，当我们废弃一个 API 或者功能时，往往会有很多预期之外的情况。例如，可能我们以为没有人在使用某个陈旧的 API，可是如果客户端应用存在多个版本，或运维部门并未升级某个陈旧版本等，都可能导致这个 API 仍然有“用量”。所以最安全的方式是根据实际统计使用情况来决定淘汰的时机。例如，如图 6-2 所示是某个 API 的调用次数，可见这个 API 用量逐渐趋向于 0，从 8 月 21 号开始，可以删除这个接口或者功能了。

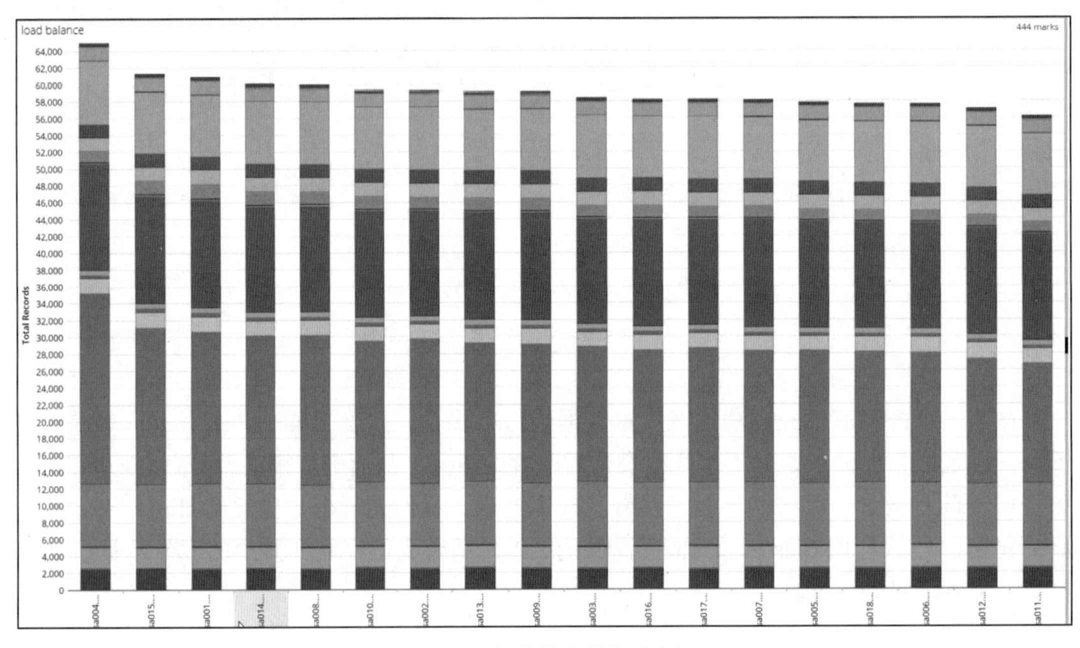


图 6-1　负载均衡数据分析

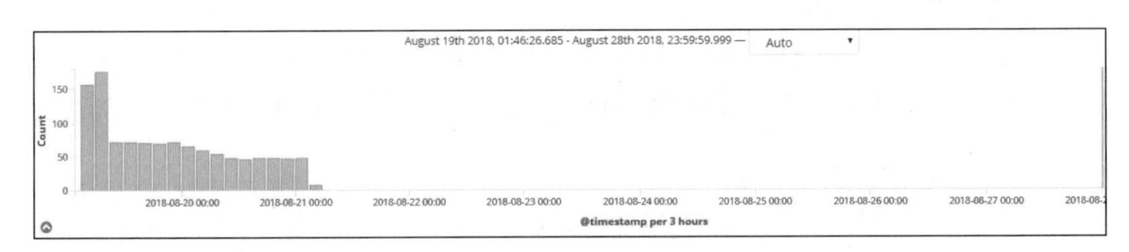


图 6-2　API 调用次数

### 3. 预警“入侵”

通过业务请求峰值及非法请求数据的变化率，我们可以判断是否有黑客入侵。正常的业务请求峰值及变化率会稳定在一定的范围内，但是，如果变化率极高并存在相当数量的非法请求（错误响应码为 401 或 403），就可能发生了黑客入侵，应予以预警。如图 6-3 所示，在 5 月 30 日，我们的服务的一个对外的 API 出现极其高的访问量，就是发生了入侵事件。

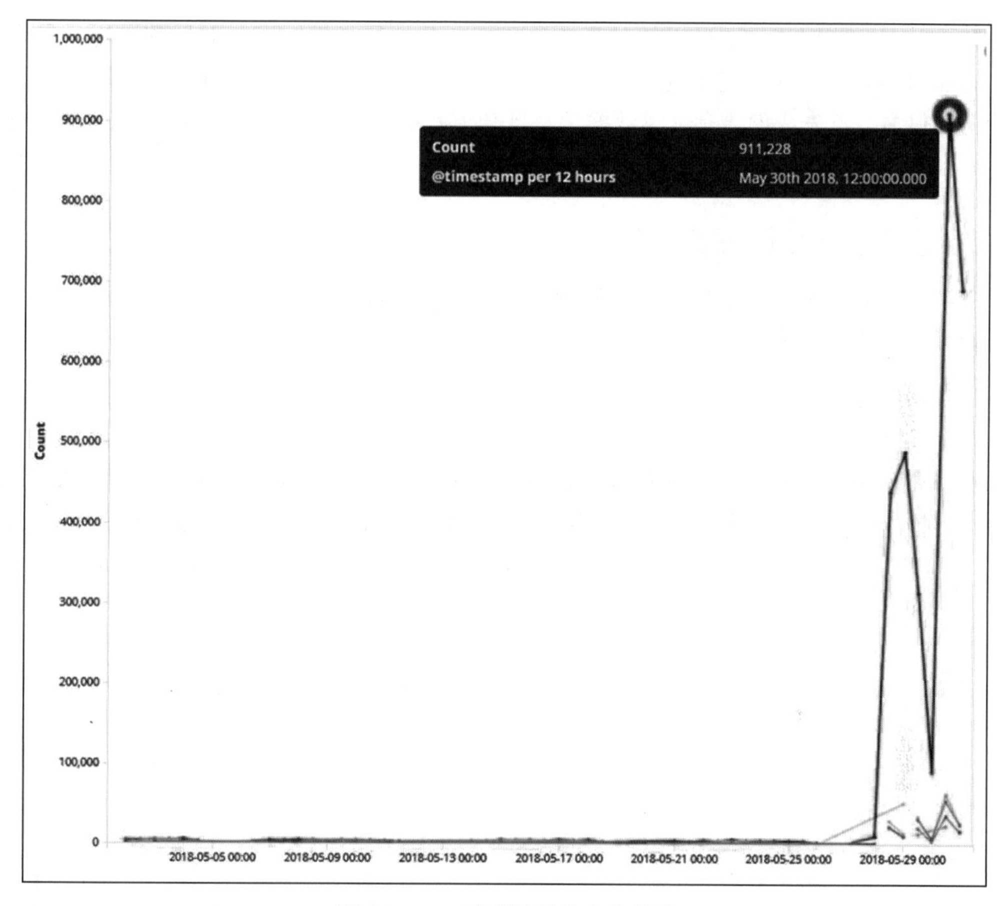


图 6-3　API 请求数量的变化情况

### 4. 预警硬件故障

一些硬件的故障也可以通过度量指标监控到，例如常见的磁盘问题。磁盘一般在彻底损坏之前，都会先变慢。所以在它彻底坏掉之前，可通过磁盘的 latency 等数据来判断问题，也能在彻底损坏前更换磁盘。如图 6-4 所示，6 月 28 日开始，数据库 I/O 的处理就偶发延迟了。

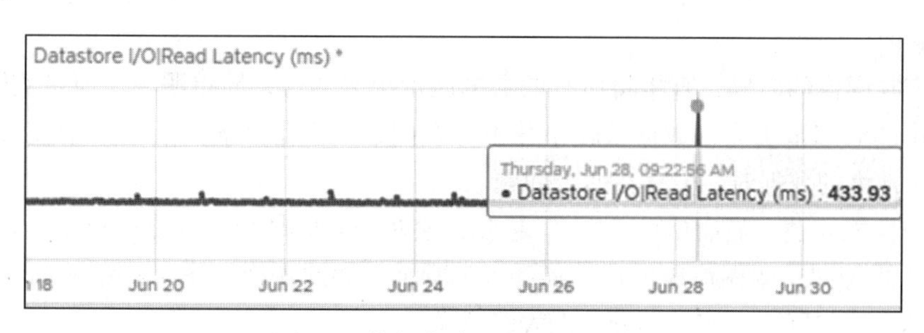


图 6-4　数据库读写延迟变化情况

除了以上一些用法，还可以针对某个功能点、某个场景进行有针对性的分析，看它们发生的时间和频率，通过记录度量指标来统计其发生的概率和用户喜好。诸如此类的度量分析还有很多。首先我们要有度量数据，并且知道我们想要什么，然后通过度量数据分析，我们可以做很多有意义的事情。

### 6.1.2 数据分析常见问题

在对数据做分析时，用户经常会遇到一些困惑。所以我们专门用一节来介绍数据分析中可能遇到的常见问题。

#### 1. 尖峰侵蚀

（1）现象

查看某个 host 最近 1 个月的负载 load（last 1 minute）情况，可观察到尖峰时刻发生在 4 月 16 日，数值约为 0.6，另外存在一个小尖锋，发生在 5 月 3 日，约为 0.25，如图 6-5 所示。

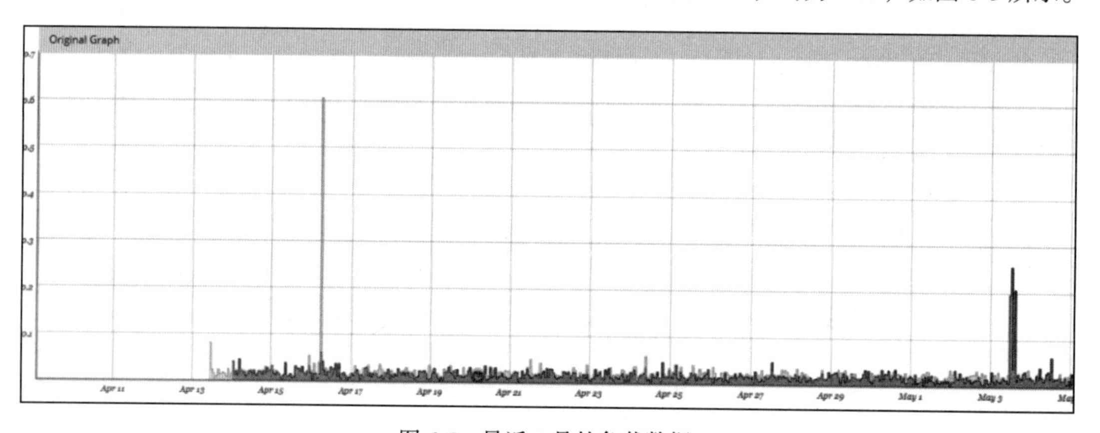


图 6-5　最近 1 月的负载数据

然而，当通过缩小时间范围查看图中两次尖峰到来的具体时间时，偶然发现第二次尖峰的数据变化了，从原来的 0.25 变成了 2（高于第一次尖峰），如图 6-6 所示。

以上现象表明：时间范围越大，数据的可信度越低。继续查看图 6-5 中的其他低点的尖峰，缩小时间范围后，发现竟然超过了第一尖峰，从而验证了这个设想。

（2）原因

通常绘制图像的时候，直接将所有的数据展示出来即可，简单明了。但是实际操作中，在一个较短的时间范围内，数据量较小并不存在问题。但是当需要展示一个较长时间范围内数据量非常大的数据时，会存在两个问题。

- 绘图性能问题。显而易见，“点”越多，绘制的时间越长，性能也越差。可能等几分钟才能等到一幅图渲染完成。如图 6-7 所示，如此稠密的图，展示就已经耗费很多时间，而实际上稠密的部分并无太多意义。

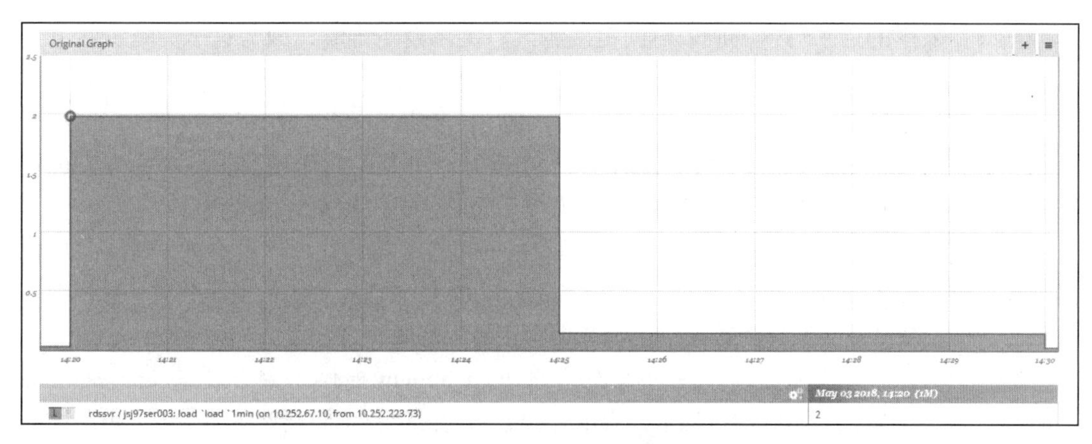


图 6-6　放大后的负载数据

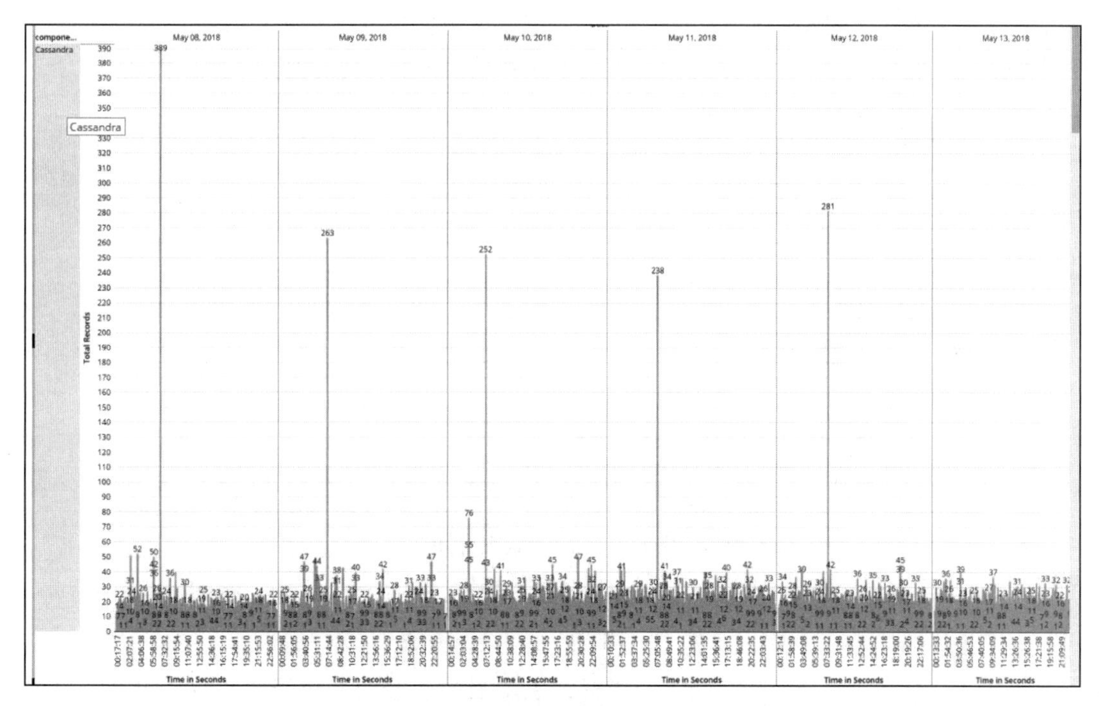


图 6-7　数据太稠密的图

- ❑ 显示问题。假设所用的计算机屏幕分辨率是 1920 × 1080，同时 X 轴以时间为单位，当展示大范围的时间范围（例如 1 年）的时候，则每个有价值的点是“1 年 365 天 24 小时 /1920=4.56 小时”，而 4.56 小时的数据，要么全部展示（则出现问题 1），要么采取一定的策略，仅展示一部分。

所以结合现实（计算机屏幕分辨率）和性能问题（数据量太大），很多度量指标的绘制采取了一定的策略。例如，上面提及观察到奇怪现象的原因在于：当展示一段时间范围内的数据时，采用的是平均值。所以时间范围越大，尖峰越不准确，因为这个尖峰实际上是所显示时间范围的平均值。

（3）解决方案

了解了现象背后的原因，我们可以做到心中有数，并接纳这个现象。解决的方案也很简单，既然展示的是平均值，那真正需要“尖峰”的时候，展示最大值即可。

1）对于没有提供辅助方案或者懒于处理数据的用户，接纳这个现象，真正需要尖峰数据时，在图表中多查看一些尖峰时刻（peak time），“放大”（选择更小的显示单位）这些尖峰时刻的数据，从“放大”后的数据中，筛选出真正的尖峰数据。

2）很多度量系统都提供了辅助方案，例如，Circonus 提供了聚合覆盖（aggregation overlay），在原有默认展示图的基础上，展示各种定制的图层：不同类型的图层可以做不同的计算，例如计算区域范围的“最大值”以帮助用户找到真正的尖峰，所以增加图层后，数据也会跟着发生变化，图 6-8 是为图 6-5 添加图层后的效果：其中左边的 A（original grapha）即代表原始图，而右边的 B（percentile aggregation）是新出现的，代表聚合计算后的图层。

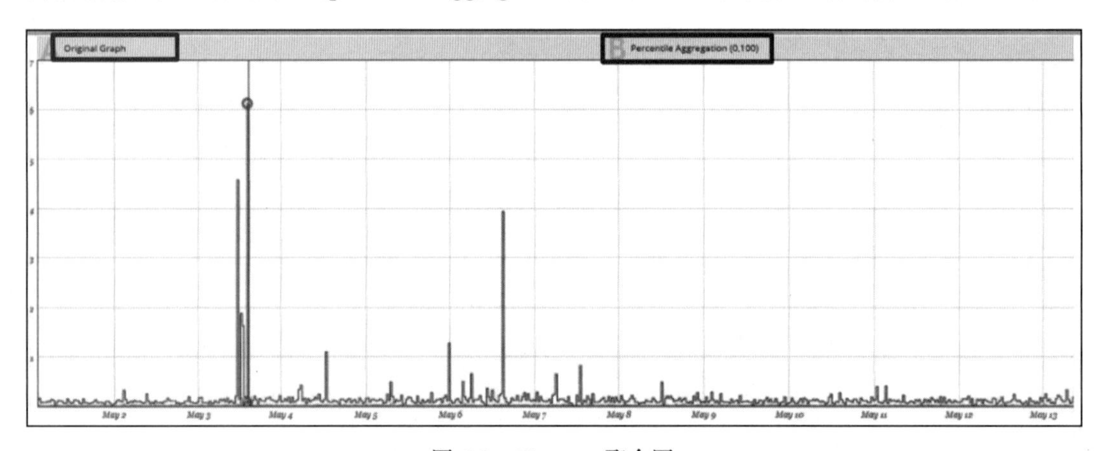


图 6-8　Circonus 聚合图

## 2. 不能理解的小数点

（1）现象

如图 6-9 所示为 Redis 监控的一个指标，表示当前连接的客户端的数目。但是奇怪的是，偶尔会出现小数结果，例如图中的 37.5。

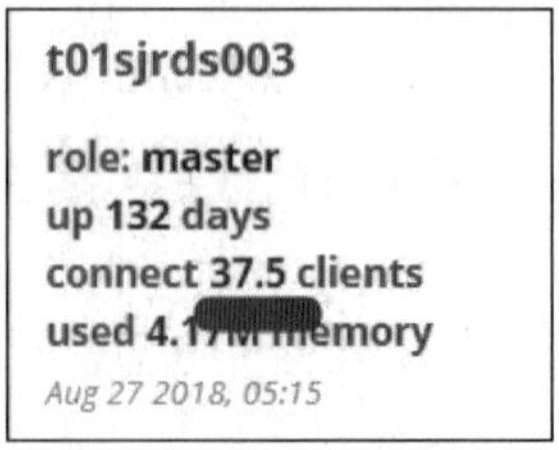

t01sjrds003
role: master
up 132 days
connect 37.5 clients
used 4.1?M memory
Aug 27 2018, 05:15

图 6-9　Redis 连接的客户端数

（2）原因

实际上，这虽然是计量器（gauge）类型，也是整型值，但是显示时间范围不同时，怎样展示值是个问题。是最后一个数据还是第一个数据？是平均值还是最大值？而在这里可以注意到值的类型是平均值。例如，时间范围选择 2 天时，会以 10 分钟为频度计算平均值，所以会出现小数点值。

度量指标和图表的解读中，可能存在很多无法理解的现象，要考虑到实际绘制的原理和数据如何产生等问题，才能有效理解这些度量数据。

### 3. 不可完全信赖的值

选取某个时间点观察 metric-core 库所产生的计时器 timer 的结果，如下所示：

```
name=requests, count=1738812, min=0.489332, max=4.801018, mean=1.072621656614786,
stddev=0.38070645373188244, median=1.02622, p75=1.2168807499999998,
p95=1.6256607499999998, p98=1.9419521799999988, p99=2.557450750000006,
p999=4.771496928000004, mean_rate=0.0, m1=0.0, m5=0.0, m15=0.0, rate_unit=events/
millisecond, duration_unit=milliseconds
```

大致可以得出结论：99.9% 的时间小于 4.77ms。但是仅仅间隔 5 分钟后，观察到的度量指标发生如下变化：

```
name=requests, count=1739530, min=0.523682, max=51.885614999999994,
mean=1.1354011906614785, stddev=1.6244428387184353, median=1.0495305,
p75=1.2338305, p95=1.7184529499999996, p98=1.9595656799999996, p99=2.78311552,
p999=50.491461286000174, mean_rate=0.0, m1=0.0, m5=0.0, m15=0.0, rate_unit=events/
millisecond, duration_unit=milliseconds
```

99.9% 的时间已经达到了 50ms。这里很容易产生疑问，在这么短的时间内怎么会产生如此大的差距？那这样的数据是否具有可参考性？

如果真的想准确统计所有的数据，则必须把所有的数据存储进去，但是使用 metric-core 库基于内存实现不可能完成这种工作，所以它是基于一定的统计方法来实现的。

以其中最简单的计算方法为例（com.codahale.metrics.SlidingWindowReservoir）：只基于最新的 *N* 个数据计算结果：

```
package com.codahale.metrics;

import static java.lang.Math.min;

/**
 * A {@link Reservoir} implementation backed by a sliding window that stores the
last {@code N}
 * measurements.
 */
public class SlidingWindowReservoir implements Reservoir {
    private final long[] measurements;
    private long count;
```

```
        /**
         * Creates a new {@link SlidingWindowReservoir} which stores the last {@code
size} measurements.
         *
         * @param size the number of measurements to store
         */
        public SlidingWindowReservoir(int size) {
            this.measurements = new long[size];
            this.count = 0;
        }

        @Override
        public synchronized int size() {
            return (int) min(count, measurements.length);
        }

        @Override
        public synchronized void update(long value) {
            measurements[(int) (count++ % measurements.length)] = value;
        }

        @Override
        public Snapshot getSnapshot() {
            final long[] values = new long[size()];
            for (int i = 0; i < values.length; i++) {
                synchronized (this) {
                    values[i] = measurements[i];
                }
            }
            return new Snapshot(values);
        }
    }
```

度量指标存得越多越准确。但是实际上不可能存太多，所以数据的准确性仅仅作为参考。如果要非常准确地计算，就不能采用这种基于内存的方式来统计，而是尽量使用数据的全集。

所以，要注意度量指标的图表中是否有尖峰侵蚀（spike erosion）的现象，如果存在，则接受并适当处理，才能获取到真正想要的数据，而不会觉得数据诡异。

度量指标有了，微服务在产品线上运行的情况也就大致清楚了。我们内置了许多基于度量的自动反馈机制，比如微服务的自动分流、限流和断流。还有一些情况需要开发人员和运维人员即时知晓和关注。下面我们从零开始，手把手带你用 ELK 系统和 Python 脚本打造一款实时监控和报警系统。首先简略介绍一下实现报警系统所用到的技术。

## 6.2 实现报警常用的技术

实现报警有很多种技术，本节将介绍在我们这个报警系统中所用到的技术，以便读者快速上手。

### 6.2.1 Python数据分析技术栈

无论是前端还是后端程序员，人人都应该学点Python。Python简单易上手，且功能强大。我们使用的是Python 3.6，有些代码和库并不兼容于Python 2.x，建议大家升级Python版本。如果需要保留Python 2.x，可以使用virtualenv使这两个版本共存。在报警系统实现中常常用到的一些类库如表6-1所示。

表6-1　报警系统实现常用的Python库

| 工具库 | 介绍 |
| --- | --- |
| numpy | 使用Python进行科学计算的基础包 |
| Pandas | Pandas是一个基于Python的开源数据结构和数据分析工具 |
| pytz | Python的timezone库 |
| requests | Python的HTTP Client库 |
| matplotlib | 图表绘制库 |
| urllib3 | Python的url lib |
| Markdown | 广泛使用的标记语言，用它来生成E-mail文本和表格的内容 |
| Jinja2 | 类似于Java的FreeMarker、Thymeleaf，PHP的Smarty库，是Python的模板库，用它来生成email template |
| PyYAML | YMAL配置文件的解析 |
| tabulate | 用来将Pandas的DataFrame转换成HTML表格 |

### 6.2.2 YAML配置文件

YAML不仅是一个文本标记语言，还是一个易于理解的数据序列化的标准格式，比传统的XML、Properties、Ini格式的文件更容易理解、阅读和编写，有清晰的缩进，还可以用#加注释。

例如，我们在报警系统中所使用的配置文件alert_config.yml：

```
potato_create_failure: # 1)
    query: # 2)
        metrics.event.success:false AND metrics.application.component:potato-web
    count: 10 #3)
    enabled: true #4)
    snoozed: 2020-11-15T00:00:00  #5)
    priority: 1  # 6)
    suggestion: check what's the matter of potato creation 7)
    query_scope: metrics.application.component:potato-web # 8)
    success_ratio: 0.9999  # 9)
```

每个配置项的含义如下：

1）potato_create_failure：用于报警的检查项目的名称。

2）query：用来在Elasticsearch中进行查询的语句。

3）count：报警的阈值，此例中若在一次查询中发现有 10 个以上的错误，则触发报警。

4）enabled：是否打开这个检查项。

5）snoozed：在这个时间之前报警暂时关闭，时间格式为 YYYY-MM-DDThh:mm:ss，例如，2018-11-15T00:00:00。当我们正在处理这个问题，还未彻底解决时，可以使用这项来暂停报警。

6）priority：警报严重级别，从 S1 到 S5。

7）suggestoin：建议，对此项报警可以采取的应对措施。

8）query_scope：查询范围，这里是对于全部相关数据总量个数的查询语句。

9）success_ratio：成功率，另一个报警阈值。

$$成功率 =（1- 错误数量）/ 全部数量$$

这里设置的 0.9999 是指成功率要达到 99.99%。

这里解释一下为什么既要设置两个报警阈值：错误个数 count 和成功率 sucdess_ratio，主要有如下两点考虑：

1）例如在半小时内发现了 10 条错误，如果总共有一百万条请求，成功率是 99.999 9%，当然无须报警，如果总共只有一百条请求，成功率只有 90%，这就需要报警，所以成功率这个阈值很重要。

2）如果只设置成功率为报警阈值也不够，如果有 9999 条请求，半小时内有只有一条请求不成功，虽然达不到 99.99% 的成功率，你也不愿意触发报警。

所以将错误个数和错误率（1- 成功率）两者结合起来，两个条件都满足了才触发报警，这样才最合理。

### 6.2.3 Elasticsearch API

前面我们提到，Elasticsearch 提供了强大的检索功能。我们可以利用 Kibana 的 Dev Tools 来做一些基本测试，如图 6-10 所示。

可以写一个简单的查询模板：

```
{
    "size": {{ size }},
    "query": {
        "bool": {
            "must": [
                {
                    "query_string": {
                        "query": "{{ queryString }}"
                    }
                },
                {
                    "range": {
                        "@timestamp": {
```

```
                            "gte": "{{ beginTime }}",
                            "lte": "{{ endTime }}"
                        }
                    }
                }
            ]
        }
    }
}
```

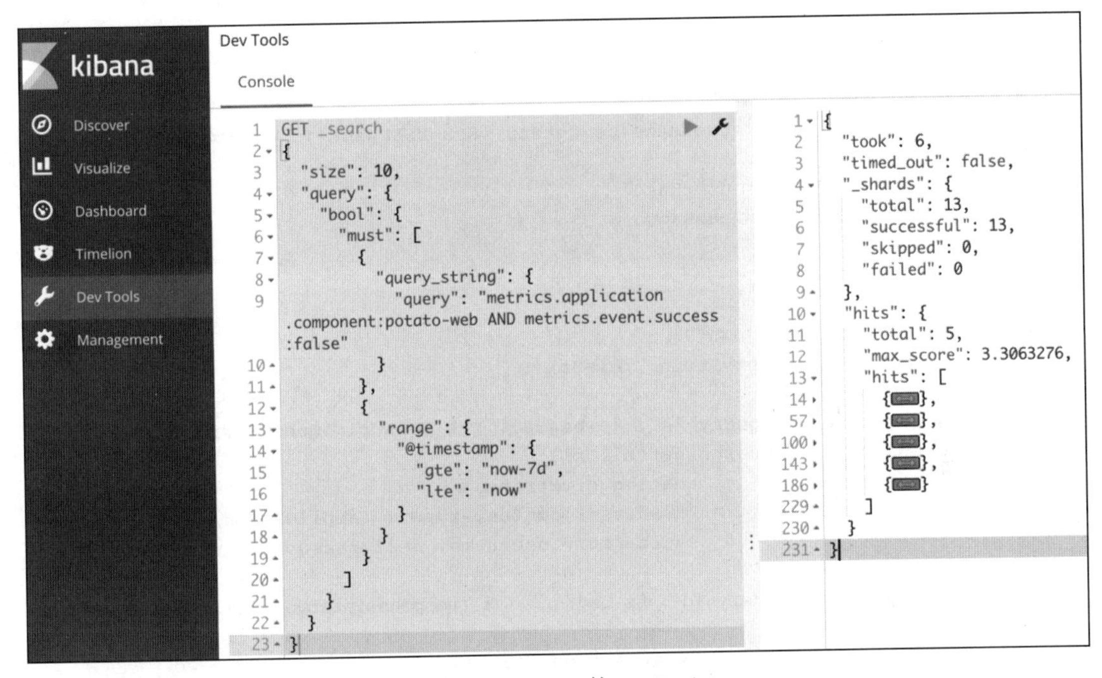


图 6-10　Kibana 的 DevTools

利用 Jinja2 的模板引擎来解析渲染出所需的 API 请求：

```
class QueryTextBuilder:
    def __init__(self, tpl = "template/simple_query.j2"):
        self.parameters = {}
        self.template_file = tpl
    def size(self, size):
        self.parameters['size'] = size

    def beginTime(self, beginTime):
        self.parameters['beginTime'] = beginTime

    def endTime(self, endTime):
        self.parameters['endTime'] = endTime

    def queryString(self, queryString):
```

```
            self.parameters['queryString'] = queryString

        def build(self, **kwargs):
            self.parameters.update(kwargs)
            json_content = ""
            with open(self.template_file, "r") as src_file:
                template = Template(src_file.read())
                json_content = template.render(self.parameters)
            #print(json_content)
            return json_content
```

然后调用 python request 库来查询结果：

```
    class SearchTool:
        def __init__(self,  username=os.getenv('ELS_USERNAME') , password=os.getenv
("ELS_PASSWORD")):
            self.username = username
            self.password = password

        def __str__(self):
            return "..."

        def query(self, queryString, elsUrl):

            logger.debug("query %s : %s begin..." % (elsUrl, queryString));
            response = requests.get(elsUrl,
                                    data=queryString,
                                    headers={'content-type': 'application/json'},
                                    auth=(self.username, self.password), verify=False)

            logger.debug("query %d : %s begin..." % (response.status_code, response.text))

            if( 200 <= response.status_code < 300):
                results = json.loads(response.text)
                return response.status_code, results
            else:
                return response.status_code, response.text
```

### 6.2.4 Pandas DataFrame

Pandas 的 DataFrame 可以帮助我们对查询结果进行下一步的处理（分组、聚合、去重等）。DataFrame 是 Pandas 提供的一种有行有列的二维数据结构，类似于数据库表。DataFrame 由 Series 组成，而 Series 就是带索引的数组，类似于 Python 的字典，一行或一列都是一个 Series。

```
    import pandas as pd
    list = [(1, 'Alice', '18'), (1, 'Bob', '28'), (1, 'Carl', '38')]
    df = pd.DataFrame(list, columns=['id', 'name', 'age'])
    print(df.head())
```

输出如下：

```
   id   name age
0   1  Alice  18
1   1    Bob  28
2   1   Carl  38
```

对于 Elasticsearch 的查询结果，我们可将 Python 字典转换为 DataFrame。

```
def get_els_results(self, queryText, elsUrl):
    searchTool = tool.SearchTool()
    status, results = searchTool.query(queryText, elsUrl)
    if (status >= 300):
        logger.error("response error: %d" % status)
        return status, results, 0

    totalCount = results['hits'].get('total', 0)
    if totalCount == 0:
        logger.info("not found %s " % elsUrl)
        return status, results, 0,

    return status, results, totalCount


def get_results_as_df(self, queryText, elsUrl):
    status, results, totalCount = self.get_els_results(queryText, elsUrl)

    if (status >= 300 or results == None or totalCount == 0):
        return pd.DataFrame(data=None), 0

    return util.metrics_results_to_df(results), totalCount
```

转换方法很简单，把度量指标日志的 JSON 内容的层次结构抹平，将得到的内容转化成字典的列表，再变成一个数据框（DataFrame）。

```
    def flatten(metricsSource, parent_key='', sep='.', ignoreKeys = ['message',
'beat']):
        items = []
        for k, v in metricsSource.items():
            if(k in ignoreKeys):
                continue
            new_key = parent_key + sep + k if parent_key else k
            if isinstance(v, collections.MutableMapping):
                items.extend(flatten(v, new_key, sep=sep).items())
            else:
                items.append((new_key, v))
        return dict(items)


    def metrics_log_to_df(metrics_log, ignoreKeys = ['message', 'beat']):
        metrics_src = metrics_log.get('_source')
```

```
    metrics_dict = flatten(metrics_src, '', '.', ignoreKeys)
    df = pd.DataFrame.from_dict(metrics_dict, orient='index').T
    return df


def metrics_results_to_df(results_dict, ignoreKeys = ['message', 'beat']):
    dfList = []
    hitsList = results_dict.get("hits").get("hits")
    for hit in hitsList:
        df = metrics_log_to_df(hit, ignoreKeys)
        dfList.append(df)
    return pd.concat(dfList, axis=0, sort=False, ignore_index=True)
```

也就是将度量数据：

```
{
"metrics": {
    "application": {
        "component": "potato-web",
        "version": "1.0",
        "service": "potato"
    },
    "environment": {
        "environment": "production",
        "address": "10.224.2.113"
    },
    "event": {
        "responseCode": 200,
        "type": "interface",
        "method": "GET",
        "name": "ListPotatoes",
        "success": true,
        "timestamp": 1553511943576,
        "totalDurationInMS": 81,
        "trackingID": "e2e8bfcb-8750-4c52-8b54-a7e488388da4",
        "endpoint": "/api/v1/potatoes"
    }
}
```

变成如下的字典结构：

```
{
"metrics.application.component": "potato-web",
"metrics.application.version": "1.0",
...
}
```

这是度量数据分析中很有用的一种处理方式。

### 6.2.5 Matplotlib

Matplotlib 是 Python 中著名的绘图工具包，我们可以像使用 Kibana 那样使用 Matplotlib

为度量指标进行分析绘图。而且它的功能更加强大和灵活，在第 5 章中我们已经用它绘制了一些常见图形，这里再举个常见的例子。

我们经常做最常见的 10 种错误的分布，数据如下：

```
,errorReason,errorCount,dataCenter
0,"404, Not Found",5817,HeFei
1,"504, Gateway timeout",3346,HeFei
2,"503, Service unavailable",2631,HeFei
3,"486, Too many requests",2263,HeFei
4,"406, Not Acceptable",2021,HeFei
5,"403, Forbidden",1260,HeFei
6,"408, Request Timeout",1241,HeFei
7,"502, Bad Gateway",1216,HeFei
8,"401, Unauthorized",935,HeFei
9,"500, Internal Server Error",423,HeFei
```

使用 Matplotlib 时的绘图代码如下：

```
import pandas as pd
from tabulate import tabulate
import matplotlib.pyplot as plt

def top_n_errors(df, topCount = 10):

    dfGroupByError = df.groupby(['errorReason'])['errorCount'].sum().reset_index()
    dfOfTopN = dfGroupByError.nlargest(topCount, 'errorCount', keep='first').
reset_index(drop=True)
    print(tabulate(dfOfTopN, headers='keys', tablefmt="plain"))

    fig, ax = plt.subplots(figsize=(14, 8))
    plt.style.use('seaborn-whitegrid')
    plt.title('Top %d Errors Distribution' % topCount)
    plt.pie(dfOfTopN['errorCount'], labels=dfOfTopN['errorReason'], autopct=
'%1.1f%%', counterclock=False, shadow=True)

    plt.show()
    fig.savefig('top_n_errors.png')

if __name__ == '__main__':

    df = pd.read_csv('top_n_errors.csv')
    print(tabulate(df, headers='keys', tablefmt="grid"))
    top_n_errors(df)
```

得出结果为一个饼图，情况一目了然，十分简单，如图 6-11 所示。

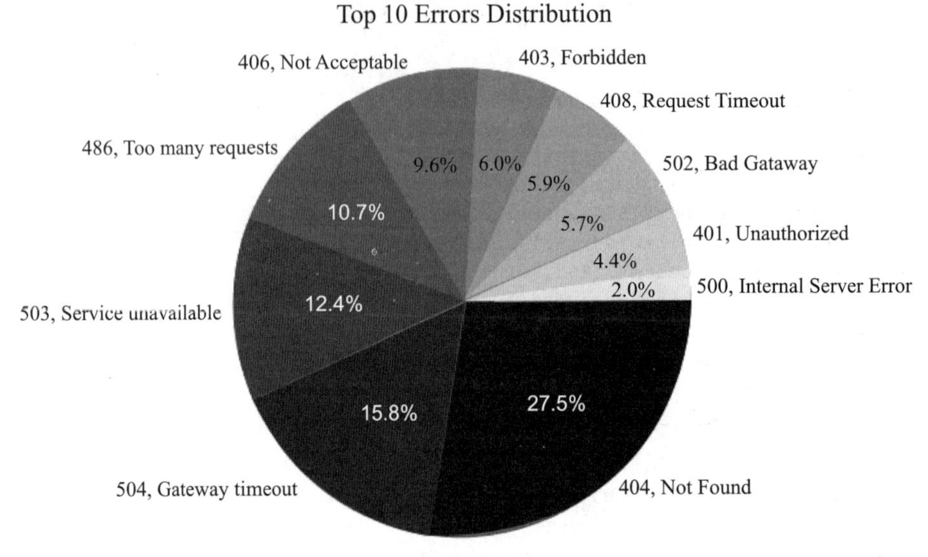


图 6-11　最常见的 10 种错误的分布饼图

## 6.3　土豆微服务的报警实现

作为软件开发和运维工程师，大家都想知道新的设计和功能在产品线上运行得怎么样，用户是否喜欢，有没有异常情况。产品线上出现了严重问题，运维工程师需要第一时间知道。还有，“我很忙，有问题找我，没问题别烦我”。

所以，我们需要打造一款监控和报警系统。可利用的技术栈很多，如之前介绍过的 Graphite、InfluxDB、Elasticsearch。由于我们在监控和报警时需要过滤掉一些噪声数据，仅关注那些最有价值的数据，所以 ELKK 技术栈看起来是最适合的。本节我们就基于 ELKK 这个技术栈为土豆微服务打造一个报警系统。

### 6.3.1　报警系统的设计

之前我们了解了 ELKK 这套度量监控和分析系统的强大威力，将度量日志放入 Elasticsearch 中索引分类，我们可以利用它做多种维度的分析和统计。尤其对于微服务的性能和错误度量，我们可以有针对性地建立各种指标及其阈值，及时触发报警，及时处理产品线上的各种问题。因此，对于我们的土豆微服务示例，基于前面提及的 ELKK 架构和 Elasticsearch 的强大的搜索 API，可以构建如图 6-12 所示的监控和报警系统。

图中的 Metrics CAR 意为 Metrics（度量）、Check（检查）、Alert（报警）和 Report（报告）。Kibana 本身其实也有一个 Watch 功能，用起来不复杂，只是不可自由定制，不够灵活，不能满足上述所有的需求。

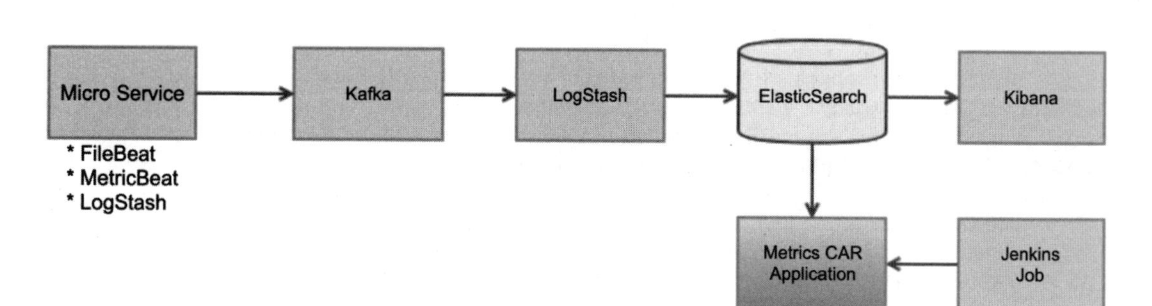


图 6-12　土豆微服务监控和报警系统架构

在土豆微服务的报警系统设计上，我们主要在系统和应用层面每半个小时根据配置文件中设置的条目进行查询。根据我们之前总结的 Restul API 的度量要点（响应码、响应时间、请求次数、请求频率和应用程序性能指标），报警系统主要检查响应码和响应时间。例如，下面这些响应码需要根据触发条件及时报警：

- 400：Bad Request（错误请求）。
- 401：Unauthorized（未认证的请求）。
- 403：Forbidden（禁止的访问请求）。
- 429：Too Many Requests（过多的请求）。
- 500：Internal Server Error（服务器内部错误）。
- 501：Not Implemented（未实现功能）。
- 502：Bad Gateway（错误网关）。
- 503：Service Unavailable（服务不可用）。
- 504：Gateway Timeout（网关错误，如访问依赖的其他服务或资源超时）。

相应的配置非常简单。当然我们对于 4xx 和 5xx 的错误应该设置不同的触发条件：

```
    potato_401_failure: # 检查响应码为 401 的错误
        query: metrics.event.success:false AND metrics.event.responseCode:401 AND
metrics.application.component:[potato-web,potato-server,potato-scheduler]
        count: 100 # 每小时超过 100 个 401 错误被发现
        enabled: true # 打开这个配置项
        snoozed:  2020-11-15T00:00:00 # 在设定日期前使用
        priority: 2 # 警报严重级别为 S2
        suggestion: check what's the matter of potato API eror # 建议
        query_scope: metrics.application.component:[potato-web,potato-server,potato-
scheduler] # 半小时内此 API 的全部请求总数
        success_ratio: 0.99 # (1- 错误数量 )/ 全部数量，所得出的成功率超过设定的 99% 才报警
    potato_500_failure: # 检查响应码为 500 的错误
        query: metrics.event.success:false AND metrics.event.responseCode:500 AND
metrics.application.component:[potato-web,potato-server,potato-scheduler]
        count: 1
        enabled: true
        snoozed:
```

```
        priority: 1
        suggestion: check what's the matter of potato API eror
    potato_long_latency: # 检查响应时间超过 5000ms 的错误
        query: metrics.event.totalDurationInMS:[5000 TO *]  AND metrics.application.
component:[potato-web,potato-server,potato-scheduler]
        count: 10
        enabled: true
        snoozed:
        priority: 1
        suggestion: check what's the matter of potato API eror
```

## 6.3.2 报警系统的实现

基于上而诸多强大的工具包和类库，我们构建如下度量报警系统的基本模块，类图如图 6-13 所示。

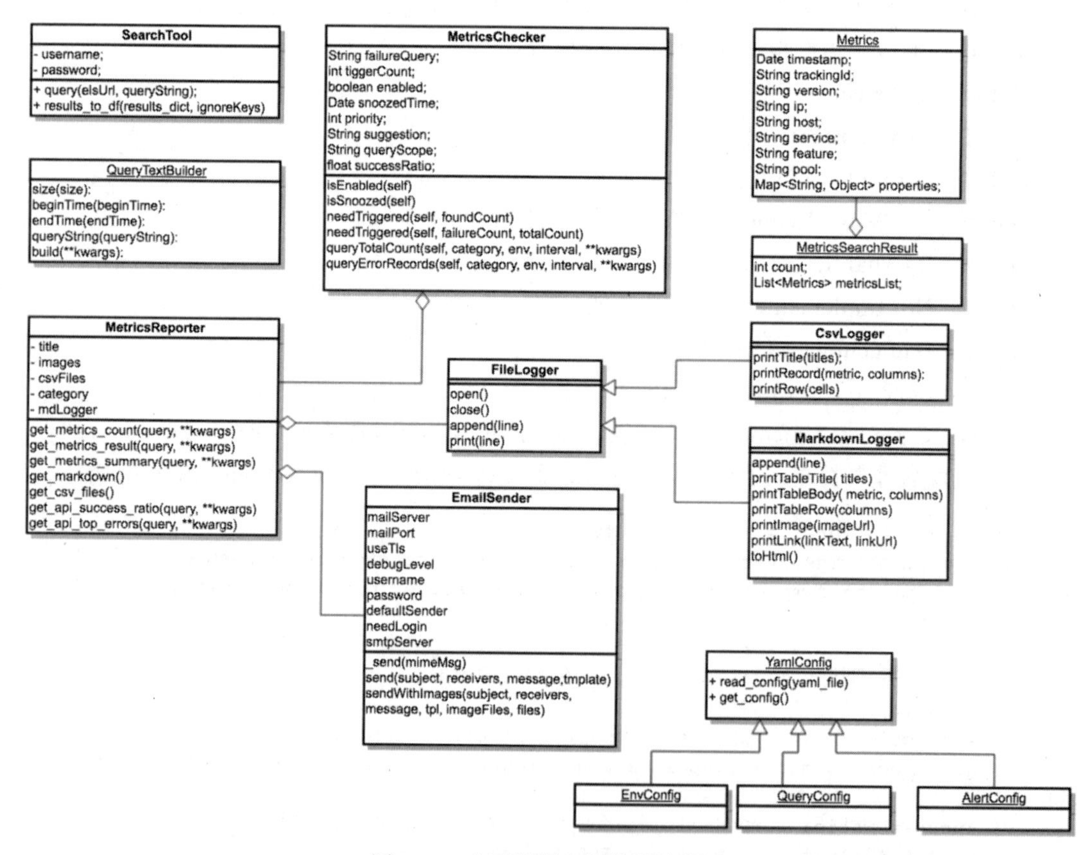


图 6-13 土豆微服务报警设计类图

- ❑ SearchTool：调用 Elasticsearch 的 HTTP API 来发送请求，获取查询结果。
- ❑ QueryTextBuilder：根据查询请求的 Jinja2 模板构造请求文本。
- ❑ Metrics，MetricsSearchResult：代表存储在 Elasticsearch 中的度量数据。

❑ YamlConfig 读取 YAML 配置文件的工具类：
  - EnvConfig：相关环境的配置信息，比如 Elasticsearch 的 URL，Email Server 的地址等。
  - QueryConfig：预设的若干度量标志查询语句。
  - AlertCofig：预设的度量指标查询语句和触发条件。
  - FileLogger：用文件来记录日志的父类。
  - CsvLogger：记录查询到或分析过的结果集。
  - MarkdownLogger：以 Markdown 格式写文件，之后可转化为 HTML 文件作为邮件发送。

❑ EmailSender：发送邮件的工具类。

❑ MetricsReporter：分析查询到的度量结果集并形成报告。

❑ MetricsChecker：根据预先设置的查询语句和触发条件，定时检查度量数据，当触发条件符合时发送报警。

在本书 GitHub 链接中可以找到完整的代码，这里仅给出核心代码和注解。

MetricsReporter.py 用来生成报警时的度量报告。

```
# 省略 import 语句，参见源码
pd.set_option('display.unicode.ambiguous_as_wide', True)
pd.set_option('display.unicode.east_asian_width', True)
pp = pprint.PrettyPrinter(indent=4)

logger = util.create_logger(os.path.basename("MetricsReporter"), False)
class MetricsReporter:
    def __init__(self, title="MetricsReporter", category='Potato', env='LAB'):
        self.title = title
        self.images = []
        self.csvFiles = []
        self.category = category
        self.env = env
        self.emailTemplate = cfg.get_home_path() + "/template/email_template.j2"

        self.make_report_files(title)
```

生成度量报告，在报警时报告错误的细节。mdLogger 用来生成 Markdown 文件，csvLogger 用来生成 csv 文件。

```
    def make_report_files(self, title):
        baseFileName = "./logs/{}_{}".format(self.title, FileLogger.getCurrentTimeStr
('%Y%m%d%H%M%S'))

        self.mdLogger = FileLogger.MarkdownLogger(baseFileName + '.md')
        self.csvLogger = FileLogger.CsvLogger(baseFileName + '.csv', None, False)
        self.csvFiles.append(self.csvLogger.getFilePath())
```

```
    def get_els_results(self, queryText, elsUrl):
        searchTool = tool.SearchTool()
        status, results = searchTool.query(queryText, elsUrl)
        if (status >= 300):
            logger.error("response error: %d" % status)
            return status, results, 0

        totalCount = results['hits'].get('total', 0)
        if totalCount == 0:
            logger.info("not found %s " % elsUrl)
            return status, results, 0,

        return status, results, totalCount


    def get_results_as_df(self, queryText, elsUrl):
        status, results, totalCount = self.get_els_results(queryText, elsUrl)

        if (status >= 300 or results == None or totalCount == 0):
            return pd.DataFrame(data=None), 0

        return util.metrics_results_to_df(results), totalCount
```

调用 Elasticsearch 的 API，获取需要查询的度量数据。

```
    def get_metrics_records(self, **kwargs):
        beginTime = kwargs.get('beginTime', 'now-1d')
        endTime = kwargs.get('endTime', 'now')
        query = kwargs.get('query')
        size = kwargs.get('size', 100)

        category = kwargs.get('category', self.category)
        env = kwargs.get('env', self.env)

        queryString = kwargs.get('queryString')
        queryText = kwargs.get('queryText')

        tpl = kwargs.get('tpl', cfg.get_home_path() + '/template/time_sort_query.j2')

        unique_field = kwargs.get('unique_field')
        columns = kwargs.get('columns')
        if(not queryString):
            queryString = tool.getQueryString(category=category, name=query, **kwargs)
        if(not queryText):
            queryText = tool.getQueryText(size=size, beginTime=beginTime, endTime=
endTime, query=queryString, tpl=tpl)

        elsList = tool.envConfig.get_els_urls(category, env)
        dfList = []
        totalCnt = 0
```

```
        if (elsList):
            for elsUrl in elsList:
                df, cnt = self.get_results_as_df(queryText, elsUrl)
                if(df.size > 0):
                    totalCnt = totalCnt + cnt
                    dfList.append(df)
        if(len(dfList) == 0):
            return pd.DataFrame(), 0

        large_df = pd.concat(dfList, axis=0, sort=False, ignore_index=True)
        if(unique_field and large_df.index.size > 0):
            drop_duplication_df = large_df.drop_duplicates([unique_field])
            if(columns):
                return drop_duplication_df[columns], totalCnt
            else:
                return drop_duplication_df, totalCnt
        else:
            if(columns):
                return large_df[columns],totalCnt
            else:
                return large_df, totalCnt
```

生成错误的汇总信息，存入 Markdown 文件。

```
        def metrics_failure_summary(self, df, **kwargs):
            tablefmt = kwargs.get('tablefmt', 'html')
            self.mdLogger.print("\n## {} metrics: last {} records from {} to {} ,
now is {} in {}\n\n"
                            .format(kwargs.get('name'),
                                    kwargs.get('size'),
                                    kwargs.get('beginTime'),
                                    kwargs.get('endTime'),
    FileLogger.getCurrentTimeStr('%Y-%m-%d %H:%M:%S'),
                                    self.env))

            if(kwargs.get('columns')):
                mdTable = tabulate(df, headers=kwargs.get('columns'), tablefmt=tablefmt)
            else:
                mdTable = tabulate(df, headers='keys', tablefmt=tablefmt)
            self.mdLogger.append(mdTable)
            return mdTable
```

根据查询语句查询错误的总数。

```
    def get_metrics_total_count(self, **kwargs):
        beginTime = kwargs.get('beginTime', 'now-1d')
        endTime = kwargs.get('endTime', 'now')
        query = kwargs.get('query')
        size = kwargs.get('size', 1)

        category = kwargs.get('category', self.category)
```

```
        env = kwargs.get('env', self.env)

        queryString = kwargs.get('queryString')
        queryText = kwargs.get('queryText')

        tpl = kwargs.get('tpl', cfg.get_home_path() + '/template/simple_query.j2')

        if (not queryString):
            queryString = tool.getQueryString(category=category, name=query, **kwargs)
        if (not queryText):
            queryText = tool.getQueryText(size=size, beginTime=beginTime, endTime=
endTime, query=queryString, tpl=tpl)

        elsList = tool.envConfig.get_els_urls(category, env)

        totalCount = 0
        if (elsList):
            for elsUrl in elsList:
                status, results, cnt = self.get_els_results(queryText, elsUrl)
                totalCount = totalCount + cnt

        return totalCount
```

通过调用 Elasticsearch 的 API 得出成功的响应及错误的响应个数。Elasticsearch API 的查询语法请参见 api_success_ratio.j2 模板文件。即按照 metrics.event.isSuccess 的值（true 或 false），按每小时分类统计个数，返回如下结果：

```
,time,successCount,failCount,totalCount

0,2019-02-17T00:00,592,25,617
1,2019-02-18T00:00,637,628,1265
2,2019-02-19T00:00,577,908,1485
3,2019-02-20T00:00,654,984,1638
4,2019-02-21T00:00,657,995,1652
```

然后，可以根据 successCount/totalCount 来计算每小时的成功率。代码如下：

```
def get_api_success_ratio(self, query, **kwargs):
    els = kwargs.get('els')
    queryString = tool.getQueryString(category=self.category, name=query, **kwargs)
    queryText = tool.getQueryText(query=queryString, tpl='template/api_success_
ratio.j2', **kwargs)
    print(queryString, els)
    status, results = tool.search(queryText, els, "telephony")
    dataList = []
    if (status == 200):
        # print(results)
        for bucket in results.get('aggregations', {}).get('2', {}).get('buckets', []):
            # print(bucket)
            theTime = bucket.get('key_as_string')[:16]
```

```
                childBuckets = bucket.get('3').get('buckets')

                failCount = childBuckets.get("metrics.values.isSuccess:false", {}).
get('doc_count')
                successCount = childBuckets.get("metrics.values.isSuccess:true", {}).
get('doc_count')
                totalCount = failCount + successCount
                dataList.append((theTime, failCount, successCount, totalCount))
        else:
            print("error, status=%d" % status)
        labels = ['time', 'failCount', 'successCount', 'totalCount']
        df = pd.DataFrame(dataList, columns=labels)
        return df
```

查找出最常出现的错误，输入的 Elasticsearch 查询语法参见 top_n_errors.j2 模板文件。也就是根据 failReason 进行聚合统计，计算出现次数最多的错误类型。代码如下：

```
    def get_api_top_errors(self, query, **kwargs):
        els = kwargs.get('els')
        queryString = tool.getQueryString(category=self.category, name=query,
**kwargs)
        queryText = tool.getQueryText(query=queryString, tpl='template/top_n_
errors.j2', **kwargs)
        print(queryString, els)
        status, results = tool.search(queryText, els, "telephony")
        dataList = []
        if (status == 200):
            # print(results)
            for bucket in results.get('aggregations', {}).get('2', {}).get
('buckets', []):
                # print(bucket)
                errorReason = bucket.get('key')
                errorCount = bucket.get('doc_count')
                dataList.append((errorReason, errorCount))
        else:
            print("error, status=%d" % status)
        labels = ['errorReason', 'errorCount']
        df = pd.DataFrame(dataList, columns=labels)
        return df

    def sendEmail(self, recipients):
        mailer = EmailSender.EmailSender(os.getenv('EMAIL_USER'), mailServer =
os.getenv('EMAIL_SMTP_SERVER'),mailPort = 587, needLogin = True, useTls = True)
        if len(recipients) > 0:
            mailer.sendWithImages(self.title, recipients, self.mdLogger.toHtml(),
self.emailTemplate,
                                  self.images, self.csvFiles)

if __name__ == '__main__':
    reporter = MetricsReporter("Potato Service Metrics Report")
```

```
        duration = "-1d"
        beginTime, endTime = util.calculateBeginEndTime(duration)
        env = 'LAB'

        itemName = 'potato_api_error'
        columns = ['environment.address','metrics.event.name', 'metrics.event.
responseCode', 'metrics.event.method', 'metrics.event.endpoint', 'metrics.event.
trackingID']
        df, cnt = reporter.get_metrics_records(beginTime=beginTime,
                                    endTime='now',
                                    query=itemNamc,
                                    columns=columns,
                                    size=100,
                                    env=env)
        if (cnt > 0):
            reporter.metrics_failure_summary(df, beginTime=beginTime,
                                    endTime='now',
                                    query=itemName,
                                    size=100,
                                    env=env)

        reporter.sendEmail(['yafan@cisco.com', 'jiafu@cisco.com'])
```

MetricsChecker.py 检查度量指标的结果，如果符合配置文件中所设置的触发条件即发送报警。代码如下：

```
# 省略 import 语句，请参照源码


class MetricsChecker:
    def __init__(self, category, env, alertName, alertItem):
        self.category = category
        self.env = env
        self.name = alertName
        self.failureQuery  = alertItem.get('query', '')
        self.tiggerCount = alertItem.get('count', 0)
        self.isEnabled  = alertItem.get('enabled', False)
        self.snoozedTime  = alertItem.get('snoozed', '2019-01-01T00:00:00')
        self.priority  = alertItem.get('priority', 1)
        self.suggestion  = alertItem.get('suggestion', '')
        self.totalQuery  = alertItem.get('query_scope', '')
        self.successRatio = alertItem.get('success_ratio', 0.99)

        self.reporter = MetricsReporter.MetricsReporter('Metrics Alert for ' +
self.name, category, env)
        self.columns = ['metrics.event.timestamp',
                'metrics.environment.address',
                'metrics.event.name',
                'metrics.event.responseCode',
                'metrics.event.totalDurationInMS',
```

```
                    'metrics.event.method',
                    'metrics.event.endpoint',
                    'metrics.event.trackingID']
```

以下是一些判断触发条件的方法：

```
def isSnoozed(self):
    if(not self.snoozedTime):
        return False
    today = datetime.now(pytz.timezone('UTC'))
    if (self.snoozedTime.replace(tzinfo=pytz.UTC) > today):
        print("will snooze", self.snoozedTime)
        return True
    else:
        print("will not snooze", self.snoozedTime)
        return False

def needTriggeredByCount(self, foundCount):
    return foundCount >= self.tiggerCount

def needTriggeredByRatio(self, failureCount, totalCount):
    if(totalCount > 0):
        ratio = 1 - failureCount/totalCount
        print(ratio)
        return ratio < self.successRatio
    return False
```

根据配置中的 query_scope 查询语句，查询度量日志的总数：

```
def queryTotalCount(self, interval, **kwargs):

    beginTime = 'now-%s' % interval

    totalCnt = self.reporter.get_metrics_total_count(beginTime=beginTime,
endTime='now', queryString=self.totalQuery, size=1)
    return totalCnt

def queryErrorRecords(self, interval, **kwargs):
    beginTime = 'now-%s' % interval
    size = kwargs.get('size', 10)
    df, cnt = self.reporter.get_metrics_records(beginTime=beginTime,
    endTime='now', queryString=self.failureQuery, columns = self.columns, size=size)
    return df, cnt
```

生成报警消息的总结如下：

```
def makeFailureSummary(self, df, interval, tablefmt = 'html'):
    beginTime = 'now-%s' % interval
    self.reporter.metrics_failure_summary(df, beginTime=beginTime, endTime='now',
name=self.name, columns=self.columns, size=df.index.size, tablefmt=tablefmt)
```

以下是关键的报警触发函数，如果符合触发条件，即发送报警。代码如下：

```
def triggerAlerts(category, env, interval, emailList):
    alertItems = tool.alertConfig.get_alert_config_items()

    for key, value in alertItems:
        print(key, value)

        metricsChecker = MetricsChecker(category, env, key, value)
        if not metricsChecker.isEnabled:
            print("{} is not enabled".format(key))
            continue
        if metricsChecker.isSnoozed():
            print("{} is not snoozed".format(key))
            continue
        df, totalErrCnt = metricsChecker.queryErrorRecords(interval, size=10)
        queryErrCnt = df.index.size

        alertFlag = metricsChecker.needTriggeredByCount(totalErrCnt)

        if(metricsChecker.totalQuery):
            totalCount = metricsChecker.queryTotalCount('1d')
            alertFlag = alertFlag or metricsChecker.needTriggeredByRatio(totalEr
rCnt, totalCount)

            print("queryErrCnt={}, totalErrCnt={}, totalCount={}, alertFlag={}".
format(queryErrCnt, totalErrCnt, totalCount, alertFlag))
        if(alertFlag):
            print("trigger alert for {}".format(key))

            timeStr = FileLogger.getCurrentTimeStr('%Y-%m-%dT%H:%M:%S')
            metricsChecker.reporter.title = 'Metrics_Alert_Report_at_%s' % timeStr
            metricsChecker.makeFailureSummary(df, interval)
            metricsChecker.reporter.mdLogger.print("\n* Query string: {}".
format(metricsChecker.failureQuery))
            metricsChecker.reporter.mdLogger.print("* Queried Metrics Error
Count={}, Total Metrics Error Count={}, Total Metrics Count={}".format(queryErrCnt,
totalErrCnt, totalCount))
            metricsChecker.reporter.sendEmail(emailList)
```

以下是整个报警系统的入口函数。代码如下：

```
if __name__ == '__main__':

    parser = argparse.ArgumentParser()

    parser.add_argument('-i', action='store', dest='interval', help='specify query
interval')
```

```
        parser.add_argument('-m', action='store', dest='email', help='specify an
email list, divided by comma')
        parser.add_argument('-e', action='store', dest='env', help='specify an
elastic search env')
        parser.add_argument('-j', action='store', dest='jobUrl', help='specify the
job url')
        parser.add_argument('-s', action='store', dest='service', help='specify
service name')
        args = parser.parse_args()

        service = 'Potato'
        emailList = ['walterfan@qq.com']
        env = 'LAB'

        jobUrl = 'http://10.224.76.69:8080'
        interval = "1d"

        if(args.email):
            emailList = [x.strip() for x in args.email.split(',')]

        if (args.env):
            env = args.env

        if (args.jobUrl):
            jobUrl = args.jobUrl

        if (args.interval):
            interval = args.interval

        if (args.service):
            service = args.service

        print("Check metrics for %s in %s" % (emailList, env))
        triggerAlerts(service, env, interval, emailList)
```

可以通过如下方式运行：

```
python -V
virtualenv -p python3 venv
. /etc/profile
. venv/bin/activate
pip install -r requirements.txt
python MetricsChecker.py
```

生成的报警邮件如图 6-14 所示。

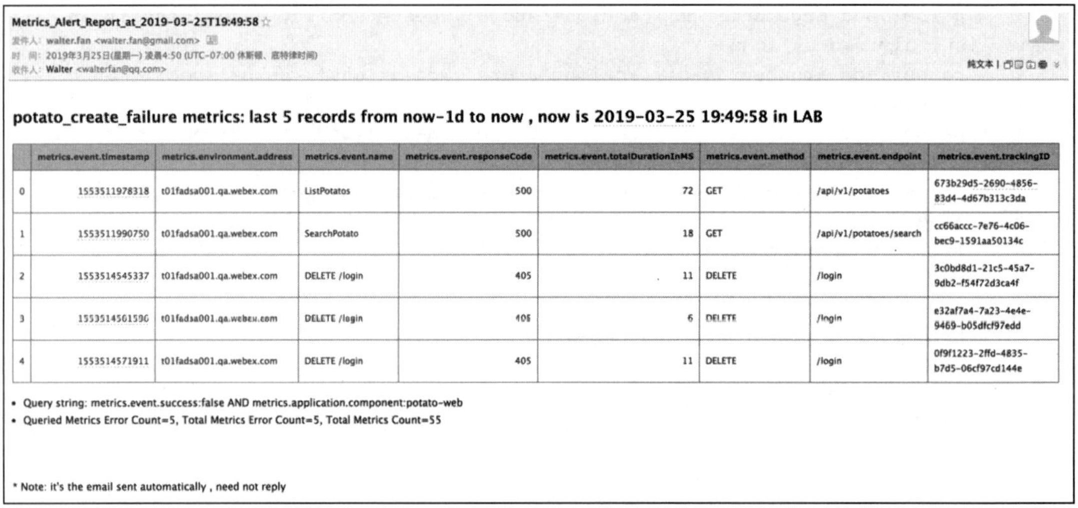

**Metrics_Alert_Report_at_2019-03-25T19:49:58**
发件人：walter.fan <walter.fan@gmail.com>
时 间：2019年3月25日(星期一) 凌晨4:50 (UTC-07:00 休斯顿、底特律时间)
收件人：Walter <walterfan@qq.com>

纯文本

**potato_create_failure metrics: last 5 records from now-1d to now , now is 2019-03-25 19:49:58 in LAB**

| | metrics.event.timestamp | metrics.environment.address | metrics.event.name | metrics.event.responseCode | metrics.event.totalDurationInMS | metrics.event.method | metrics.event.endpoint | metrics.event.trackingID |
|---|---|---|---|---|---|---|---|---|
| 0 | 1553511978318 | t01fadsa001.qa.webex.com | ListPotatos | 500 | 72 | GET | /api/v1/potatoes | 673b29d5-2690-4856-83d4-4d67b313c3da |
| 1 | 1553511990750 | t01fadsa001.qa.webex.com | SearchPotato | 500 | 18 | GET | /api/v1/potatoes/search | cc66accc-7e76-4c06-bec9-1591aa50134c |
| 2 | 1553514545337 | t01fadsa001.qa.webex.com | DELETE /login | 405 | 11 | DELETE | /login | 3c0bd8d1-21c5-45a7-9db2-f54f72d3ca4f |
| 3 | 1553514561596 | t01fadsa001.qa.webex.com | DELETE /login | 405 | 6 | DELETE | /login | e32af7a4-7a23-4e4e-9469-b05dfcf97edd |
| 4 | 1553514571911 | t01fadsa001.qa.webex.com | DELETE /login | 405 | 11 | DELETE | /login | 0f9f1223-2ffd-4835-b7d5-06cf97cd144e |

- Query string: metrics.event.success:false AND metrics.application.component:potato-web
- Queried Metrics Error Count=5, Total Metrics Error Count=5, Total Metrics Count=55

* Note: it's the email sent automatically , need not reply

图 6-14 报警邮件示例

## 6.3.3 报警系统的优化

上面完成的土豆微服务报警系统，虽然已具有基本功能，但是我们还可以对它进一步优化。具体可从以下两个方面做优化：持续集成报警系统，让报警可以忽略或关闭。

### 1. 持续集成报警系统

我们可以使用 Jenkins 来优化报警系统，例如每半个小时运行我们的 MetricsChecker，一旦发现有问题，马上报警。Jenkins 的安装非常简单。我们首先建立一个 Freestyle Project。

1）Source Code Management：选择 git，填写 git repo 的 url 和检出代码所需的账号。

2）Build Triggers：设置为半小时运行一次，如图 6-15 所示。

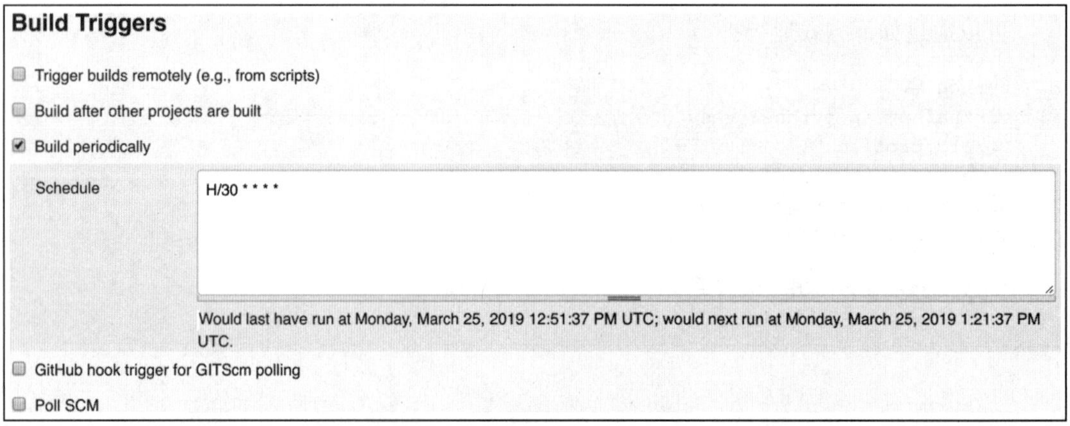

**Build Triggers**

- [ ] Trigger builds remotely (e.g., from scripts)
- [ ] Build after other projects are built
- [x] Build periodically

Schedule: H/30 * * * *

Would last have run at Monday, March 25, 2019 12:51:37 PM UTC; would next run at Monday, March 25, 2019 1:21:37 PM UTC.

- [ ] GitHub hook trigger for GITScm polling
- [ ] Poll SCM

图 6-15 报警执行时间配置

3）选择 Python 环境和需要运行的脚本，如图 6-16 所示。

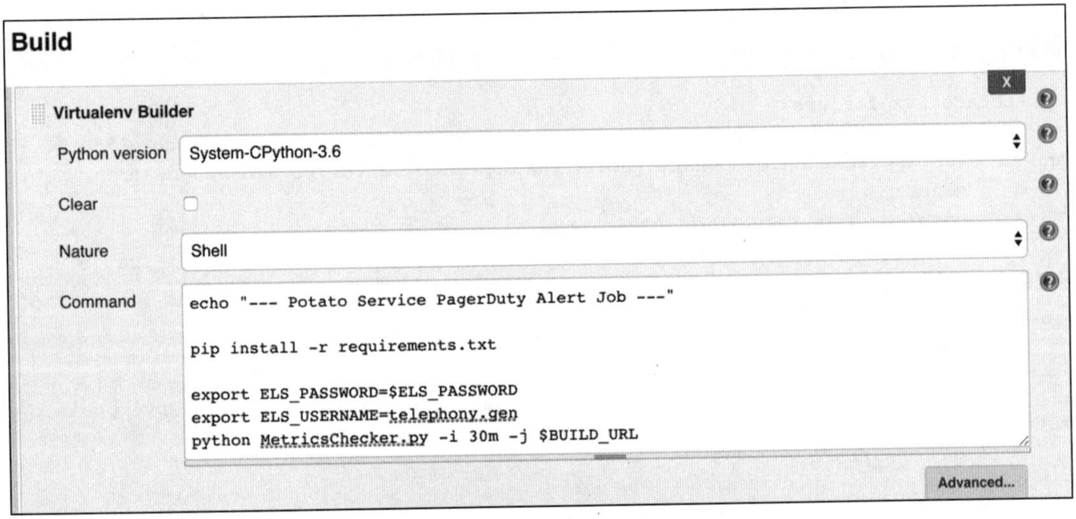

Build

Virtualenv Builder

Python version　System-CPython-3.6

Clear

Nature　Shell

Command

```
echo "--- Potato Service PagerDuty Alert Job ---"

pip install -r requirements.txt

export ELS_PASSWORD=$ELS_PASSWORD
export ELS_USERNAME=telephony.gen
python MetricsChecker.py -i 30m -j $BUILD_URL
```

Advanced...

图 6-16　报警执行过程配置

注意保护好你的账号和密码，在 Build Environent 中设置 Secure text，并在 Command 中以环境变量的形式使用，如图 6-17 所示。

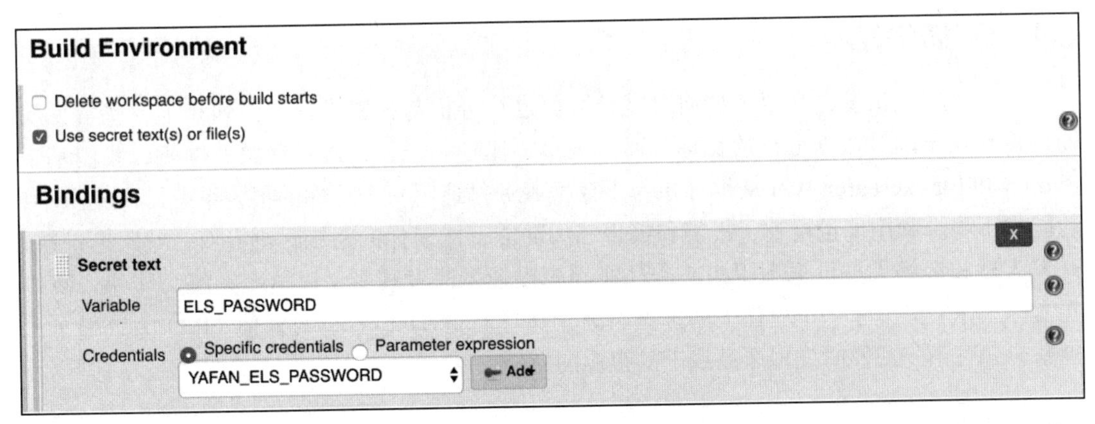


图 6-17　报警执行环境配置

### 2. 让报警可忽略、可关闭

对报警系统做完持续集成后，刚刚上线时，job 间隔被设为半个小时。后来可能会按需要改得更短，比如每 10 分钟报警，但是很可能一旦发现错误，报警邮件就会如雪片般立即发送到各个服务所对应的报警邮箱，或者集成的 pagerduty 系统就会按照值班表给值班的工程师进行“夺命连环呼”——打电话、发邮件、发短信。但是如果已经知道这个错误了，解决只是时间问题，那还有必要一直打电话来报警吗？当然不需要。

所以我们要给土豆微服务报警系统添加 enabled 和 snoozed 两个字段，工程师可以在问题修复期间关闭和暂停报警，等恢复后再开启。

具体做法是，在随书源码网址的 alertor/conf 目录中的 alert_config.yml 文件中添加如下条目：

```
potato_5xx_failure:
        query: metrics.event.success:false AND metrics.event.responseCode: [500 TO *]
AND metrics.application.component:[potato-web,potato-server,potato-scheduler]
        count: 3
        enabled: true
        # the PD will be snoozed until the time, format: YYYY-MM-DDThh:mm:ss, e.g.
2018-11-15T00:00:00
        snoozed: 2019-10-15T00:00:00
        priority: 1
        suggestion: check what's the matter of potato API eror
        query_scope: metrics.application.component:[potato-web,potato-server,potato-
scheduler]
        success_ratio: 0.9999
```

每半小时的 Jenkins job 就会查询 query 字段指定的查询语句，查找最近半小时的 5xx 错误，一旦发现有 5xx 错误的日志，并且在半小时内超过 3 条，且 API 成功率小于 99.99%，即发送警报。

## 6.4 本章小结

本章以实例出发，介绍了如何对度量数据进行分析与报警设计，并列举了一些常见问题。重点在于围绕数据分析的目标，通过观察、比较和分析，透过现象看本质。我们基于 Python 和 Elasticsearch API 从零开始为土豆微服务打造了一个迷你的报警系统，麻雀虽小，功能却不弱。利用度量检查、报警和报告三大功能，能使你的系统时刻有双“慧眼”护航，开发人员和运维人员再也不用担心产品线问题没能及时发现了。以这个系统为雏形，我们在实际工作中开发了一个更强大的报警系统，并与 PagerDuty 和即时通信（IM）系统做了深度整合，可预先或及时发现产品线上的很多问题。

**延伸阅读**

- Elastic 技术栈，网址为 https://www.elastic.co/。
- 数据分析工具 Pandas，网址为 https://pandas.pydata.org/。
- Python 著名的绘图工具包 matplotlib，网址为 https://matplotlib.org/。
- Matplotlib 用法，网址为 https://www.kesci.com/home/project/59f6f21bc5f3f511952c2966。
- YAML 格式，网址为 https://yaml.org/。

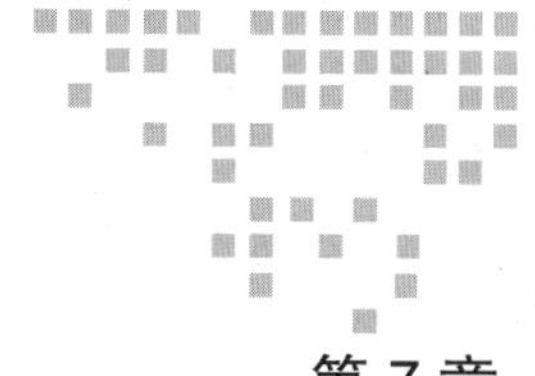

第 7 章 Chapter 7

# 度量驱动的运维

在设计和实现微服务的过程中，我们充分考虑了度量的设计与实现，而微服务的一大特征就是应用可以快速地上线。那么如何高质量地将服务快速上线并且稳定、高效地为客户服务呢？其中关键的一环就是运维，而微服务的运维也可以围绕度量展开。通过之前几章介绍的如何对微服务的质量和过程进行度量，我们可以知道微服务是否可以保质保量地按计划准时上线，并通过在微服务中内置的各种度量监控数据，做到对产品线的情况心中有数。本章将介绍如何有的放矢，采取相应的措施进行运维上的调整，并对微服务做出设计和实现上的调整。

## 7.1 部署升级

笔者所在的开发团队以前采用过一种 Train Release 方式来发布产品，一个大的 Train Release 包含多个组件，包括 PC 客户端（Windows/MacOS/Linux）、移动客户端（iOS/Android）、Web 站点和服务、多种后台专用服务器。一般分为三大类。

- ❑ Web：各种 Web 站点及管理工具。
- ❑ Client：PC/Mobile 客户端。
- ❑ Server：各种后台服务。

而每个大类又分为多个子类，一个 Train Release 通常要做大半年，有专门的 Release Manager 负责协调。开发工程师发布新版本后，还要经历 ATS/BTS/Production 的升级、部署、测试、试用。最终新版本交付到用户手中经常历时一年，这就算比较顺利的了，如果中间出现了什么周折，一年多新版本才能上线。

这种做法显然没办法满足用户的急迫需求，于是新的版本管理方法应运而生。对于单个微服务来说，我们希望能随时发布和上线，只要它通过了构建流水线的层层检查和测试即可。可是对于整个系统来说，成百上千个微服务每天不停地升级部署，难免会在彼此集成的接口和流程方面有所疏漏，所以我们对主要的几个产品线实施了 monthly release，即每月发布一个版本。当然，重大问题的紧急修复是可以随时发布上线的。具体工作如下。

- 月初：主要需求和设计基本就绪。
- 月中：主要功能完成，集成测试开始。
- 月底：经项目负责人及主要干系人验收通过，发布新版本。

现代的微服务提倡小迭代，快修改，快上线，每月只上一个版本显然不能满足快速持续交付的需求。但是产品的质量和稳定性是必须保证的，既不能由于频繁部署而导致系统出现问题，也不能因噎废食限制新版本上线的频率。

如果我们想每天上线新的版本，就必须要做好对未上线和已上线的产品的度量，看它是否符合产品上线的标准，上线之后有没有出现意想不到的问题。这就是我们提倡的基于度量的微服务发布策略。

尽管软件产品的延期是家常便饭，毕竟软件开发中不可控因素比较多，但对一般微服务，在上线前都会估算出一个大致的交付时间，传统的企业或外包项目还会在合同中注明具体的交付日期。在最终交付日期之前，按照迭代开发的原则，我们会分步实施，持续交付。所谓持续交付，是指在任何环境中以自动化的方式部署一个应用程序并提供持续反馈以改善其质量的过程。这个持续反馈不仅指来自客户、产品负责人、用户体验设计师，还包括非常重要的服务自身的质量度量。

### 7.1.1 何时能部署到产品线上

对于微服务来说，我们的方法随时可以部署到产品线上，只不过要对新功能或者改动的部分按如下清单逐一做检查。

1）有无需求和设计文档。

2）有无准备就绪定义（Definition of Ready，DoR）和功能完成定义（Definition of Done，DoD）。

3）有无严重（级别在 S3 以上）程序缺陷（bug）。

4）自动化测试覆盖率是否超过了 80%。

5）是否有测试矩阵和测试结果。

6）是否有可反映 DoD 的度量指标。

7）是否有特性开关（feature toggle）可以随时打开和关闭此功能。

8）是否有性能影响和测试报告。

如果上述 8 项均无问题，经产品负责人批准，经过部署流水线（development pipeline），产品即可部署到产品线上。

在实际工作中，我们应用了 scrum 敏捷开发流程，建议在每个迭代周期（一般为两周）结束的回顾会议上做新功能的演示和上述检查表的评审，再决定是否能够发布上线，实现对整个开发团队透明，由团队共同来做出决定，并且可以保持一定的发布节奏。

当然，一些很小或者非常紧急的改动并不要求严格遵守这些检查项，第 2 项和第 6 项是必选项，其余是可选项，视情况而定。如果是对用户行为有影响、API 接口或核心算法有变化的情形，则第 7 项也是必须要有的。

### 7.1.2　如何发布新功能

微服务新功能的发布包括部署和上线，两者并不能混为一谈。部署到产品线并不能代表新服务或新功能就可以发布给用户使用了，在本地开发测试环境中很多问题并不能被抓住，甚至没有发生的条件；产品线环境复杂多变，用户也常有出乎意料的行为。但要求测试必须在产品上线之前做完既不现实，也不可能。我们希望也能在产品线上做一些测试和监控。

发布微服务的方法有很多，总体要求是高频率、低风险。微服务的优势就是快速应对变化，船小好调头，要做到又快又好，基于度量的发布不可少。我们主要结合度量采用如下两种方法：增量发布和特性开关。

#### 1. 增量发布

软件应用都有一个版本，微服务也是如此。我们一般都会给发布上线的服务一个版本号，版本号可以是如下形式：

```
mainVersion.minorVersion.microVersion.patchVersion
```

比如 2.2.0.147、2.2.1.12，4 个小节够了，不宜过多。在产品的 API 中，我们通常还会加上 git commit 信息。

新版本替换旧版本总有一个过程，如果服务器比较少，可以一次级升级。但是对于大型 SaaS 服务提供商，服务器数量至少上千台，集群上百个，数据中心遍布全球，而且时区都不相同，不可能一步到位。同时，由于对新版本新功能的稳定性、性能和运行效果并非十分有把握，所以我们主要采取蓝绿部署和灰度发布的策略。蓝绿部署指先部署从集群（slave cluster），切换全部或部分流量到从集群，进行测试和用户试用，并观察度量数据，如果有问题，立即切换回主集群（primary cluster），如果没问题，再继续升级，如图 7-1 所示。

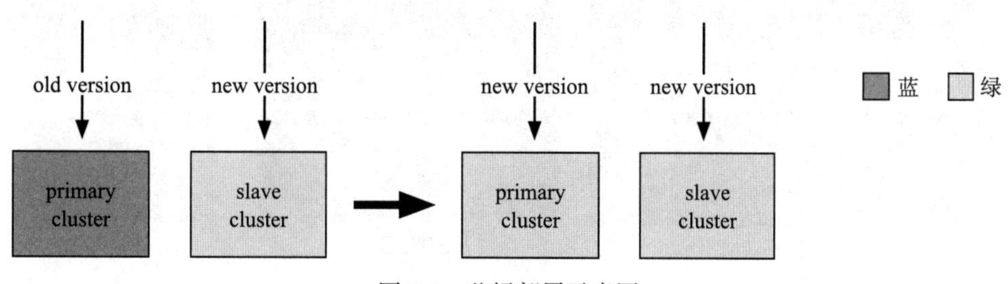


图 7-1　蓝绿部署示意图

- 先升级从集群，再升级主集群。
- 先升级小客户，再升级大客户。
- 先升级亚太区，再升级欧洲区，最后升级北美区。
- 为避免对客户造成影响，升级时间一般都在当地时间的凌晨。

升级时应按以下步骤进行：

1）先检查度量数据，确认流量在主集群上运行正常。

2）把备份集群设置为挂起（suspend）状态，也就是在共享的数据存储表中改一下状态，确保流量不会跑到备份集群上。

3）把备份集群中的服务器逐个升级到最新版本。

4）在备份集群上做一些简单的验证测试，运行若干主要的冒烟测试用例，看测试结果是否有问题。如果有问题，且不是环境问题，严重性不容轻视，则立即回滚，取消此次升级。

5）观察度量数据，确认在主集群上已经没有活跃的用户。

6）将主集群设为挂起（suspend）状态，全局服务负载均衡器（GSLB）会根据健康检查（health check）的结果把流量分派到备份集群。再重复上述第 3、4 步，升级主集群。

由于升级需要一个过程，产品线上总有一段时间存在两个或两个以上的版本，如果不加区分，用户会比较困惑，一会儿界面不一样了，一会儿功能又变了，过了一会儿，可能又变回来了。

在预先分区（sharding）比较严格的系统中，这个问题并不突出，不同的用户会落在对应的特定集群上，不会出现上述变来变去的情况。例如，我们做过一个系统，为了充分利用系统资源，采用了在数据中心内部根据用量分派流量的设计，这时就必须要好好考虑这个问题。

通常，蓝绿部署会与灰度发布策略相结合，如图 7-2 所示。例如，在产品线上可能会同时存在多个版本，如 v2.3.9、v2.4.0 和 v2.4.1，部署分布如下。

- v2.3.9：部署在产品线中 10% 的服务器上，将会很快下线，从 10% 降到 0%。
- v2.4.0：部署在产品线中 80% 的服务器上，将会逐步下线，从 80% 降到 0%。
- v2.4.1：部署在产品线中 10% 的服务器上，将会逐步上线，从 0% 增长到 100%。

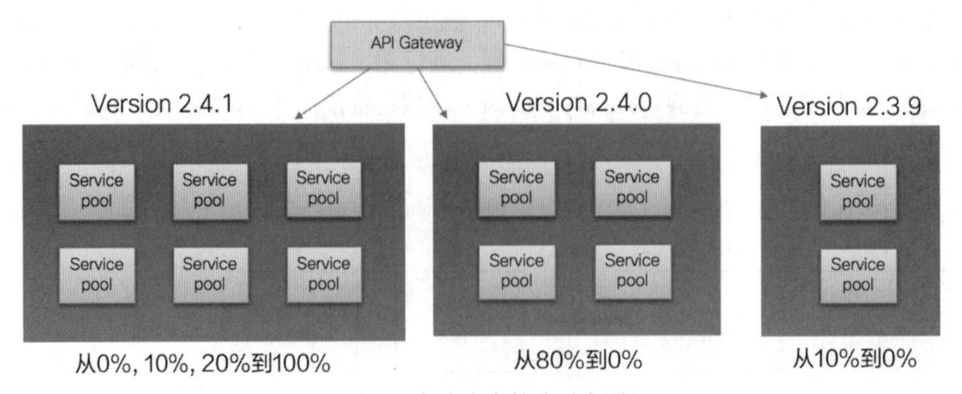


图 7-2　灰度发布策略示意图

根据度量所反映出的服务健康情况，在API网关（gateway）或负载均衡器（Load Balancer）上对流量的切换做出调整。

#### 2. 特性开关

在微服务的开发中，我们会开发很多功能并在最短时间内上线，也就是说经过了单元测试、API测试、自动化的集成测试，以及少量的手动端到端的测试，新增的改动会在几天之内就部署到产品线上。

这样做符合“唯快不破”的理念，而且很多开发人员也充满自信。不过运维人员却担心风险太大，产品线出问题，影响了客户使用。为稳妥起见，最好还是做灰度发布，并且加一个开关。从产品上线开始，产品开发人员和运维人员会密切关注度量，时刻监控关键数据，为若干KPI设置警告点。一旦发现问题，马上对部分或全体用户关闭最新改动。这个开关就叫作特性开关（feature toggle）。

上面提到的因为版本变化造成功能与界面来回变化的问题，可以使用特性开关来解决。

特性开关的类型如下：

- feature/function toggle（功能开关）
- release toggle（发布开关）
- operation toggle（运维开关）
- permission toggle（授权开关）
- experiment toggle（体验开关）

这里我们主要讨论功能开关和发布开关。

特性开关的层次如下：

- organization（组织）
- site（站点）
- user（用户）
- device（设备）

#### 3. 特性开关的使用

前面我们提到有5种类型的特性开关，不同类型有不同的应用场景。

**A/B测试**：在一部分站点上打开开关，另一部分站点上关闭开关，互相对照测试，收集并观察度量数据。也可以直接把开关的设置开放给用户，让用户按自己的喜好选择。改版站点时常用这一招来看用户是否接受和喜欢新的变化。

1）用户试用：针对特定的用户群体，打开开关供用户试用和测试。

2）新功能发布：待所有所需最低版本都已升级部署完毕，打开所有的相关特性开关，正式发布这一新功能。

我们可以开发一个Feature Service，供开发人员和运维人员调用它的API来设置特性开关，其他的Service可以调用它的API来读取这些特性开关，并决定应用不同的逻辑和行为。而所有这些操作无须重启服务进程和更改配置文件。

比较简单的特性开关，就可定义一个布尔值，如 true 或 false、yes 或 no 或者 on 或 off。比如：

```
{
    "enableAutoLogout": true
}
```

稍微复杂的特性开关可以有枚举值，如 off、test、on，并且加上失效时间：

```
{
    "enableAutoLogout": "test",
    "expireTime": "2018-12-31T23:59:59Z"
}
```

以 user 层次的特性开关为例，设置特性开关的代码如下：

```
POST /featuretoggles/users
{
    "userIds": ["123", "456", "789"],
    "featureToggles":
    [
        {
            "key": "enableAutoLock",
            "value" "true"
        },
        {
            "key": "enableAutoLogin",
            "value" "true"
        }
    ]
}
```

读取特性开关的代码如下：

```
GET /featuretoggles/users/:userId

{
    "featureToggles":
    [
        {
            "key": "enableAutoLock",
            "value" "true"
        },
        {
            "key": "enableAutoLogin",
            "value" "true"
        }
    ]
}
```

具体的实现很简单，利用传统 DB 或者 Redis、Cassandra 这样的 NoSQL 存储读写就可以了，存储结构示例如表 7-1 所示。

表 7-1　特性开关数据表

| 层次（level） | 标识符值（Id） | 开关名称（toggleName） | 开关值（toggleValue） |
|---|---|---|---|
| org（组织） | 123 | enableRateLimit | true |
| site（站点） | 456 | enableCircuitBreaker | true |
| user（用户） | 789 | enableAutoLock | true |

特性开关要在充分有效的度量数据指引下确定，按以下步骤进行新功能、新特性的平稳无痛上线：

1）制定度量方法。

2）设置度量阈值。

3）观察度量数据。

4）处理度量警告。

5）适时打开或关闭特性开关。

总之，“谋定而后动，知止而有得”，想清楚度量方法和度量阈值之后，持续观察监控相关的度量指标，将特性开关在产品线上立即关闭和逐步打开，是微服务上线的有效方法。

## 7.2　数据的运维

产品线上的代码每时每刻都在运行，错误和问题很可能就蕴含其中，我们最好在问题和故障产生之前，在对用户造成影响之前，就发现问题。可通过如下方式来监视微服务的健康状态和运行状态。

### 7.2.1　健康检查

前面讲述过健康检查 API 的设计与实现。在日常运维中，它就像例行体检，让我们时刻掌握服务器的健康状态。具体做法如下：

- 每隔一定时间调用一次微服务所提供的健康检查 API，检查返回的微服务状态。健康检查的端点一般不设密码验证，访问控制可设置为不对外网开放，如 GET /service/api/v1/ping。
- 定时检查系统使用资源，并设置警告的阈值。
- 定时检查系统性能和错误率，并设置警告的阈值。
- 通过 Eureka 或 Consul 等组件将不健康的节点从服务列表中剔除，可与负载均衡器的配置文件的动态刷新结合起来。

### 7.2.2　度量报告

将生成的每日、每周和每月度量报告发送给相关干系人，度量报告包括但不限于微服务的用量、性能和错误率，还要附上上个时间周期的度量数据以供参照。

从度量报告中主要看趋势，针对用量、性能、错误率进行比较，并给出如下数据：

- 同比：与往年同期相比。
- 环比：与临近周期相比。

对于新版本上线的特定功能，我们要求一定要做出有针对性的、能够体现功能正确性的度量报告。

### 7.2.3 度量警告

上一章我们构建的报警系统会定期检查各项度量指标，当发现度量指标超过预定阈值时，发送警告给相关系统和值班人员。发送警告有如下方式：

- 电话
- 短信
- 通知
- 即时消息
- 调用其他系统的 API 发送警告

我们在实际工作中使用了 PagerDuty 系统，它是一个事故管理平台，提供可靠的通知、自动升级、随叫随到的调度和其他功能，以帮助团队快速检测和修复基础架构问题。其宗旨就是在适当的时间授权给拥有正确信息的人。

### 7.2.4 故障处理

当接收到警告时，有两种处理方式：自动处理、手动处理。

#### 1. 自动处理

自动处理就是通过前文所述的断流、限流的自动处理方式，由系统自身自行做出调整，或者调用故障处理系统的 API，进行 PaaS 和 IaaS 层面的故障转移（failover）和扩容。

以我们在产品线上所使用的 Consul 为例。Consul 是一种服务网格（service mesh）解决方案，具备服务发现、配置和分段功能的全功能控制平台。这些功能中的每一个都可以根据需要单独使用，也可以一起使用以构建完整的服务网格。Consul 需要一个数据平台，并支持代理和本机集成模型。Consul 附带了一个简单的内置代理，因此一切都可以直接使用，还支持 Envoy 等第三方代理集成。其主要特点如下。

- 服务发现：Consul 的客户端可以注册服务，例如 API 或 MySQL。其他客户端可以使用 Consul 来发现给定服务的提供者。使用 DNS 或 HTTP，应用程序可以轻松找到它们依赖的服务。
- 健康检查：Consul 客户端可以提供任何数量的健康检查，或者看关联的服务是否返回 “200 OK”，或者看服务器节点内存使用率是否在 90% 以下。运维人员可以使用此信息来监视群集的运行状况，服务发现组件可以使用此信息将流量从不正常的主机上剔除出去。

- K/V 存储：应用程序可以将 Consul 的分层 K/V 存储用于多种目的，包括动态配置、功能标记、协调、领导者选举等，其 HTTP API 简单、易于使用。
- 安全的服务通信：Consul 可以为服务生成并分发 TLS 证书，以建立相互 TLS 连接。意图可用于定义允许哪些服务进行通信。可使用可实时更改的意图轻松管理服务分段，而不必使用复杂的网络拓扑和静态防火墙规则。
- 多个数据中心：Consul 开箱即用地支持多个数据中心，这意味着 Consul 的用户不必担心会构建其他抽象层以扩展到多个区域。

以自动故障转移（failover）为例，一般我们会在 Web Service 之前放置 Nginx 或 HAProxy 做负载均衡，使用 Consul Template 来管理配置。在此模式下，Consul 模板动态管理 nginx.conf 或 haproxy.conf 配置文件，该文件定义了负载均衡器和服务器列表。此列表是模板化的，并且 Consul Template 作为服务运行，以使模板保持最新。Consul Template 与 Consul 群集具有持续的连接。当服务发现增加了新的服务器，或者健康检查剔除了有问题的服务器时，ConsulTemplate 就会更新配置文件，并向 Nginx 或 HAProxy 进程发出信号以重新加载其配置，如图 7-3 所示。

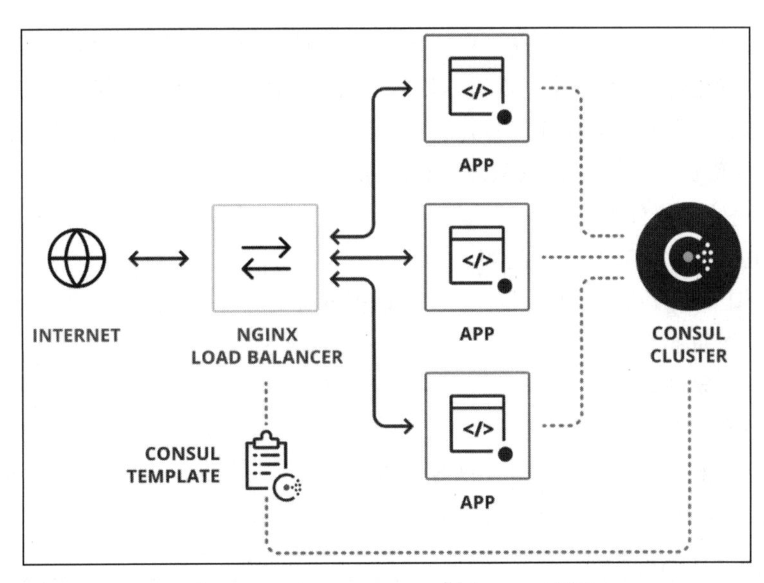


图 7-3　Consul Template 更新 Nginx 配置

### 2. 手动处理

也可以将详细故障信息发送给值班人员，由他们进行手工的故障原因排查和处理。我们在实际工作中为每个微服务都创建了一个值班计划，通过 Pagerduty（https://www.pagerduty.com/）这个系统每周指派一位工程师监控和处理产品线问题，并且安排一位后备的工程师协助，每周轮换，如图 7-4 所示。

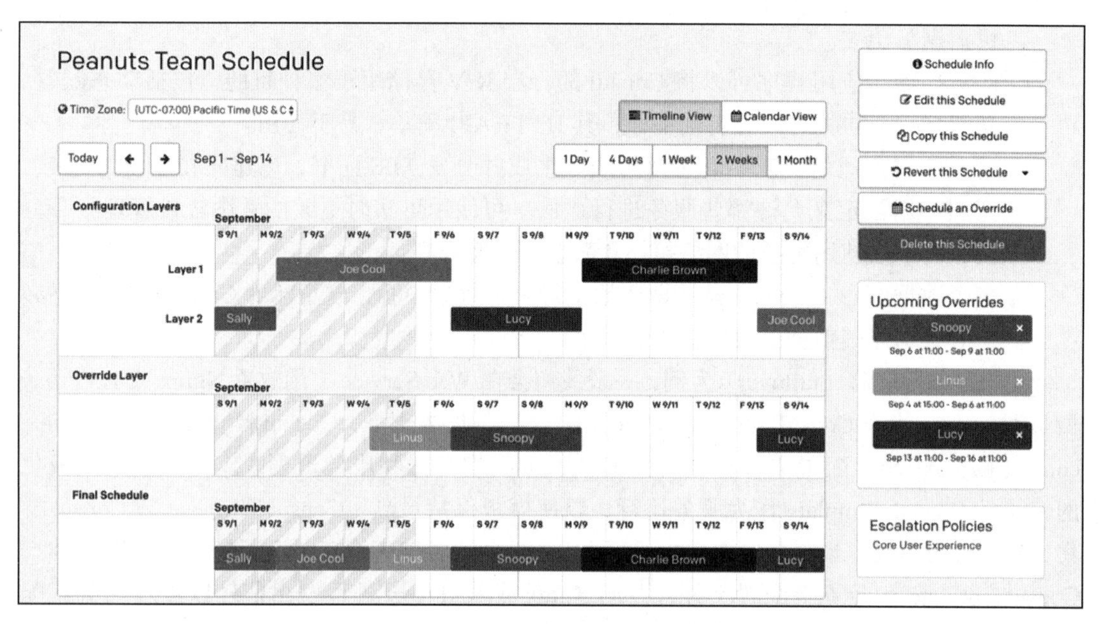


图 7-4　Pagerduty 值班表

一旦度量系统发出警告，值班工程师会在第一时间通过事先注册的联系方式接收到电话、短信或者其他通知，在设定的时间（比如 5 分钟）内必须通过接电话、回短信等方式响应，否则就会通知到下一级值班工程师；如果仍没有响应，就会一级一级地向上通知，直至产品和团队的负责人，甚至到总监乃至总经理。

报警的问题处理流程如下：

1）由值班工程师响应警告的问题。

2）由值班工程师确定问题的严重性。严重程度分为 4 个级别：

- S1：严重的。
- S2：重要的。
- S3：次要的。
- S4：一般性（偶发或可自动恢复）的。

3）记录并处理问题。记录下问题的 4W：

- What：什么问题。
- Where：发生在哪儿。
- When：什么时候发生的。
- Who：谁在发现和处理问题。

必要时找相应的人员寻求帮助，出现严重问题需要立即告知产品或团队负责人，通知所有相关工程师，拉响紧急警报。

4）修改问题描述。记下 1W1H（Why 原因 +How 解决方法），将问题标记为已解决，未彻底解决的标记为已知问题，有必要的报个 bug 或者创建相应的用户故事（user story）。

5）关闭问题，更新值班记录。需要着重注意的是，在产品线上最重要的是尽量降低对用户的影响，消除影响、解决问题是第一位的，故障原因和根本解决方案可以事后慢慢研究。

### 7.2.5　基于度量来发现和解决问题

在安全和消防工作中，“隐患险于明火，防范胜于救灾，责任重于泰山”是指导方针，而微服务运维也是如此，度量驱动是重点，度量给了我们一双慧眼，让我们将产品线看得清清楚楚，明明白白。

- 事前：发生问题之前，以预防为主，在日常的运维工作中观察 UPE（Usage，用量；Performance，性能；Error，错误）的异常情况和趋势。
- 对每个微服务必须制定一个运维手册（run book），详细描述上面提到的故障处理流程、关键联系人和对常见问题的处理。
- 事中：发生问题，以减小对于用户的影响为宗旨，以恢复服务为要务，通过回滚、扩容、修改配置、更改特性开关等手段来尽快解决问题。
- 事后：在问题发生和解决之后，回顾问题发生的迹象，总结原因和解决方案，在微服务运行手册上记录问题解决方法，适时调整度量指标，对于问题的排查和处理尽量做到“有章可循，有案可查”。

下面我们通过几个案例来详细说明整个度量驱动运维的过程，其中就应用到了我们说的可视化工具、特性开关和配置管理方法。

**例 7-1　线程池队列积压——调整线程池参数**

线程池是处理并发请求和任务的常用方法，使用线程池可以减少在创建和销毁线程上所花费的时间及系统资源的开销，可解决系统资源利用不足的问题。创建一个线程池来并发地执行任务看起来非常简单，但其实线程池的参数是很有讲究的。

一个标准的线程池创建方法如下：

```
/** Thread Pool Executor */
public ThreadPoolExecutor(int corePoolSize, // 核心线程数
    int maxPoolSize, // 最大线程数
    long keepAliveTime, // 存活时间，超过 corePoolSize 的空闲线程在此时间之后会被回收
    TimeUnit unit, // 存活时间单位
    BlockingQueue<Runnable> workQueue// 阻塞的任务队列
    RejectedExecutionHandler handler // 当队列已满，线程数已达 maxPoolSize 时的策略
) {...}
```

虽然 JDK 提供了一些默认实现，可终究满足不了各种各样的业务场景。那么如何设置一个合理的线程池参数呢？首先我们可以按需求设置相对合理的参数，然后可根据度量指标进行调整。拿线程数来说，我们需要考虑线程数设置多少才合适，这个取决于诸多因素：

❑ 微服务所在服务器的 CPU 资源。

❑ 任务的类型和其消耗的资源情况。

如果任务是读写数据库，那么它取决于数据库连接池的连接数目以及数据库的负载和性能，如果任务是通过网络访问第三方服务，那么它取决于网络负载大小，以及第三方服务的负载和性能。

在 Potato-Web 服务中我们应用了 Hystrix 断路器来调用上游的 Potato-Service，Hystrix 使用线程池来执行对第三方的调用。根据线程公式，服务器为 4 核 CPU，网络延迟约为 50ms，解析处理时间为 5ms 就足够了，CPU 占用率希望在 10% 之内。

根据以下公式

$$线程数 = CPU 核数 \times 希望的 CPU 使用率 \times（1+ 等待时间 / 处理时间）$$

得出结果为 4.4，故需要 5 个线程。

```
4 * 0.1 * (1 + 50 / 5) = 4.4
```

于是，设置参数如下：

```
    HystrixCommandProperties.Setter commandProperties = HystrixCommandProperties.
Setter();
        commandProperties.withExecutionTimeoutInMilliseconds(10_000);
        config.andCommandPropertiesDefaults(commandProperties);
        config.andThreadPoolPropertiesDefaults(HystrixThreadPoolProperties.Setter()
            .withCoreSize(5) // 核心线程数为 5
            .withMaxQueueSize(10)// 最大线程数为 10
            .withQueueSizeRejectionThreshold(10)); // 积压在队列中的任务数超过 10 将被拒绝
```

让我们先观察一下度量指标，重点是线程数和队列中的任务积压数。

（1）现象

通过 Hystrix Dashboard 观察到 REJECTED 事件时有发生，并有任务积压。

```
{
    "type": "HystrixUtilization",
    "commands": {
        "CreatePotatoCommand": {
            "activeCount": 1
        }
    },
    "threadpools": {
        "Potato": {
            "activeCount": 0,
            "queueSize": 2,
            "corePoolSize": 4,
            "poolSize": 6
        }
    }
```

```
}
```

（2）措施

将 corePoolSize 由 4 调为 6，持续观察此线程池的度量数据。对于由 Hystrix 实现的断路器也可以通过 Hystrix Dashboard 来观察断路器，方法是打开源码所带的 potato-dashboard 子模块，启动后打开 http://localhost:9010/hystrix，如图 7-5 所示。

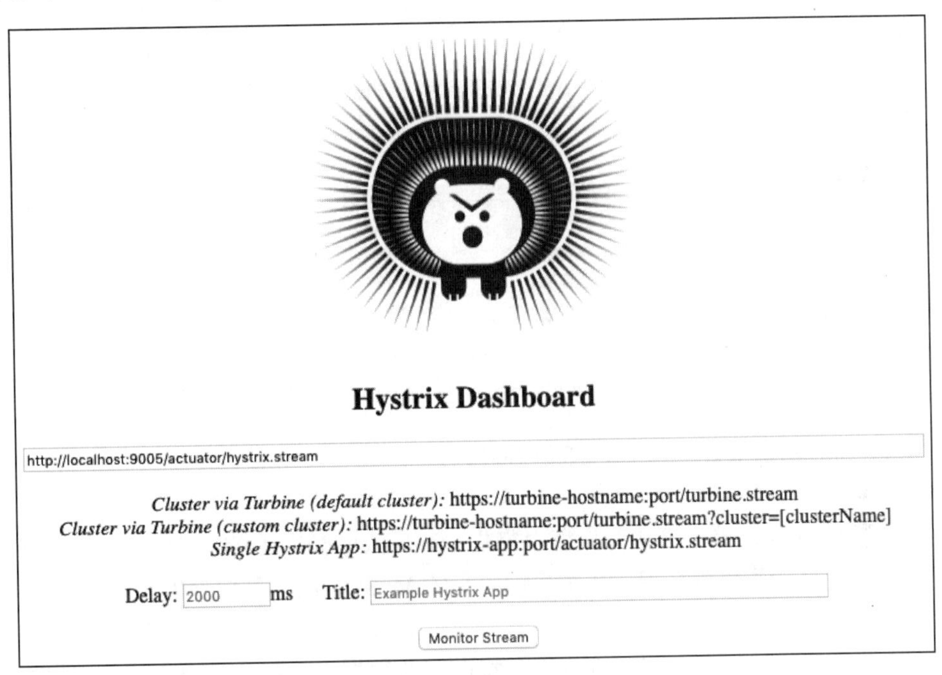


图 7-5 Hystrix 仪表盘图

在输入框中输入 http://localhost:9005/actuator/hystrix.stream，可见仪表盘如图 7-6 所示。

**例 7-2 新功能设计缺陷——更改特性开关**

为了统计每周土豆任务的完成情况，我们增加了一个新功能“每周报告”，在周末会发出一份报告，汇报一下这一周内哪些任务按时完成，哪些有拖延情况，哪些仍然没开始，哪些还没有结束。周报在周日早上发出，统计范围是上一周的周日到这一周周六。

（1）现象

每份周报发送时都会记录一条日志，记录发送的时间、响应时间和响应码。通过对仪表盘的观察，发现多个用户的周报都是按时在周日早上发出的，但时间轴都是 GMT 格林尼治时间。

（2）措施

通过配置服务 API 实时将此特性设为关闭状态，向开发团队报一个 bug，等修复后再重新打开这个开关。

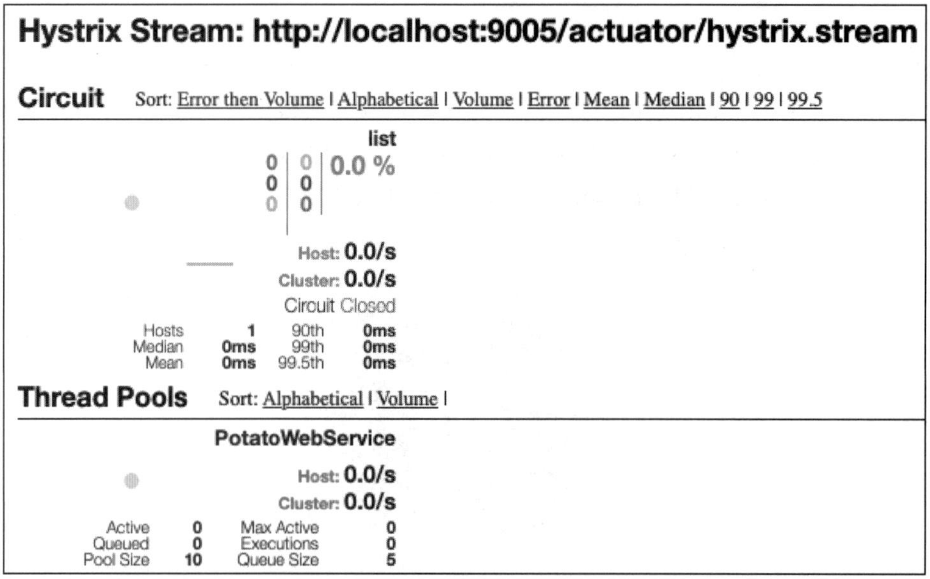

Hystrix Stream: http://localhost:9005/actuator/hystrix.stream

Circuit Sort: Error then Volume | Alphabetical | Volume | Error | Mean | Median | 90 | 99 | 99.5

list

0 0 0.0 %
0 0
0 0

Host: 0.0/s
Cluster: 0.0/s
Circuit Closed

Hosts 1 90th 0ms
Median 0ms 99th 0ms
Mean 0ms 99.5th 0ms

Thread Pools Sort: Alphabetical | Volume |

PotatoWebService

Host: 0.0/s
Cluster: 0.0/s

Active 0 Max Active 0
Queued 0 Executions 0
Pool Size 10 Queue Size 5

图 7-6 PotatoWeb Service 的 Hystrix 仪表盘

**例 7-3 5xx 错误报警——手动触发故障转移**

（1）现象

值班人员持续收到错误报警，报警内容是 potato-scheduler 服务总是返回 502 错误。通过日志分析和健康检查报告发现，华东数据中心的 MySQL 服务器出现磁盘读写问题。

（2）措施

通过配置服务 API，紧急将数据库服务指向华北数据中心中的 MySQL，同时呼叫数据库管理员对华东数据中心的 MySQL 数据库进行修复。

如果没有有效的度量手段，没有基于度量数据的自动化分析报警和故障处理，面对成百上千台微服务，成千上万的访问量，运维人员势必顾此失彼，手忙脚乱，陷入产品线问题的汪洋大海之中。所以，我们必须坚持度量驱动运维，让度量给我们一双慧眼，让我们将产品线看得清清楚楚，明明白白，根据度量有的放矢地提高我们的微服务运维水平。

## 7.3 配置调整

一般来说，应用由 3 部分组成：

- 可执行程序
- 配置
- 数据

软件系统几乎都有配置，它能灵活地定义软件的关键属性、组件之间的依赖关系与交互方式。

类似上述提到的特性开关，我们在微服务中放置了大量的配置项，既有必不可少的网络和数据存储系统连接参数，也有很多内存池、连接池、线程池等优化参数，以及分流、限流、断流的若干配置参数。这些配置的调整当然需要基于度量数据进行，让我们无须发布新的版本就可以对微服务做出及时有效的调整，满足业务需求。

### 7.3.1 关于配置的思考

关于配置，我们有各种各样的做法，有几个问题需要先想清楚：

1）**多还是少**。为了简单，配置当然越少越好；而为了灵活，配置当然越多越好。

2）**自动还是手动**。能自动当然不要手动，可是现实中少不了人工的参与。对于配置属性进行添加、修改和删除，最好是一次修改，到处可用。

3）**推送还是拉取**。推送与拉取取决于工作量的多少和对意外情况的控制。当服务器数量较多、分布较广、状态不一的时候，使用推送的方法会有问题，不一定能推送到目标服务器上，因为目标服务器可能并未启动，或者网络状态不可达，所以拉取的方式更好一点。当然不必每次都去配置仓库、配置服务或配置文件里读取，而是要按需读取。采用“订阅 – 通知 – 读取”是比较好的方式。

4）**内部还是外部**。内部配置宜多一点，外部配置宜少一点。具体来说，对外的、提供给一般使用者的要尽量简单，尽量少；而对内的、提供给高级管理员或开发者自己的配置，可以适当多一点，最好分出层次，不要堆积在一起。推荐使用两个（套）配置文件，一个供开发工程师内部调整参数使用，另一个由运维人员或客户自己更改配置。如果使用配置表，也可以参考类似的方法。

另外一个问题是配置文件或数据要不要和代码放在一起。建议分开存放，不要都放在一起，代码和默认配置放在一个代码仓库里，配置信息放在另外一个代码仓库里。把配置放在软件代码之外的好处是更改配置信息时无须发布新的服务版本，从而尽量保持服务核心代码的稳定。

5）**集中式还是分布式**。集中式比较简单，要注意不要有单点失败，不支持对于跨数据中心的灾难恢复，受网络故障的影响比较大。分布式相对复杂一点，要注意 SSoT（Single Source of Truth），以一处的配置数据为黄金数据，其他各处及时同步。同时要有对于网络同步不及时的应对措施。

这 5 个问题没有标准答案，需要我们自己做出权衡，根据所做的微服务的规模和特点做出选择。可以先选择比较简单的方案，再根据需要逐步改进。

### 7.3.2 配置的版本管理

所有创建软件时用的工具都应该纳入版本控制。

- 源代码。
- 测试脚本。
- 数据库脚本。
- 构建和部署脚本。
- 文档。文档建议用 Markdown 或者 reStructuredText 来编写。而包括各类图表的文档，建议在存储图像文件的同时也保存生成图片的脚本文件。[1]
- 依赖的库及工具。建议使用 pom.xml 之类的依赖管理文件，或者 git sub module。依赖当然越少越好，可是如果已有成熟强大的库及工具能做一些通用的事，应用程序应省则省，将应用逻辑聚焦在业务逻辑上。
- 配置文件及脚本。
- 初始化数据。

这些东西都应该纳入版本控制，最好放在一个代码仓库中。如前所述，推荐将部署脚本、配置文件及脚本、初始化数据存放于一个单独的仓库中，这样代码由开发人员维护，配置文件及部署脚本可由运维人员维护。

### 7.3.3 配置的载体

配置信息放在哪儿呢？最熟悉的配置信息包括环境变量、配置文件、注册表或者数据库。

#### 1. 环境变量

环境变量是一切和环境相关的配置，比如网络 IP、数据库地址、数据文件目录等。

#### 2. 配置文件

配置文件是最方便、最常用的配置载体。配置文件的格式也是五花八门的：ini、properties、json、xml、yaml，还有像 Lua、Python、Ruby 这样的脚本语言。这些直接用一个单独的脚本表示就好了。在一些特定领域，用 DSL 领域特定语言的配置更加容易理解。

在实践中，最好在读取配置文件之后，将其配置信息建模。以 Python + JSON 举个简单的例子。有一个在线课程系统，为每个注册用户建立一个配置文件，如下所示：

```
{
    "username": "walter",
    "password": "xxx",
    "email": "walter@xxx.com",
    "courses": [  ],
    "scores": {  }
}
```

对应的 Python 程序如下：

```
import json
```

---

[1] 参见 https://www.websequencediagrams.com、http://yuml.me，以及 plantUML 之类的绘图软件。

```
import os
import sys

class UserConfig:
    def __init__(self, json_file):

        self.read_config(json_file)

        self.username = self.config_data['username']
        self.password = self.config_data['password']
        self.email = self.config_data['email']

    def read_config(self, json_file):
        json_data=open(json_file)
        self.config_data = json.load(json_data)

    def dump_config(self):
        print self.config_data
        print "username=", self.username
        print "password=", self.password
        print "email=", self.email

if __name__ == "__main__":
    args = sys.argv
    usage = "usage: python %s  <config_file>" % args[0]

    argc = len(args)
    if(argc < 2):
        print usage
    else:
        json_file = args[1]
        print("* the json config file is " + args[1])
        config = UserConfig(json_file)
        config.dump_config()
```

执行结果如下：

```
$ python user_config.py user_config.json
* the json config file is user_config.json
{u'username': u'walter', u'courses': [], u'password': u'xxx', u'email': u'walter@
xxx.com', u'scores': {}}
username= walter
password= xxx
email= walter@xxx.com
```

### 3. 配置数据库

数据库常用来存储复杂的配置，在建立复杂关系方面优势明显。配置数据库表最常用的表结构就是经典的键值对（key/value）形式，如表 7-2 所示。

表 7-2 配置数据库表

| 列 名 | 类 型 | 备 注 |
| --- | --- | --- |
| id | uuid | 配置项的标识 |
| name | varchar(256) | 配置项的名称 |
| value | varchar(256) | 配置项的值 |
| create_time | timestamp | 配置项的创建时间 |
| update_time | timestamp | 配置项的修改时间 |

当然 Cassandra、Redis 等 NoSQL 系统也采用了一样的做法。

### 7.3.4 环境管理

一般来说，我们可以用很多不同的测试环境和产品环境来发布服务。常用的环境有如下几种：

- 实验开发环境（lab env）
- Alpha 测试环境（ats env）
- Beta 测试环境（bts env）
- 产品线环境（production env）

每种环境会有多台服务器协同工作，手工配置显然太麻烦，于是众多配置管理的运维工具应运而生。例如：

- Ansible
- Chef
- Fabric
- Puppet
- SaltStack

Puppet 以前用得很多，而最近 Ansible 比较常用。在比较简单的场合，笔者更喜欢用轻量级的 Fabric。更多信息可见我的博文《程序员瑞士军刀之 Fabric》[1]和 Fabric 的官方网站[2]。

### 7.3.5 配置微服务

把具体的配置项及业务相关的配置信息包装成资源，以 REST API 的形式暴露读取和修改接口。大型系统中的复杂的配置甚至可以单独作为一个微服务存在，如图 7-7 所示。

配置微服务的好处在于可以将配置信息很好地进行建模，在 API 层面就嵌入 AAA 管理，即 Authentication（认证）、Authorization（授权）和 Auditing（审计），防止非法操作。

可以基于 API 将配置流程自动化，以服务作为配置数据的真正单一源头 SSoT（Single Source of Truth）提供订阅和通知服务，在配置有改动时立即通知其他相关的微服务和系统。

[1] https://www.jianshu.com/p/e7623533e886

[2] http://www.fabfile.org

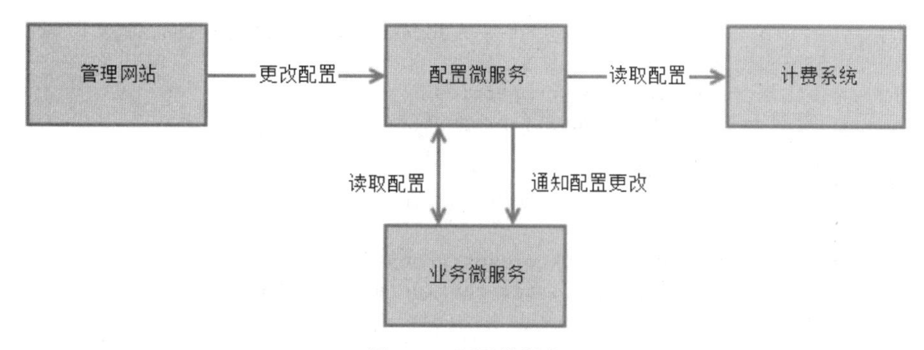


图 7-7　配置微服务

很多开源项目都可以用来构建配置微服务，如表 7-3 所示。

**表 7-3　配置微服务的开源项目**

| 项　　目 | 组织 / 社区 | 语　言 | 特　　点 |
| --- | --- | --- | --- |
| Consul | Hashicorp | Go | 提供键值存取、服务发现和服务配置管理功能，提供好用的命令行和网页界面 |
| ZooKeeper | Apache | Java | 老牌产品，经久耐用，提供集中式的服务接口，可用于分布式系统中配置信息，服务注册信息的同步，使用 ZAB 协议 |
| Etcd | Coreos | Go | 提供服务发现和分布式键值存取功能，使用 Raft 协议，速度快，安装配置容易、简单 |
| Eureka | Netflix | Java | 提供服务发现和分布式键值存取功能，并提供服务器端动态刷新 |
| Spring Cloud Config | Spring | Java | Spring Cloud 大家庭中的一员，和其他 Spring 项目无缝集成，后端可以用文件系统、git、Eureka 和 Consul |

## 7.3.6　配置管理实例

### 1. 基于 Spring Cloud Config 远程读取配置

Spring Cloud Config 很灵活，配置信息可以使用本地文件系统，也可以从远程 git 仓库中拉取，从 Database 及 key-value 系统获取，或者与 Eureka、Consul 这样的系统集成。

建立一个微服务 potato-config service。主要文件如下：

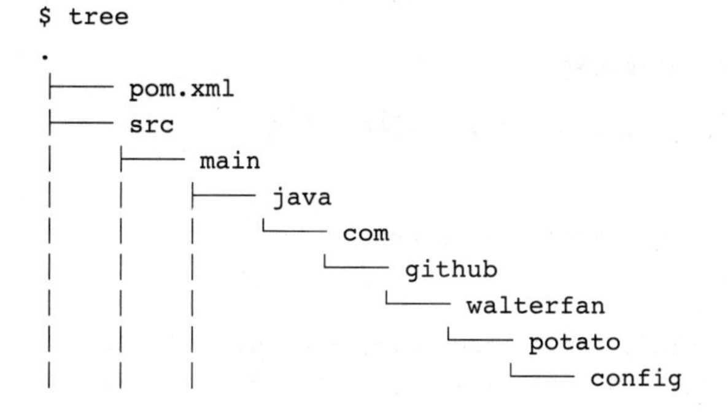

```
$ tree
.
├── pom.xml
├── src
│   ├── main
│   │   ├── java
│   │   │   └── com
│   │   │       └── github
│   │   │           └── walterfan
│   │   │               └── potato
│   │   │                   └── config
```

```
│   │   │                       └── PotatoConfigApplication.java
│   │   └── resources
│   │       ├── application.properties
│   │       ├── potato-identity.properties
```

在 pom.xml 中加入以下内容：

```
<dependency>
    <groupId>org.springframework.cloud</groupId>
    <artifactId>spring-cloud-starter-config</artifactId>
</dependency>

<dependency>
    <groupId>org.springframework.cloud</groupId>
    <artifactId>spring-cloud-config-server</artifactId>
</dependency>
```

主文件为 PotatoConfigApplication.java，主要就是 EnableConfigServer，内容如下：

```
package com.github.walterfan.potato.config;

import org.springframework.boot.SpringApplication;
import org.springframework.boot.autoconfigure.SpringBootApplication;
import org.springframework.cloud.config.server.EnableConfigServer;
// 声明这是一个 Spring Cloud Config Server
@EnableConfigServer
@SpringBootApplication
public class PotatoConfigApplication {

    public static void main(String[] args) {
        SpringApplication.run(PotatoConfigApplication.class, args);
    }

}
```

配置文件为 application.propereis，主要是指定端口和其他配置文件的路径，内容如下：

```
server.port=8888
spring.profiles.active=native
sprint.cloud.config.server.native.searchLocation=classpath:/

management.endpoints.web.exposure.include=*
```

potato-identity.properties 则是服务 potato-identity 的配置属性，内容如下：

```
connect.database=userservice
spring.datasource.url=jdbc:mysql://localhost:3306/userservice
spring.datasource.username=walter
spring.datasource.password=pass1234
spring.jpa.properties.hibernate.dialect=org.hibernate.dialect.MySQL5Dialect
spring.jpa.hibernate.naming-strategy=org.hibernate.cfg.ImprovedNamingStrategy
```

在浏览器中输入 localhost:8888/potato-identity.proper-ties 后，可以看到如下配置：

```
connect.database: userservice
spring.datasource.password: pass1234
spring.datasource.url:jdbc:mysql://localhost:3306/userservice
Spring.datasource.username: walter
spring.jpa.hibernate.naming-strategy:org.hibernate.cfg.ImprovedNamingStrategy
spring.jpa.properties.hibernate.dialect: org.hibernate.dialect.MySQL5Dialect
```

另外写一个 potato-identity 服务，主程序中有一些 DB 参数的配置。代码如下：

```
package com.github.walterfan.potato.identity;

import org.flywaydb.core.Flyway;
import org.springframework.beans.factory.annotation.Value;
import org.springframework.boot.SpringApplication;
import org.springframework.boot.autoconfigure.SpringBootApplication;
import org.springframework.cloud.client.discovery.EnableDiscoveryClient;

import org.springframework.context.annotation.Bean;

@SpringBootApplication
@EnableDiscoveryClient
public class PotatoIdentityApplication {
    @Value("${spring.datasource.url}")
    private String url;

    @Value("${spring.datasource.username}")
    private String username;

    @Value("${spring.datasource.password}")
    private String password;

    @Value("${connect.database}")
    private String database;


    @Bean(initMethod = "migrate")
    public Flyway flyway() {
        String urlWithoutDbName = url.substring(0, url.lastIndexOf("/"));
        Flyway flyway = new Flyway();
        flyway.setDataSource(urlWithoutDbName, username, password);
        flyway.setSchemas(database);
        flyway.setBaselineOnMigrate(true);
        return flyway;
    }
    public static void main(String[] args) {
        SpringApplication.run(PotatoIdentityApplication.class, args);
    }

}
```

只要在配置文件中指明配置服务器在哪里即可：

```
spring.application.name=potato-identity
spring.cloud.config.uri=http://localhost:8888
server.port=9001
```

启动后它就会从配置服务器中读取数据。

## 2. 通过 Consul 进行配置管理

首先用 Docker 来启动 consul。

```
docker run -d \
    -p 8500:8500 -p 8600:8600/udp \
    --name=potato-consul \
    consul agent -server \
    -ui -node=consul-server-1 \
    -bootstrap-expect=1 -client=0.0.0.0
```

在 src/main/resources 目录中添加 bootstrap.yml：

```
server:
    port: 9003
spring:
    application:
        name: potato-web
    cloud:
        consul:
            host: 10.224.112.67
            port: 8500
            config:
                enabled: true
                #format: properties
```

在 consul 中添加配置属性，如图 7-8 所示。

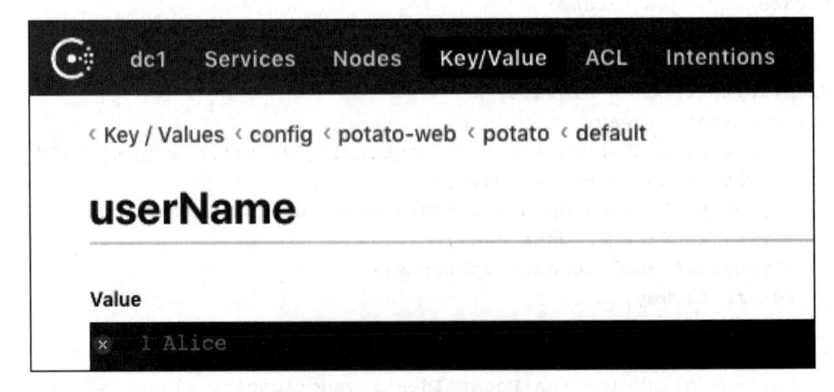


图 7-8　Consul 配置项

我们所引用的配置属性会从 consul 上拉取相应属性的值。

```
@Controller
public class HomeController {
    @Value("${potato.default.userName:Walter}")
    private String defaultUserName;
    @Value("${potato.default.userId:53a3093e-6436-4663-9125-ac93d2af91f9}")
    private String defaultUserId;

    @RequestMapping(path = {"/"})
    public String welcome(Model model) {
        model.addAttribute("message", defaultUserName + ",  welcome to potato
workshop at " + new Date());
        return "welcome";
    }
```

打开 http://localhost:9005/，所显示的欢迎消息从

```
Walter, welcome to potato workshop at Sun Oct 27 23:26:35 CST 2019
```

变成了

```
Alice, welcome to potato workshop at Sun Oct 27 23:26:35 CST 2019
```

## 7.4 开源组件的度量

同业界需要其他的微服务一样，土豆微服务也采用了一些开源组件，例如，用 Redis 帮助提高耗时操作的缓存速度，用 Kafka 来中转和分发度量数据。这些开源组件本身也都需要监控起来。这里简要介绍一下对于 Redis、Kafka 和 Cassandra 这 3 个开源组件的监控和度量。

### 7.4.1 对 Redis 的度量

Redis 是当前比较热门的 NoSQL 缓存系统，它有很多 Monitor 工具，但是基本原理都是使用 redis 自带的 info all 命令获取信息然后进行展示：

```
127.0.0.1:7001> info all
# Server
redis_version:3.2.8
redis_git_sha1:00000000
redis_git_dirty:0
redis_build_id:7599ffb66fcadaf8
redis_mode:cluster
# 省略余下的度量数据
```

另外，自 Redis 3.0 支持 cluster 模式后，对于 cluster 的监控信息可以使用 cluster info 命令来展示：

```
127.0.0.1:7001> cluster info
```

```
cluster_state:ok
cluster_slots_assigned:16384
cluster_slots_ok:16384
cluster_slots_pfail:0
cluster_slots_fail:0
cluster_known_nodes:6
cluster_size:3
cluster_current_epoch:6
cluster_my_epoch:4
cluster_stats_messages_sent:276455
cluster_stats_messages_received:276455
```

其度量指标有很多，主要指标如下：

1）启动了多久（uptime_in_seconds）。

2）速率（redis_instantaneous_ops_per_sec）。

3）连接客户端数（redis_connected_clients "gauge"）。

4）当前机器是从服务器（slave）还是主服务器（master），例如 role:slave。

5）最大占用内存，也就是用户存储数据的峰值大小，例如 used_memory_peak_human:988M。

对于 Redis 的监控而言，基本方案就是使用 info all 和 cluster info 命令来获取内存、CPU、复制、Key 状态等多种类型数据，从而进行收集和展示。

这里介绍前文提到的 Metric Beat 方案，它有很多针对不同开源组件的监控模块，使用 Redis 监控模块即可调用上述提到的两个命令进行 Redis 的度量数据收集。具体做法是在 Metric Beat 配置文件中配置好 Redis 主机，如下所示：

```
metricbeat.modules:
- module: redis
    metricsets: ["info", "keyspace"]
    enabled: true
    period: 10s

    # Redis hosts
    hosts: ["127.0.0.1:6379"]

# 省略其他配置
```

自动化产生仪表盘后，就会自动绘制很多与 Redis 相关的监控图标，如图 7-9 所示。

这是 Redis 的服务器端的度量，对于使用 Redis 的微服务也应该对其客户端进行度量。以当前最流行的 Redis 的 Java 客户端工具库 Jedis 为例，可以在应用层做些记录，例如记录访问 Redis 的耗时，还可对于 Jedis 使用的连接池 apache common pool 进行度量，打开其 JMX 的信息输出：

```
org.apache.commons.pool2.impl.BaseGenericObjectPool.BaseGenericObjectPool(BaseObjectPoolConfig, String, String)
```

```
        if (config.getJmxEnabled()) {
            this.oname = jmxRegister(config, jmxNameBase, jmxNamePrefix);
        } else {
            this.oname = null;
        }
```

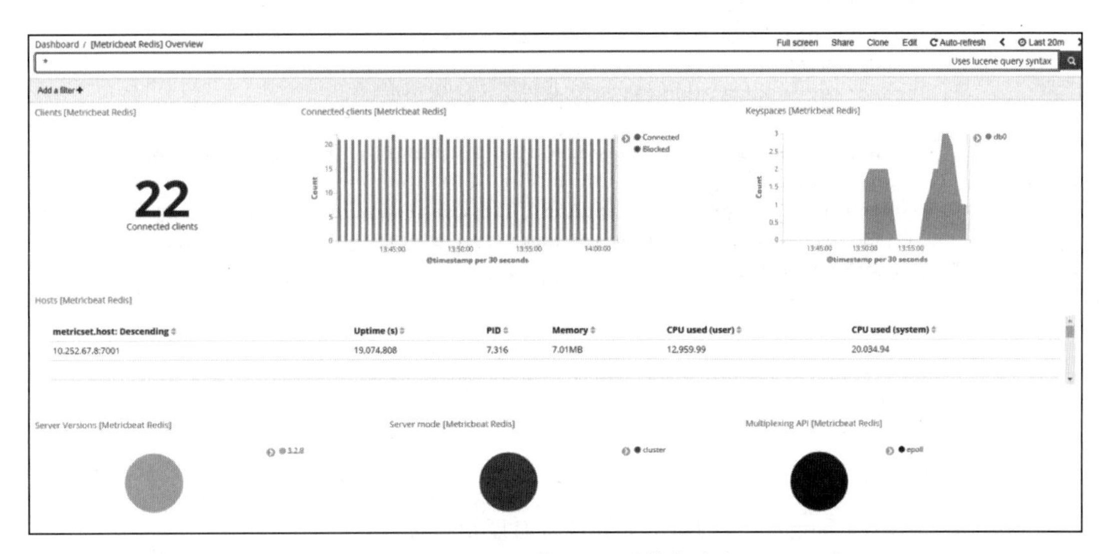


图 7-9　Kibana 中 Redis 监控仪表盘

而 org.apache.commons.pool2.impl.BaseObjectPoolConfig.jmxEnabled 默认为 true。

可以使用配置文件来配置 pool（包括关闭 JMX），并使用代码来使用配置。创建配置文件如下：

```
#pool configure

pool.maxTotal=20
pool.maxIdle=4

# 启用或者关闭 JMX 开关
pool.jmxEnabled=true

pool.testOnCreate=false
pool.testOnBorrow=false
pool.testOnReturn=false

pool.blockWhenExhausted=true
pool.maxWaitMillis=1000
```

使用代码来构建 pool config，新建一个对象，方便扩展定制：

```
public class RedisObjectPoolConfig extends GenericObjectPoolConfig{
}
```

基于配置，使用 apache common config 构建出 RedisObjectPoolConfig：

```
public RedisObjectPoolConfig getPoolConfig() {
    RedisObjectPoolConfig redisObjectPoolConfig = new RedisObjectPoolConfig();

    String prefix = "pool";
    Iterator<String> keys = this.getKeys(prefix);
    while (keys.hasNext()) {
        String key = keys.next();
        try {
            BeanUtils.setProperty(redisObjectPoolConfig, key.substring(prefix.
length() + 1), getProperty(key));
        } catch (IllegalAccessException | InvocationTargetException e) {
            throw new ConfigLoadException("[redis config]load pool config for redis
fail for: " + e.getMessage(),
                    e);
        }
    }

    return redisObjectPoolConfig;

}
```

这样就可以使用 Jconsole 等 JMX 工具来查看度量指标。

## 7.4.2 对 Kafka 的度量

对于 Kafka 的监控，可以通过以下 3 个信息来源来获取监控信息。

### 1. ZooKeeper

Kafka 在低版本时，元信息主要存储在 ZooKeeper 中，所以监控信息主要就是读取 ZooKeeper 中的信息，例如使用 ZooKeeper GUI 可以获取到配置、brokers、consumers 等信息。

### 2. Kafka Topic

在 0.9 版本后，为了确保可扩展性和灵活性（克服 ZooKeeper 在扩展性上的缺陷），offest 等一部分重要信息不放在 ZooKeeper 上，而是由 Kafka 内部 Topic（_consumer_offsets）自己保存，这样一些很重要的监控信息来源于 Kafka 内部，可直接通过 Kafka Client 来读取 Topic 的信息（例如消费的一些信息）。

### 3. JMX

同时 Kafka 还有一些很重要的处理过程中的信息通过 JMX 来暴露出来，例如，Kafka-RequestHandler.scala 中存储的一些重要信息。

对于 Kafka 服务器的监控，上面已经提及可以通过 3 方面的信息来源来收集数据，除了使用 JMX 来获取信息外，还可以通过 ZooKeeper Client 和 Kafka 分别获取更多的信息。所以对于 Kafka 的监控需要更加综合的工具。需求推动生产，许多对于 Kafka 的专门监控方案应运而生，例如 kafka webconsole、kafka-manager、kafka offsetMonitor，综合比较三者，kafka-manager 由于集成了 Kafka 集群的管理功能，同时还处于维护状态，应用范围也最广泛，所以更适用于产品线环境。

这里主要使用流行的 kafka-manager 对土豆微服务依赖的 Kafka 进行度量。主要步骤如下。

1）安装 kafka-manager：

```
git clone https://github.com/yahoo/kafka-managercd kafka-manager
cd kafka-manager
sbt clean distcd target/
```

2）配置 kafka-manager。

配置目录位于 kafka-manager 主目录 conf/application.properties 中，主要是配置 ZooKeeper 的连接信息，如下所示：

```
# if the zk is cluster, config multi ips
kafka-manager.zkhosts="10.224.2.101:2181"
```

3）启动 kafka-manager：

```
nohup bin/kafka-manager &
```

4）使用 kafka-manager 来观察 Kafka 集群。例如，观察一些重要信息，如 Topic Metics 和 Brokens 信息，如图 7-10 和图 7-11 所示。

Metrics

| Rate | Mean | 1 min | 5 min | 15 min |
|---|---|---|---|---|
| Messages in /sec | 0.12 | 0.12 | 0.13 | 0.11 |
| Bytes in /sec | 94.72 | 0.1k | 0.1k | 90.58 |
| Bytes out /sec | 0.00 | 0.00 | 0.00 | 0.00 |
| Bytes rejected /sec | 0.00 | 0.00 | 0.00 | 0.00 |
| Failed fetch request /sec | 0.00 | 0.00 | 0.00 | 0.00 |
| Failed produce request /sec | 0.00 | 0.00 | 0.00 | 0.00 |

图 7-10 kafka-manager 中 Topic Metics 的信息

Kafka 流行的 Java 客户端是其自带的 Kafka Client 的，同样，类似前面的 jedis 等开源 Java 客户端，其度量指标也可以通过 JMX 来暴露和收集。例如，SenderMetricsRegistry.java 记录了两大类 Metric 信息：客户端级别和 Topic 级别，代码如下。

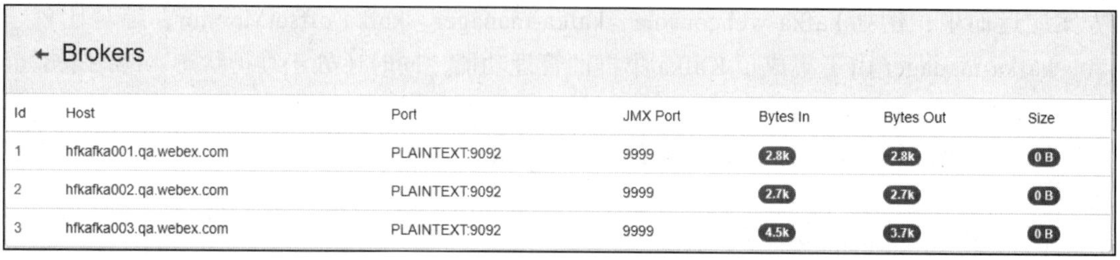

← Brokers

| Id | Host | Port | JMX Port | Bytes In | Bytes Out | Size |
|---|---|---|---|---|---|---|
| 1 | hfkafka001.qa.webex.com | PLAINTEXT:9092 | 9999 | 2.8k | 2.8k | 0 B |
| 2 | hfkafka002.qa.webex.com | PLAINTEXT:9092 | 9999 | 2.7k | 2.7k | 0 B |
| 3 | hfkafka003.qa.webex.com | PLAINTEXT:9092 | 9999 | 4.5k | 3.7k | 0 B |

图 7-11　kafka-manager 中 brokers 度量信息

```
/***** Client level *****/

this.batchSizeAvg = createMetricName("batch-size-avg",
    "The average number of bytes sent per partition per-request.");
this.batchSizeMax = createMetricName("batch-size-max",
    "The max number of bytes sent per partition per-request.");
this.compressionRateAvg = createMetricName("compression-rate-avg",
    "The average compression rate of record batches.");
this.recordQueueTimeAvg = createMetricName("record-queue-time-avg",
    "The average time in ms record batches spent in the send buffer.");
this.recordQueueTimeMax = createMetricName("record-queue-time-max",
    "The maximum time in ms record batches spent in the send buffer.");
this.requestLatencyAvg = createMetricName("request-latency-avg",
    "The average request latency in ms");
this.requestLatencyMax = createMetricName("request-latency-max",
    "The maximum request latency in ms");
this.recordSendRate = createMetricName("record-send-rate",
    "The average number of records sent per second.");
this.recordSendTotal = createMetricName("record-send-total",
    "The total number of records sent.");
this.recordsPerRequestAvg = createMetricName("records-per-request-avg",
    "The average number of records per request.");
this.recordRetryRate = createMetricName("record-retry-rate",
    "The average per-second number of retried record sends");
this.recordRetryTotal = createMetricName("record-retry-total",
    "The total number of retried record sends");
this.recordErrorRate = createMetricName("record-error-rate",
    "The average per-second number of record sends that resulted in errors");
this.recordErrorTotal = createMetricName("record-error-total",
    "The total number of record sends that resulted in errors");
this.recordSizeMax = createMetricName("record-size-max",
    "The maximum record size");
this.recordSizeAvg = createMetricName("record-size-avg",
    "The average record size");
this.requestsInFlight = createMetricName("requests-in-flight",
    "The current number of in-flight requests awaiting a response.");
this.metadataAge = createMetricName("metadata-age",
    "The age in seconds of the current producer metadata being used.");
this.batchSplitRate = createMetricName("batch-split-rate",
    "The average number of batch splits per second");
```

```
    this.batchSplitTotal = createMetricName("batch-split-total",
        "The total number of batch splits");

    this.produceThrottleTimeAvg = createMetricName("produce-throttle-time-avg",
        "The average time in ms a request was throttled by a broker");
    this.produceThrottleTimeMax = createMetricName("produce-throttle-time-max",
        "The maximum time in ms a request was throttled by a broker");

    /***** Topic level *****/
    this.topicTags = new LinkedHashSet<>(tags);
    this.topicTags.add("topic");

    this.topicRecordSendRate = createTopicTemplate("record-send-rate",
        "The average number of records sent per second for a topic.");
    this.topicRecordSendTotal = createTopicTemplate("record-send-total",
        "The total number of records sent for a topic.");
    this.topicByteRate = createTopicTemplate("byte-rate",
        "The average number of bytes sent per second for a topic.");
    this.topicByteTotal = createTopicTemplate("byte-total",
        "The total number of bytes sent for a topic.");
    this.topicCompressionRate = createTopicTemplate("compression-rate",
        "The average compression rate of record batches for a topic.");
    this.topicRecordRetryRate = createTopicTemplate("record-retry-rate",
        "The average per-second number of retried record sends for a topic");
    this.topicRecordRetryTotal = createTopicTemplate("record-retry-total",
        "The total number of retried record sends for a topic");
    this.topicRecordErrorRate = createTopicTemplate("record-error-rate",
        "The average per-second number of record sends that resulted in errors for a
topic");
    this.topicRecordErrorTotal = createTopicTemplate("record-error-total",
        "The total number of record sends that resulted in errors for a topic");
```

### 7.4.3　对 Cassandra 的度量

Cassandra 也是当下比较流行的分布式结构化数据存储方案，根据 improgrammer 的 2019 NoSQL 排名，Cassandra 在排行榜中排名第二，仅次于 MongoDB。

Cassandra 虽然能通过其自带的工具 nodetool 获取各种各样的信息，但毕竟是一个命令行工具，所以并不适合做监控方案。所以实际上，Cassandra 的监控信息主要是通过 JMX 来暴露的。可参考 Cassandra 的以下一段源码来体会它如何使用 JMX 记录各种类型的信息。

```
public voidregisterMBean(Metric metric, ObjectName name)
{
    AbstractBean mbean;

    if (metric instanceof Gauge)
    {
```

```
            mbean = newJmxGauge((Gauge<?>) metric, name);
        } else if (metric instanceofCounter)
        {
            mbean = newJmxCounter((Counter) metric, name);
        } else if (metric instanceofHistogram)
        {
            mbean = newJmxHistogram((Histogram) metric, name);
        } else if (metric instanceof Meter)
        {
            mbean = newJmxMeter((Meter) metric, name, TimeUnit.SECONDS);
        } else if (metric instanceof Timer)
        {
            mbean = newJmxTimer((Timer) metric, name, TimeUnit.SECONDS, TimeUnit.
MICROSECONDS);
        } else
        {
            throw newIllegalArgumentException("Unknown metric type: " + metric.
getClass());
        }

        try
        {
            mBeanServer.registerMBean(mbean, name);
        } catch (Exception ignored) {}
    }
```

记录信息后，读取 JMX 的信息就可以获取想要监控的信息。例如，使用 MX4J 获取 Cassandra 中的 JMX 信息，效果如图 7-12 所示。

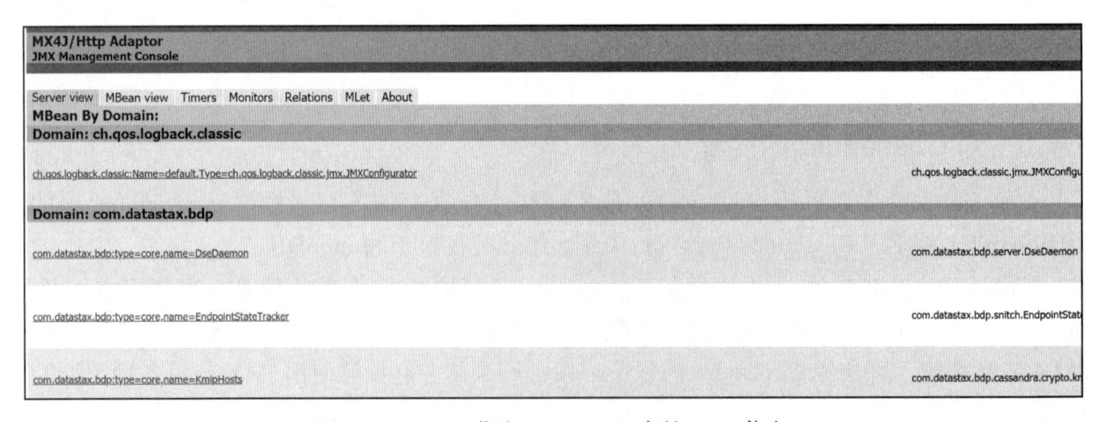


图 7-12　MX4J 获取 Casssandra 中的 JMX 信息

这种 MX4J 方式的缺点是没有历史记录，而当前比较流行的监控 Cassandra 的方式是使用 ops center。它不仅是度量指标的展示平台，也是集群管理工具，记录的度量指标信息也会存储到 Cassandra 当中，可以做历史查询。如图 7-13 和图 7-14 所示是一些比较重要的度量指标。

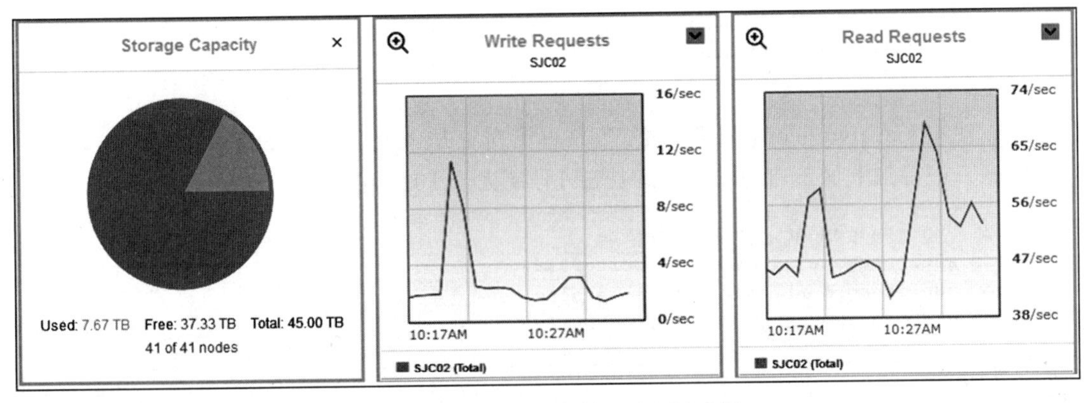


图 7-13　Cassandra 存储和读写请求量

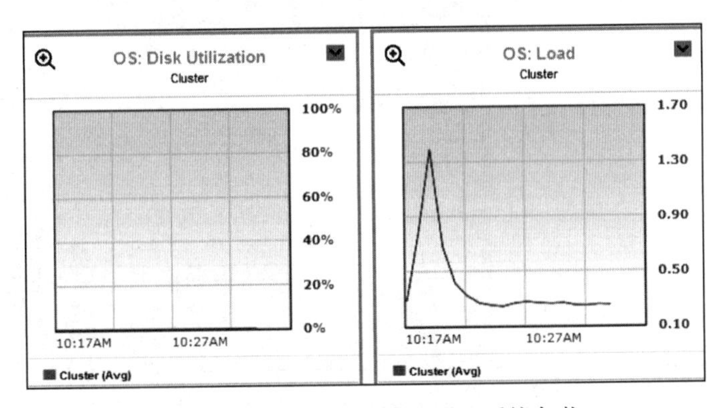


图 7-14　Cassandra 磁盘用量和系统负载

使用 Cassandra 的微服务最多的客户端是 Datastax Cassandra Driver，它启用了 JMX 以及 JMX Report 功能，提供了丰富的性能监控功能。

以下是 com.datastax.driver.core.Cluster.Builder 代码。

```
private boolean metricsEnabled = true;

private boolean jmxEnabled = true;

metricsEnabled ? new MetricsOptions(jmxEnabled) : null
```

可以发现，在代码中它报告了许多度量信息。

```
private final Timer requests = registry.timer("requests");

private final Gauge<Integer> knownHosts = registry.register("known-hosts", new
Gauge<Integer>()

private final Gauge<Integer> connectedTo = registry.register("connected-to", new
Gauge<Integer>()
```

```
    private final Gauge<Integer> openConnections = registry.register("open-
connections", new Gauge<Integer>()
    //省略余下代码
```

可以使用 visualvm/jconsole 等 JMX 工具直接查看 MBean 中暴露的度量指标。

注意，记得加上如下启动参数（其中端口号要大于 1024）：

```
-Dcom.sun.management.jmxremote=true
-Dcom.sun.management.jmxremote.port=9999
-Dcom.sun.management.jmxremote.ssl=false
-Dcom.sun.management.jmxremote.authenticate=false
```

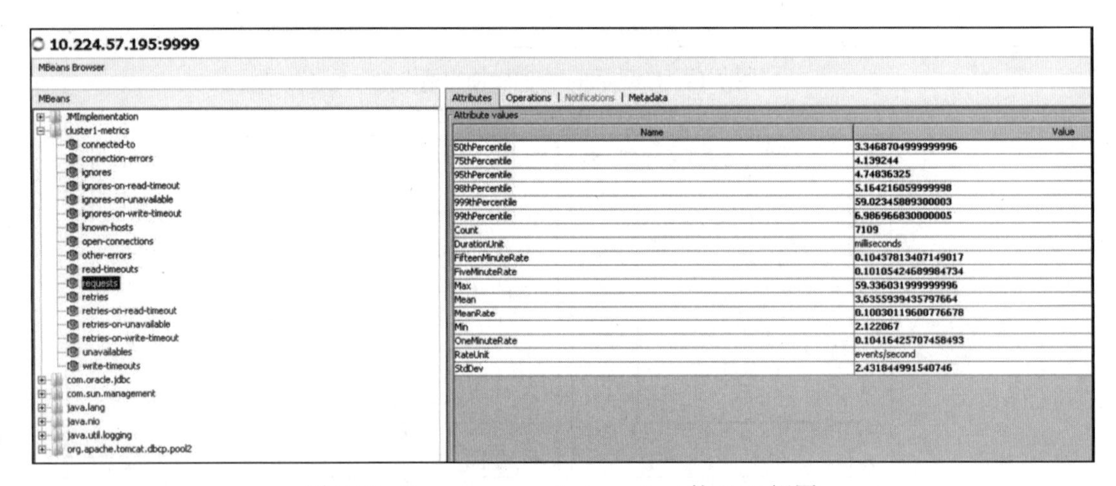


图 7-15　Datastax cassandra java client 的 JMX 视图

通过这些度量指标，可以知道我们的微服务与 Cassandra 建立了多少连接，接收到多少请求，请求失败率，请求的处理的平均时间、最大时间、最小时间等，对于性能监控很有用。

## 7.5　土豆微服务的运维示例

整个土豆微服务的部署结构如图 7-16 所示。

通过 Puppet、Ansible 之类的自动化部署工具，我们可以非常方便地将微服务的制成品（rpm 包、jar/war 包、Docker 镜像包）等部署到目标服务器上。而利用 Docker 我们可以进一步简化，下面以 Potato Web 微服务为例说明。

1）将 Potato Web 服务打包为 Docker 镜像。

Dockerfile 如下：

```
FROM java:8

MAINTAINER Walter Fan
```

```
VOLUME /tmp

RUN mkdir -p /opt

ADD ./target/web-0.0.1-SNAPSHOT.jar /opt/potato-web.jar

EXPOSE 9005

ENTRYPOINT ["java", "-jar", "/opt/potato-web.jar"]
```

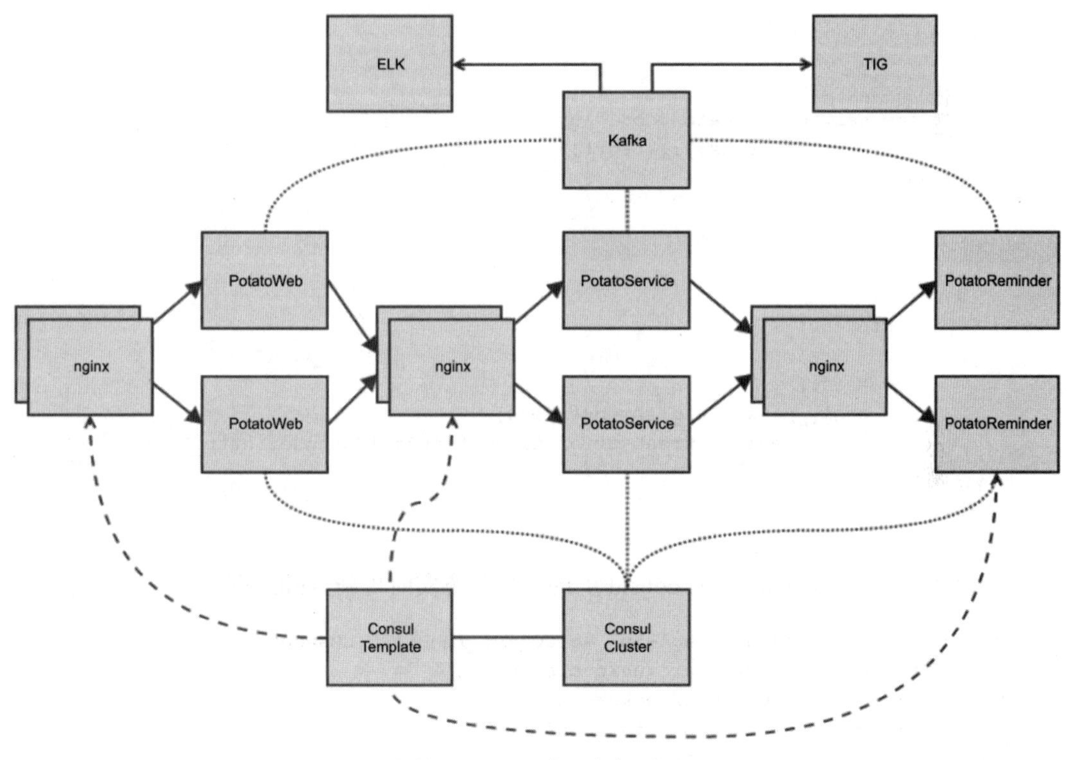


图 7-16　土豆微服务部署图

执行如下命令进行打包：

```
docker build -t walterfan/potato-web:0.0.1 ./potato-web
docker tag walterfan/potato-web:0.0.1 walterfan/potato-web:latest
docker run  --name potato-web --rm walterfan/potato-web potato-web
```

2）使用 consul 作为服务发现工具。

```
docker run -p 8500:8500 --name=potato-consul --rm \
consul agent -server -bootstrap-expect 1 \
-node=consul-server-1  -client=0.0.0.0 -ui
```

3）使用 registrator 将服务注册到 consul 上。

```
docker run --rm --name=registrator --net=host \
    -v /var/run/docker.sock:/tmp/docker.sock gliderlabs/registrator:latest \
    -internal=true \
    consul://`docker inspect potato-consul --format {{.NetworkSettings.Networks.
bridge.IPAddress}}`:8500
```

4）使用 Nginx 作为反向代理。

```
docker run --name nginx --rm -p 80:80 -v `pwd`/nginx_config:/etc/nginx/conf.d
nginx
```

Consule 模块文件如下。

```
upstream webservers {
    {{range service "potato-web" "any"}}
        server {{.Address}}:{{.Port}} ;
    {{end}}
}


    server {
        listen 80;

        location / {
            proxy_pass  http://webservers;
            proxy_next_upstream error timeout invalid_header http_500;
        }

    }
```

5）使用 consul template 根据 consul 上的服务状态实时更新 Nginx 配置。

```
docker run --rm --name consul-tpl -e CONSUL_TEMPLATE_LOG=debug  \
-v /var/run/docker.sock:/var/run/docker.sock  \
-v /usr/bin/docker:/usr/bin/docker  \
-v `pwd`/nginx_config/:/tmp/nginx_config  \
hashicorp/consul-template \
-template "/tmp/nginx_config/simple.ctmpl:/tmp/nginx_config/simple.conf:docker  \
kill -s HUP nginx" \
-consul-addr `docker inspect consul --format {{.NetworkSettings.Networks.bridge.
IPAddress}}`:8500
```

生成的配置文件如下：

```
upstream webservers {

            server 172.17.0.5:9005 ;

            server 172.17.0.6:9005 ;
    }
```

```
        server {
            listen 80;


        location / {
            proxy_pass  http://webservers;
            proxy_next_upstream error timeout invalid_header http_500;
        }

    }
```

以上的土豆微服务只是一个小例子，实际的运维工作要复杂繁重得多，主要包括容量规划、部署升级或者回滚、配置调整、故障处理，从而保障服务在产品线上的稳定可靠。而这一切都离不开有效的监控和度量，否则我们的运维将失去信心和保证。尤其是微服务这一类的分布式系统，度量驱动运维是必由之路。

度量驱动的运维有如下要点。

- 未雨绸缪，预防为主：基于监控和度量数据提前做好规划和调整，故障的转移和恢复尽量做到自动化处理。
- 反应及时，用户第一：收到报警第一要务是尽快消除对用户的影响，快速部署或回滚服务，快速解决各种软硬件故障。

基本手段如下：

（1）实时监控和度量

每台服务器和重特性都要有全方位的监控和度量，除了系统和应用层面的度量收集报告，还要定时做健康检查，可以每分钟做一次。比较简单的做法是服务提供健康检查和API，通过调用这些API并检查其结果来判断服务是否可用，各项资源是否足够，是否需要做服务切换或故障通知。

（2）实时产品线自动化测试

大多数服务器都有一些基于TCP或UDP的心跳检查，以及基于SNMP事件的监控机制。笔者认为通过自动化测试脚本对产品线上的服务直接进行有针对性的测试效果最好，检查的粒度最细，也最能发现一些深层次的问题。

这些测试我们称之为TaP（Test against Production）测试，可以在我们写的API测试或端到端测试中挑出一些比较重要和稳定的自动化测试用例，在系统的某个空闲时段，直接在产品线上运行一系列有针对性的测试，一旦发现问题，立即触发报警。

（3）定时进行常规化维护

在系统度量数据和基础上，定期对日志文件进行归档，清理无用文件和数据库记录，定时重启服务器，以防止细微的内存泄露和内存碎片等。

（4）做好基于度量的自动分流、限流和断流

利用前面我们介绍过的这几种技术手段，自动进行故障的预防和处理，并及时报告给

值班人员。

（5）自动进行故障转移和灾难恢复

度量报警采用多维度、多层次、多种手段，保证在遇到突发的重大软硬件故障时，能及时地进行故障转移和灾难恢复，将服务切换到备份服务器、集群或数据中心上，并将故障详情和处理结果反馈给值班人员。

例如，我们收到过如下错误警报，结果都是有惊无险。

- 数据库磁盘快满了：DBA 收到磁盘空间报警，紧急删除过期的日志文件，同时创建 JIRA issue 进行日后扩容。
- 服务器宕机：收到健康检查报警，负载均衡自动从服务列表中剔除已经宕机的服务器，同时 PaaS 平台从服务器池中自动添加新的节点。
- 机房网络故障：收到健康检查和服务出错报警，我们在高可靠性设计时要求主从服务器不要部署在一个机架或机房中，全局服务器负载系统（Global Server Load Balancing，GSLB）从主集群切换到了从集群。
- 代码出现严重 bug：收到 500 internal error 的警报，值班的运维人员紧急关闭了新功能的特性开关（feature toggle）。

## 7.6 本章小结

微服务的运维是件很麻烦的事，涉及部署升级、监控报警、故障恢复等繁杂的事项，其目的就是保证持续地向用户提供可靠高效的服务。传统的监控系统主要关注系统级的指标，而只有针对微服务自身和业务 KPI 的全方位度量才能做好运维工作。度量驱动的运维是我们在事前、事中和事后对产品线上的服务做好运维工作的有效手段和关键技术。我们的微服务能够达到 3 个 9（99.9%）以上的高可用，度量功不可没。

**延伸阅读**

- 用 Consul 和 Nginx 做负载均衡，网址为 https://medium.com/ecs-digital/use-consul-as-a-load-balancer-with-nginx-b1f6f887677d。
- 用 Consul 和 Nginx 做服务发现，网址为 https://ifritltd.com/2017/11/03/service-discovery-with-consul-registrator-nginx/。

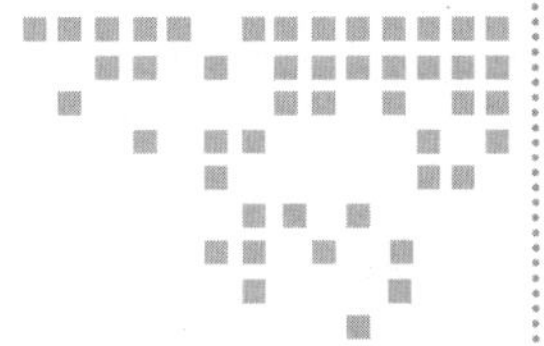

第 8 章 Chapter 8

# 全链路度量

多个微服务需要在一起协同工作为用户提供服务，度量必然要贯穿于应用的全程。在本章中我们重点讨论微服务的调用链路度量、从客户端到服务端的度量采集，并在最后对度量驱动的开发进行总结与展望。

## 8.1 微服务的调用链路度量

能够快速诊断问题是微服务不可或缺的特性，排查问题是每个开发运维人员的日常工作，经常会在这方面耗费大量时间和精力。服务器端尤其如此，有些偶发性的问题在本地难以重现，只有产品线上的日志可供分析。这时每个开发人员都变成了福尔摩斯，在蛛丝马迹之中寻找有价值的线索，演绎推理，大胆假设，小心求证。

以前对于一个单体服务，其服务器数量有限，只需要在有限的服务器上检查日志、分析问题即可。虽然单体服务的逻辑复杂，但毕竟波及的范围有限，处理得多了，也就熟能生巧了。但是微服务就不同了，消息在多台服务器之间流转，定位错误更加困难。一位开发人员往往只负责一两个微服务，在众多不熟悉的服务之间查找错误、定位发生故障的服务和节点并分析原因、制定解决方案，不能再靠以前的“三板斧”：查日志、读代码、做验证。

假设我们有 A、B、C、D、E 5 个微服务，服务于用户的一个业务请求，如图 8-1 所示。服务越多，相互调用链越复杂，仿佛一团乱麻，如图 8-2 所示。想要将其理清楚，可不是一件容易的事。

我们对消息在微服务之间的跳转必须有个宏观的把握。笔者总结为 3 个关键，5 个要点，3种标识。基于这些基本信息，我们就可以构建起一个调用链关系图，并借助于Elasticsearch和Hadoop等数据分析工具，高效地进行问题分析、诊断和排错。

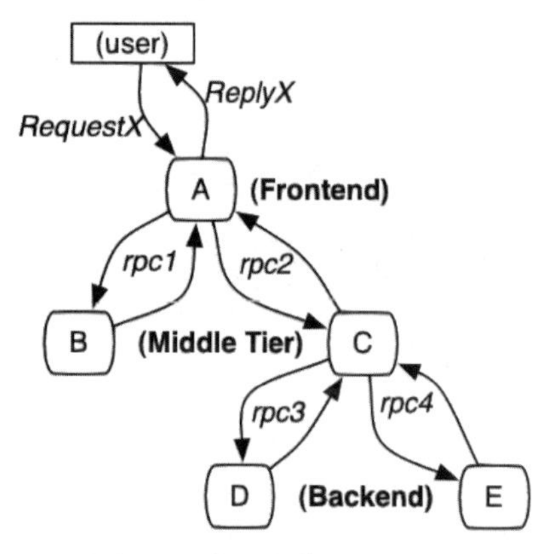


图 8-1　微服务典型调用链

图 8-2　一团乱麻的调用关系

### 8.1.1　3个关键信息

其实我们只要掌握了3个最关键的信息，也就大体掌握了对微服务的诊断方向。

#### 1. 关键路径（key path）

- 业务流程中会经过哪些节点，哪些服务参与了这个流程。
- 节点之间的网络拓扑、跳数，节点的地址，微服务的端点、ip、port。

#### 2. 关键度量（key metrics）

- API的调用次数，花费的时间，响应码，重点关注400、404、401、403、404、500、502、503、504及超时错误，每秒查询数QPS(Query Per Second）或每秒调用数CPS(Call Per Second)。
- 网络传输中的关键指标延迟、丢包、抖动、带宽等指标。
- 多媒体应用中的编码、码率、帧率、分辨率、加密与否。
- 数据库应用中的查询/更新次数、查询/更新时间、TPS（Transaction Per Second）。

#### 3. 关键事件（key event）

一个业务流程中调用了哪些服务API，发送或接收了哪些消息，最为关键的、可以衡量成功与否的事件是什么。

- eventName：事件名称。比如，即时通信中的出席（presence)、创建房间（createRoom)、加入房间（joinRoom)、离开房间（leaveRoom)，等等。
- eventTime：事件发生的时间。服务器端建议用GMT格林尼治时区的时间，便于计算和统计。

在整个流程中，哪些事件是不可或缺的，缺失或者发生错误不可接受的，我们要在流程分析中设置关键检查点。例如，远程教育中的进入课堂，退出课堂，发起或关闭通话，开启或关闭视频，媒体通道搭建成功与否，这些都是关键事件，在故障分析时应该设置相应的检查点。

### 8.1.2　5个要点

就如著名的保安三大问题："你是谁？你从哪里来？你到哪里去？"微服务在分布式系统中同样要关心消息的来龙去脉，有哪些事件？是如何传输的？大致说来，需要关心以下5个要点。

- 时间（timestamp）。
- 从哪里来（from）。
- 到哪里去（to）。
- 消息内容（messageContent）：type、name 等。
- 消息标识（messageID）：参见下节的 TrackingID、SpanID 及业务实体的 ID。

### 8.1.3　3种标识

#### 1. TrackingID 跟踪标识

我们需要将一个应用流程上的若干条消息串起来。这里通常需要一个跟踪标识，可以顺藤摸瓜，明确来龙去脉。通常我们叫它 TrackingID，它可以用 UUID 或者其他全局唯一的字符串来表示。一个 Trace 指一条调用链路，由一连串的请求组成。

#### 2. SpanID 跨度标识

SpanID 即跨度 ID，它是用来表示层级和顺序关系的标识。Span 跨度是一个基本的工作单元，多个 Span 组成一个 Trace。SpanID 也可以用 UUID 或者其他全局唯一的字符串来表示。通过 SpanID 可以查询到 Span 所包含的描述（annotation）、时间戳（timestamp）、标签（tag）。

例如有 A、B、C、D 4 个服务，相应调用链、跟踪（Trace）及跨度（Span）如图 8-3 所示。

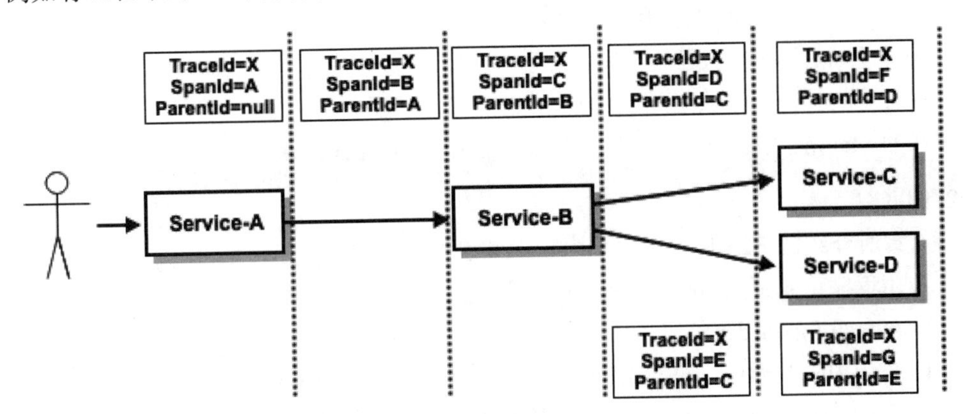


图 8-3　微服务中调用链的 Trace 和 Span

#### 3. Business Entity ID 业务实体标识

在具体业务领域，还会加上业务实体特定的标识，通过它来关联 TrackingID。

1）业务流水号，比如订单号、会议号等。

2）服务的标识信息，比如数据中心名、地区或集群名称、服务器地址、进程号等。

3）用户的标识信息，比如组织或租户号、用户号、学号等。

在写日志时需要注意不要记录用户的隐私信息，比如姓名、密码、电子邮件、手机号码、身份证号等。在日志中使用一个可以标识用户身份的随机生成的唯一标识符即可，这个标识符能够关联到具体用户，但是需要有用户授权和安全审查才能查询到用户个人的信息。

### 8.1.4 开源调用链分析方案

下面我们就介绍一下业界常用的 5 种开源调用链分析方案。

#### 1. Dapper

Google 有一篇论文详细阐述了 Dapper 的做法，它提到了链路跟踪要满足如下需要：

- 性能损耗低。
- 对应用透明。
- 具有可伸缩性。
- 跟踪数据可视化并迅速反馈。
- 持续监控。

其中有如下术语：

- 跨度（Span）
- 跟踪（Trace）
- 标注（Annotation）
    - cs（client sent）：客户端发送。
    - cr（client received）：客户端接收。
    - ss（server sent）：服务器发送。
    - sr（server received）：服务器接收。

现在的 Sleuth、Zipkin、Pinpoint 大多都借鉴了 Dapper 的做法。

#### 2. ELKK

第 5 章所介绍的 ELKK 也可以用来记录和度量调用链。

- 应用程序记录下关键的事件信息写到日志文件中。
- LogStash forwarder 将日志中的事件信息发送到 Kafka 上。
- Kafka 中的消息由 LogStash shipper 发送到 Elasticsearch 中。
- 基于 Elasticsearch 和 Kibana 建立各种查询和图表进行分析。

通过调用 Elasticsearch 的 API 我们可以很容易地根据关键的 ID 标识找出相关的日志信息。

3. Sleuth 和 Zipkin

Spring Cloud 全家桶中提供了 Spring Cloud Sleuth，它从 Dapper、Zipkin 和 HTrace 中大量借鉴了 Spring Cloud 的分布式跟踪解决方案。对于大多数用户而言，Sleuth 应该是不可见的，并且用户与外部系统的所有交互都应自动进行检测。用户可以简单地在日志中捕获数据，也可以将其发送到远程收集器服务。

Spring Cloud Sleuth 功能如下：

- 将跟踪和跨度 ID 添加到 Slf4J 日志库的映射诊断上下文 MDC（Mapped Diagnostic Context），以便你可以在日志聚合器中从给定的跟踪或跨度提取所有日志。
- 提供对常见的分布式跟踪数据模型的抽象，如跟踪、跨度、注释、键值注释。大体基于 HTrace，但与 Zipkin（Dapper）兼容。
- 从 Spring 应用程序（Servlet 过滤器，Rest 模板，调度的动作，消息通道，Zuul 过滤器，伪客户端）中检测常见的入口和出口点。
- 如果 spring-cloud-sleuth-zipkin 可用，则该应用将通过 HTTP 生成并收集与 Zipkin 兼容的跟踪信息。默认情况下，它将它们发送到本地主机（端口 9411）上的 Zipkin 收集器服务，否则使用 spring.zipkin.baseUrl 配置中指定的服务位置。

在前面的章节中提及的若干要点，可以在以下实例中体现：

- 服务健康检查。
- 内置的度量相关的 Log、HTTP 和 JMX 端点。
- 基于度量的分流、限流和断流技术。
- 系统资源度量：CPU、内存、磁盘空间、I/O、Network。
- 应用程序度量：服务的使用、性能和错误。
- 微服务之间的调用链分析。

其中调用链的跟踪在微服务中异常重要，因为区别于传统的单体服务，微服务要多很多。一个请求或业务的完成可能要跨越两个以上的微服务，这就给定位问题、梳理流程带来更多麻烦。幸好我们收集到的很多度量数据（或稍加改造）也有助于分析调用链，或者直接使用 Zipkin 完成更全面的分析。

### 8.1.5 构建土豆微服务调用链的度量

利用度量数据来分析调用链，主要体现在可以在原来度量数据的基础上，保证同一个请求使用同一个 TrackingID，这样就可以根据 TrackingID 收集到所有的度量数据加以分析。同时为了便于进行更全面的分析，可以在自身的度量数据上追加上访问第三方服务的度量数据。例如，在本书案例中，土豆微服务在构建一个待办事项（potato）时，会调用提醒微服务来发送一个邮件，我们可以使用 AOP 思想来记录这个调用过程。

```
@Around("@annotation(clientCallMetricAnnotation)")
public Object aroundClientCall(ProceedingJoinPoint pjp, ClientCallMetricAnnotation
clientCallMetricAnnotation) throws Throwable {
    String name = clientCallMetricAnnotation.name();
    String component = clientCallMetricAnnotation.component();
    Step step = new Step();
    step.setStepName(name);
    step.setComponentName(component);

    StopWatch stopWatch = StopWatch.createStarted();
    try {
        return pjp.proceed();
    }finally {
        stopWatch.stop();
        step.setTotalDurationInMS(stopWatch.getTime(TimeUnit.MILLISECONDS));
        ApiCallEvent.Builder builder = MetricThreadLocal.getCurrentMetricBuilder();
        builder.addStep(step);
    }
}
```

其中 Step 即为调用其他微服务的追加数据：

```
@Data
public class Step {
    private String componentName;
    private String stepName;
    private long totalDurationInMS;
}
```

ClientCallMetricAnnotation 为需要记录的第三方调用。例如，在 schedule 的服务 client 中，使用注解标记其需要的记录：

```
public class PotatoSchedulerClient {

    @ClientCallMetricAnnotation(name = "SendRemindEmail", component =
"SchedulerService")
    public ResponseEntity<RemindEmailResponse> scheduleRemindEmail
(RemindEmailRequest remindEmailRequest) {

    }
}
```

这样就可以生成如下所示的度量数据。可见这样的数据比原来的数据更容易分析调用链。

```
{
    "application": {
        "service": "potato-service",
```

```
            "component": "potato-app",
            "version": "1.0"
        },
        "environment": {
            "name": "production",
            "address": "fa343b05e48d"
        },
        "event": {
            "type": "interface",
            "name": "CreatePotato",
            "trackingID": "1873c56f-056d-4758-91d0-59923ef0b54f",
            "timestamp": 1564383984602,
            "success": true,
            "responseCode": 200,
            "totalDurationInMS": 987,
            "endpoint": "/potato/api/v1/potatoes",
            "method": "POST",
            "steps": [
                {
                    "componentName": "SchedulerService",
                    "stepName": "ScheduleRemindEmail",
                    "totalDurationInMS": 567
                },
                {
                    "componentName": "SchedulerService",
                    "stepName": "ScheduleRemindEmail",
                    "totalDurationInMS": 26
                }
            ]
        }
    }
```

实际上，使用上一节的方式，我们不知不觉地实现了 Zipkin 的一个简单雏形。但是上面的简单处理存在很多缺陷，例如：

1）调用分析仍然需要很多人工参与，不能根据 TrackingID 一键完成。

2）对于常见的服务，需要重复“造轮子”。

实际上，经过不断改造，我们可以完成一个 Zipkin 的功能。所以这节不谈如何改造，而是直接介绍用 Zipkin 如何做调用分析。大体上划分为 3 个基本步骤。

#### 1. 创建 Zipkin 收集器

创建 Zipkin 收集器时主要定义发送数据到 Zipkin 的刷新频率、是否压缩、超时、服务名等基本信息：

```
@Value("${spring.application.name}")
    private String serviceName;

    @Value("${spring.zipKin.url: http://localhost:9411}")
```

```
        private String zipKinUrl;

        @Bean
        public SpanCollector spanCollector() {
            HttpSpanCollector.Config config = HttpSpanCollector.Config.builder()
                    .compressionEnabled(false)
                    .connectTimeout(2000)
                    .flushInterval(1)
                    .readTimeout(2000)
                    .build();
            return HttpSpanCollector.create(zipKinUrl, config, new EmptySpanCollecto
rMetricsHandler());
        }

        @Bean
        public Brave brave(SpanCollector spanCollector) {
            Brave.Builder builder = new Brave.Builder(serviceName);
            builder.spanCollector(spanCollector);
            builder.traceSampler(Sampler.create(1));
            return builder.build();
        }
```

2. 拦截土豆服务入口请求

作为一个服务入口，基本目标实际上就拦截请求，例如，拦截 HTTP 请求。

```
    @Bean
    public BraveServletFilter braveServletFilter(Brave brave) {
        BraveServletFilter filter = new BraveServletFilter(brave.
serverRequestInterceptor(),
            brave.serverResponseInterceptor(), new DefaultSpanNameProvider());
        return filter;
    }
```

3. 拦截土豆服务出口请求

作为访问第三方的请求记录，主要考虑拦截出口请求，例如拦截 HTTP 请求。

```
    @Bean
    public BraveClientHttpRequestInterceptor
    braveClientHttpRequestInterceptor(Brave brave) {
        BraveClientHttpRequestInterceptor interceptor = new BraveClientHttpRequestIn
terceptor(brave.clientRequestInterceptor(),
                brave.clientResponseInterceptor(), new DefaultSpanNameProvider());
        return interceptor;
    }

    @Bean
    public RestTemplateCustomizer
    restTemplateCustomizerForBrave(BraveClientHttpRequestInterceptor braveClientHttp
RequestInterceptor) {
        return new RestTemplateCustomizer() {
```

```
        @Override
        public void customize(RestTemplate restTemplate) {
            restTemplate.setInterceptors(Arrays.asList(braveClientHttpRequestInt
erceptor));

        }
    };
}
```

经过以上代码处理，即可完成 Zipkin 的数据收集工作。同样，使用本书实例，创建一个待办事项 potato 时，定时发送邮件（包含两次调用分别用于开始和结束时间）的调用链可以参考图 8-4。

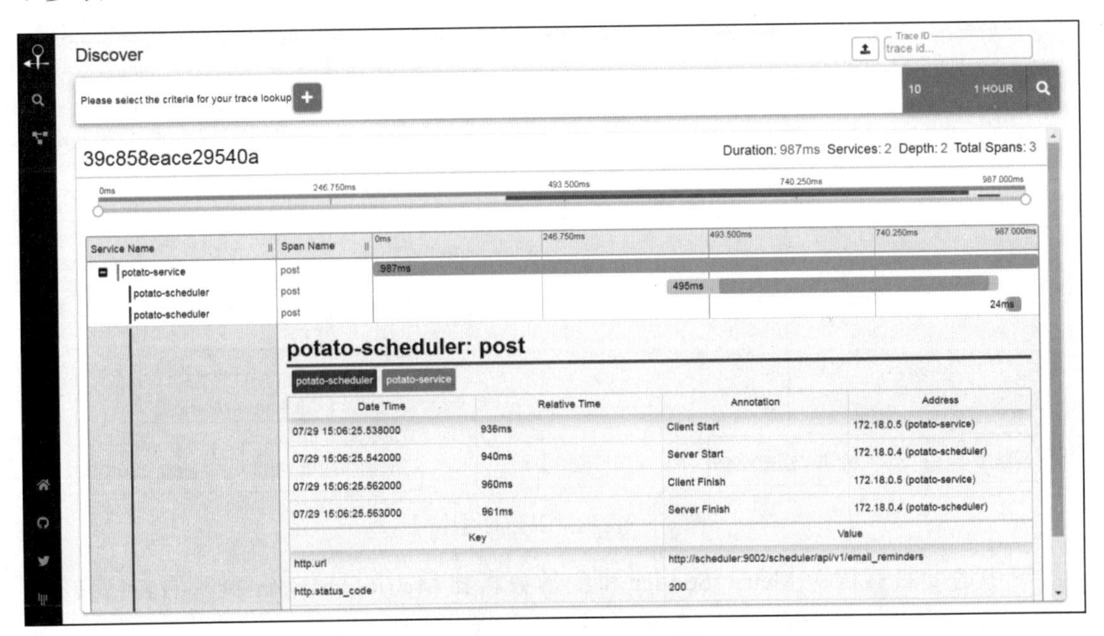


图 8-4　土豆微服务的调用链

Zipkin 数据本身实际上也是一种度量数据，所以也可以直接推送到 Kafka 中存储，或者直接结合使用 ELKK 技术栈，这样即能搜索，也能做调用链分析，一举两得。

## 8.2　客户端度量数据的采集

前面我们讲的都是服务器端的度量技术，而现在直接面对用户的是软件的客户端，只度量服务器端，不度量客户端明显不完整、不充分，也不合理。但是客户端的度量比较麻烦，并且涉及用户隐私，必须谨慎。客户端的种类也很多，常见的就有：

- ❑ 网页应用 Web App。

- 本地应用 Native App，比如 Windows、MacOS、Linux 上的客户端应用。
- 手机和平板 App，主要就是 Android 和 Apple（iOS、iPad OS）两大系统。
- 嵌入式设备，小到传感器，大到电视、冰箱及工业设备中嵌入式系统上的应用。

在实际应用中我们无法直接控制这些客户端应用，只能定义好与客户端通信的协议，在征得用户同意的前提下，可将度量数据通过 HTTP、WebSocket 等协议通道发送到一个客户端能够访问的微服务中，再由这个微服务将度量数据转发到度量数据存储和分析系统中。这个微服务就叫度量微服务（metrics service）。

度量微服务收集客户端应用的度量数据的时序图如图 8-5 所示。

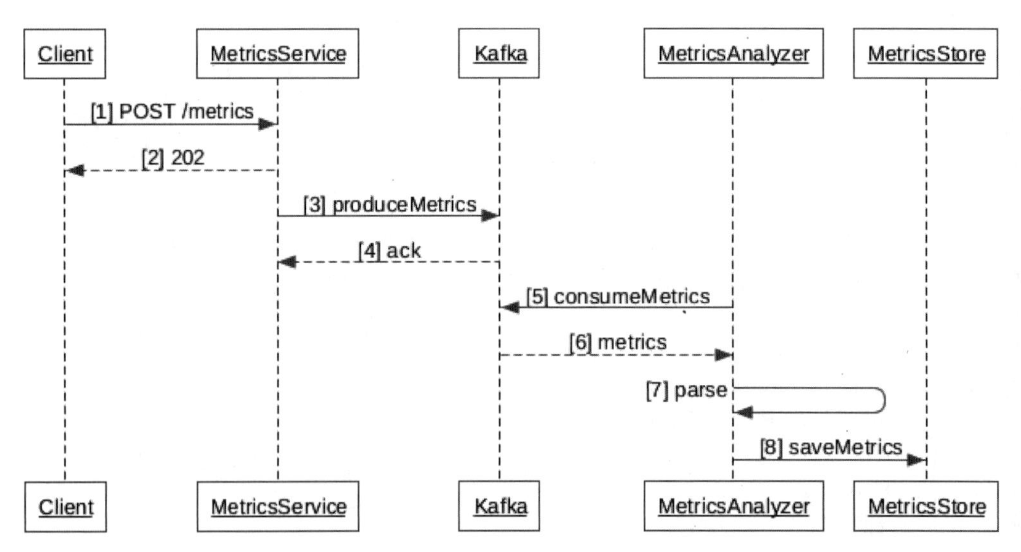


图 8-5　度量微服务的时序图

图中的度量微服务 MetricsService 和度量分析器 MetricsAnalyzer 由我们自己实现。MetricsStore 可以是 Elasticsearch、InfluxDB 或 Hadoop（HDFS）。

由于 HTTP/HTTPS 有广泛的支持，通过 80/443 端口传输，易穿过防火墙，所以是最常用的协议。而 MQTT（MQ Telemetry Transport）在嵌入式系统中使用得比较多。

借鉴之前提过的 influxDB 的文本行协议（line protocol）[⊖]来构造请求的报文。

```
<measurement>[,<tag_key>=<tag_value>[,<tag_key>=<tag_value>]]
<field_key>=<field_value>[,<field_key>=<field_value>] [<timestamp>]
```

我们定义 /metrics API 接口如下，以利于扩展。

```
{
    "metrics":[
        {
            "name":"sample_metric_1",
```

⊖ https://docs.influxdata.com/influxdb/v1.7/write_protocols/line_protocol_reference

```
                "timestamp":1494435457140,
                "tags":{
                    "userId": "d5c29332-b2f1-4d76-87ae-2ad829f11959",
                    "action": "login",
                    "isSuccess":true
                },
                "fields":{
                    "version":"1.0.1.3",
                    "os":"windows"
                }
            }
        ]
}
```

客户端应用以批量和异步的方式发送度量到 MetricsSerivce 上。要注意以下 3 点：

1）杜绝发送 PII，这点和服务器端日志的要求一样。

2）事先需要征得用户同意，在用户使用协议中可以注明这一点，或让用户自己选择是否发送。

3）客户端度量信息必须控制流量，不可喧宾夺主，数据量太大时可以选择用一定的采样率发送一部分采样数据，并正确处理服务端返回的 429（Too Many Requests）响应和 retry-after 头域，在 retry-after 指定的时间之后再发送度量数据。

以上为客户端采集度量数据的核心要点，在实际中，还得因需而变，考虑不同的客户需求，才能做到好的客户端度量。

## 8.3　度量驱动开发的回顾与展望

通过以上各章的讲解，我们从微服务的概念、特点及其设计原则出发，讲到微服务架构的局限，提出了微服务度量开发的方法。它是我们在工作中的体会和总结，我们坚信它是微服务成功的必由之路。度量驱动开发也许不是我们首创的，但是的确是我们在实际工作中自觉自发并身体力行过的。

作为软件工程师，我们更多的是关注和讨论微服务本身质量、性能和可靠性的度量，并讨论如何度量我们的代码质量、开发进度、交付流程。在微服务的设计、实现、运维等方面结合实例阐述了我们的想法和实践。对于业务层面的度量我们涉及得不多，因为各种业务种类繁多，千变万化，难免挂一漏万。但是万变不离其宗，用户满意度和企业利润率是业务层面度量的核心度量指标。

当然，还有一些应用自身特定的度量指标，例如，一般来说，网站的用户访问量、用户活跃度是核心指标，网络会议系统的参会时间（join meeting time）、参会失败率（join meeting failure）是核心指标。

以我们最熟悉的网络会议系统来说，经年累月，我们开发了许多功能，有的不仅用户不了解，连我们自己也不清楚了。所以，我们针对用户的喜好和使用习惯做了一些度量收集和分析，为简化和改进用户体验提供了第一手资料。

在众多度量相关的技术栈中，我们重点讲述了 TIG 和 ELKK 这两个技术栈，并基于 Elasticsearch 从头打造了一个实时监控和报警系统。自始至终，我们以一个名叫 Potato（土豆）的微服务为例给大家演示了一些常用的度量技术，在实例中所用到的 Spring Boot 和 Spring Cloud 一些子项目和类库并未展开介绍，大家可以参见 GitHub 上本书的源码、readme 文档以及相关的书籍资料。本书重点在于介绍度量驱动开发的方法和相关技术，在度量开发的技术和工具中，还有一些内容限于篇幅没有提及，例如业界常用的 Graphite 和传统的 Zabbix 和 Nagios 等。

我们讲得比较多的是微服务自身的度量设计、实现、运维，以及度量数据的收集、聚合和分析，偏重于准实时地在线度量分析和监控，而对于基于大数据的离线度量数据分析没有涉及。在此，我们绘制一个全景图表，用来揭示整个度量驱动的流程，如图 8-6 所示。

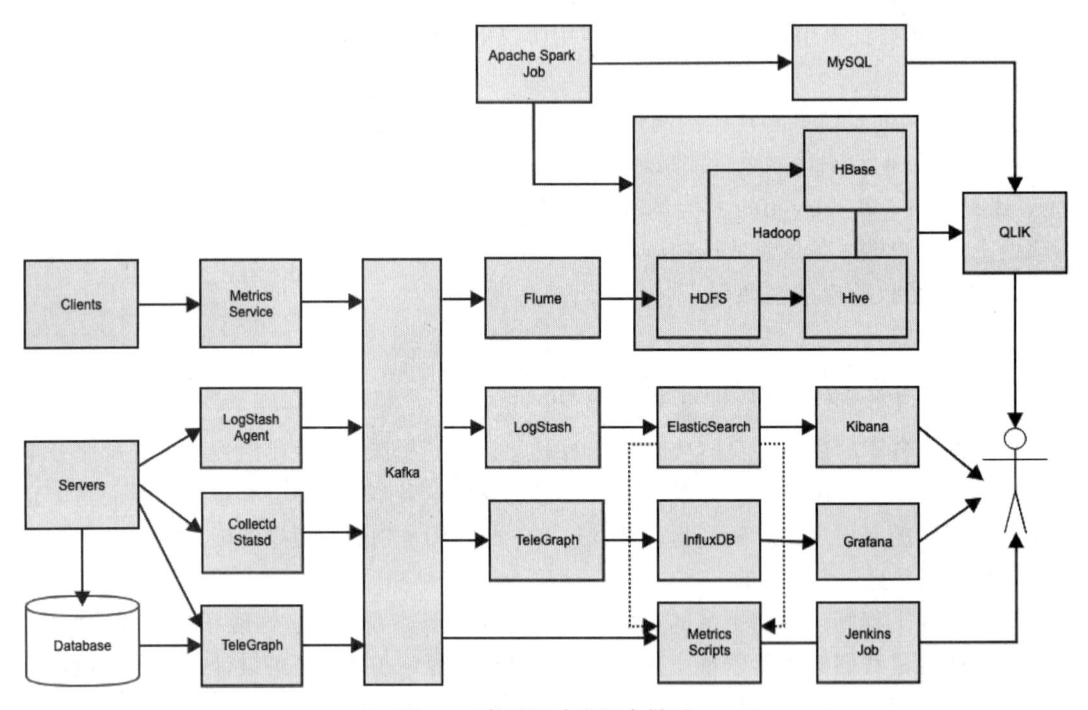


图 8-6　度量驱动流程全景图

其中 Apache Spark、Hadoop（HDFS、HBase、Hive）、Flume、QLIK 用于海量数据的离线分析，本书并不涉及。

我们相信，未来度量驱动开发必将成为软件开发的标准流程和方法，与测试驱动开发一样深入人心。同时，度量驱动开发与下列技术的结合会给开发者和企业带来更大的价值。

（1）平台化和容器化

我们在书中讲到了度量的 3 个层次（系统，应用，业务），在系统层面随着各种云平台

（亚马逊的AWS，微软的Azure，阿里云等）的广泛应用，随着Kubernetes的兴起，微服务很少会在物理机器上从头构建，平台层面的度量也会由平台全面负责。微服务开发者要做的就是充分利用和集成平台所提供的度量功能，为自己的应用和业务做好监控、分析和快速反应。

（2）大数据

海量日志和度量数据源源不断地产生，符合典型的4V特征：数据量大（Volume），数据类型繁多（Variety），处理速度快（Velocity），价值密度低（Value）。除了Elasticsearch和influxDb这样的在线准实时度量分析系统，我们还会用到Hadoop、Spark这样的大数据处理工具做进一步的离线大规模数据挖掘。

（3）实时流计算

多数的度量数据是时间序列数据，由不同的数据源持续到达，通过Kafka Stream和Flink、Spark Streaming、Storm之类的流处理工具，进行实时分析和计算，可以尽量早地发现问题，及时报警，或快速得出一些有价值的分析结果。

（4）机器学习

尽管通过Elasticsearch和InfluxDB的查询分析API我们能够做出一些相当有价值的分析、分类和统计，再利用Hadoop MapReduce、Spark进行多维度的分析统计，但我们依然只能在海量的度量数据中进行一些固定模式的分析。而应用机器学习，对度量数据进行关联性分析、统计分类和回归分析有助于我们进行故障定位、用户偏好分析，以及技术和市场决策。

以上即为软件度量的发展趋势，可以看出，大数据、多元化、智能化是未来发展的趋势。

## 8.4 本章小结

本章是全书的最后一章，我们首先讨论了微服务的全链路度量，从前端的各个客户端（浏览器、本地应用和手机应用App）到后台的众多服务器进行全链路全方位的度量数据采集，这样才能通过度量来驱动我们从各个方面持续改进。之后我们对微服务度量驱动开发这套方法论做了回顾和展望。技术发展日新月异，随着云平台、大数据、流计算、机器学习的浪潮袭来，度量驱动开发的方法与之结合将如虎添翼。由于篇幅所限，不再展开阐述，希望在以后能有机会与大家一起讨论和学习。

Appendix 附　录

# 常用的度量相关工具与软件库

市场上的度量方案百花齐放，与度量相关的开源和商业软件不计其数，不能一一列举。在此仅对其中部分软件做简略的介绍，供大家参考。

## A.1　开源软件

### 1. ELK

ELK 是一套组合工具，目前几乎成为日志收集分析系统的标配。它包含以下 3 个组件。

- Elasticsearch：基于 Apache Lucene 的一个高度可扩展的开源全文搜索和分析引擎。它可以快速、近实时地存储、搜索和分析大量数据。
- Logstash：一个开源的服务器端数据处理管道工具，它可以同时从多个源中提取数据，对其进行各种转换，然后将其发送到用户最喜欢的目的地，最常见的就是发送到 Elasticsearch。
- Kibana：一个开源的度量分析与可视化套件，它为不同的数据源提供不同的、方便的语法编辑界面，可以很方便地创建各种种类丰富的图表，同时也可以通过插拔式插件进行更多的功能扩展。

### 2. Graphite

Graphite 是一个由 Python 编写的 Web 应用。它采用 Django 框架，可以用来进行收集服务器所有的即时状态、用户请求信息、Memcached 命中率、RabbitMQ 消息服务器的状态和 UNIX 操作系统的负载状态等。它采用简单的文本协议和绘图功能，可以方便地使用在任何操作系统上。

### 3. InfluxDB

InfluxDB是一个开源的时间序列数据库。它是由Go语言编写的，为快速并且高可靠性的时间序列数据存取做了一些优化。其应用范围包括操作监视、应用度量、物联传感器数据及实时分析等方面。

### 4. Seyren

Seyren是一款开源的监控报警系统，采用Java开发，经常从Graphite读取指标，当然也不仅限于Graphite集成。

### 5. Nagios

Nagios是一个监视系统运行状态和网络信息的监视系统。Nagios能监视所指定的本地或远程主机及服务，同时提供异常通知功能等。它可运行在Linux/UNIX平台之上，同时提供一个可选的、基于浏览器的Web界面，以方便系统管理人员查看网络状态、各种系统问题以及日志等。

### 6. Zabbix

Zabbix是一个基于Web界面的、提供分布式系统监视及网络监视功能的、企业级的开源解决方案，它能监视各种网络参数，保证服务器系统的安全运营，并能提供灵活的通知机制，以便让系统管理员快速定位/解决存在的各种问题。

Zabbix由两部分构成：zabbix server与zabbix agent（可选组件）。其中zabbix server可以通过SNMP、zabbix agent、ping、端口监视等方法提供对远程服务器、网络状态的监视，并提供数据收集等功能。它可以运行在Linux、Solaris、HP-UX、AIX、Free BSD、Open BSD、OS X等平台上。

### 7. Cacti

Cacti是一套基于PHP、MySQL、SNMP及RRDTool开发的网络流量监测图形分析工具，它通过snmpget来获取数据，使用RRDtool绘制图形，而且使用者完全不需要了解RRDtool复杂的参数。它提供了非常强大的数据和用户管理功能，可以指定每一个用户能查看树状结构、host及任何一张图，还可以与LDAP结合进行用户验证，同时也能自己增加模板，功能非常强大完善，且界面友好。

### 8. Sonar

Sonar是代码静态扫描的利器。与上述软件不同，它是在开发阶段对代码质量进行度量。通过插件机制，Sonar可以集成不同的测试、代码分析、持续集成（如Jenkins）工具等。同时它不是简单地把不同的代码检查工具结果（例如FindBugs、PMD等）直接显示在Web页面上，而是通过不同的插件对这些结果进行再加工处理，通过量化的方式度量代码质量的变化。

## A.2 商业软件

近几年，在大数据的风潮之下，商业的度量收集和数据分析软件发展迅速，仅笔者使用过的就有以下几种。

### 1. Splunk

Splunk 是机器数据的引擎。使用 Splunk 可收集、索引和利用所有应用程序、服务器和设备生成的快速移动型计算机数据。使用 Splunk 处理计算机数据，可在几分钟内解决问题和调查安全事件。它可以监视端对端基础结构，避免服务性能降低或中断，以较低成本满足合规性要求。关联并分析跨越多个系统的复杂事件，获取新层次的运营可见性及 IT 和业务智能。

### 2. New Relic

New Relic 是一种提供给公司的 SaaS 解决方案，可以提供性能监视和分析服务，能够对部署在本地或在云（Amazon、Engine Yard、Heroku、Gigaspaces、GoGrid 等）中的 Web 应用程序进行监控、故障修复、诊断、线程分析及容量计划。对于收集到的数据，可以针对每个应用程序的实例、每台主机或者每个主机的集群来展现。

### 3. Circonus

Circonus 是一种应用于 IT 领域的可信赖的、可扩展性好的分析、监控平台，不仅能提供基于时间的数据展示功能，还包含丰富的 Dashboard、监控等功能，能有效地促进项目的改进。

### 4. Platfora

Platfora 于 2011 年成立于美国加州，致力于为企业提供大数据分析服务。该平台基于 Spark、Hadoop 等主流大数据技术，不但在数据处理速度上有明显优势，而且能够把复杂的数据处理成普通用户都能看懂的东西，从而使其容易使用并且真正产生价值。

### 5. Qlik

Qlik 是近 7 年全球增长率最快的 BI 产品。它是一个完整的商业分析软件，使开发者和分析者能够构建和部署强大的分析应用。它主要包括两个产品：Qlik view 帮助企业快速搭建面向全员的大数据分析平台，让每一个用户充分了解和利用他们的数据，自由释放数据潜能；Qlik Sense 敏捷、自助式数据可视化，是任何人都可以使用的数据可视化应用程序。企业中所有人都能轻松创建个性化报告和动态仪表盘，探索大量数据并获得有意义的洞察。

它现在已有超过 33 000 家企业客户，覆盖超过 180 个细分行业，其中包括中国移动、中国石化、华为、阿里巴巴、一些政府机关等。

### 6. AppDynamics

AppDynamics 是全球应用性能管理产品的领导者，连续 3 年保持 Gatner 应用性能管理产品领导者地位，现已经被思科公司收购。AppDynamics 应用性能管理工具易安装、易使用，同时适用于开发和生产环境，适合对于其应用程序中发生的问题没有清晰认识的新手。